Organische Chemie in Einzeldarstellungen
Herausgegeben von
Hellmut Bredereck, Klaus Hafner und Eugen Müller

──── 11 ────

Karl-Dietrich Gundermann

# Chemilumineszenz
# organischer Verbindungen

*Ergebnisse und Probleme*

Mit 33 Abbildungen

Springer-Verlag Berlin Heidelberg GmbH 1968

KARL-DIETRICH GUNDERMANN, Dr. rer. nat., Dipl. Chem.,
o. Professor der Organischen Chemie an der
Technischen Universität Clausthal

ISBN 978-3-662-21699-6   ISBN 978-3-662-21698-9 (eBook)
DOI 10.1007/978-3-662-21698-9

Alle Rechte vorbehalten. Kein Teil dieses Buches darf ohne schriftliche Genehmigung des Springer-Verlages übersetzt oder in irgendeiner Form vervielfältigt werden.

© by Springer-Verlag Berlin Heidelberg 1968
Ursprünglich erschienen bei Springer-Verlag 1968
Softcover reprint of the hardcover 1st edition 1968

Library of Congress Catalog Card Number 68-26745.

Die Wiedergabe von Gebrauchsnamen, Handelsnamen, Warenbezeichnungen usw. in diesem Buche berechtigt auch ohne besondere Kennzeichnung nicht zu der Annahme, daß solche Namen im Sinne der Warenzeichen- und Markenschutz-Gesetzgebung als frei zu betrachten wären und daher von jedermann benutzt werden dürften.

Titel-Nr. 4293

# Vorwort

Das außerordentlich umfangreiche Forschungsgebiet, das Gegenstand dieser Monographie ist, entwickelt sich seit dem 2. Weltkrieg stürmisch. Ursachen hierfür sind die immer empfindlicheren photoelektrischen Meßgeräte und neue chemische und physikalisch-chemische Arbeitsmethoden.

Dennoch sei es gewagt, die Ergebnisse und Probleme vor allem aus der Sicht des organischen Chemikers in größerem Umfang darzustellen, als es bisher in Übersichtsartikeln und Buchkapiteln (z. B. (1), (2)) geschehen konnte. Eine „Bestandsaufnahme" ist zum gegenwärtigen Zeitpunkt notwendig. Es werden deshalb die bisher erzielten Ergebnisse und theoretischen Ansatzpunkte so dargestellt, daß der mit diesem faszinierenden Gebiet weniger Vertraute sich hineinfinden kann, der Fachmann aber die Möglichkeit hat, Anregungen für weitere Untersuchungen zu gewinnen. Bezüglich der Ausführlichkeit der Darstellung wird ein Niveau gewählt, welches etwa in der Mitte zwischen dem von Originalarbeiten und Review-Artikeln liegt. In gewissem Umfang sind auch organisch-präparative Befunde einbezogen worden.

Herrn Professor Dr. Joachim STAUFF (Frankfurt/M.) bin ich zu besonderem Dank für die kritische Durchsicht des Manuskriptes und wertvolle Anregungen und Diskussionen verpflichtet. Herr Professor Dr. Gerhard BERGMANN (Bochum) hat das Entstehen des Buches mit stets aktivem Interesse begleitet und wichtige Hinweise bei den Korrekturen gegeben. Ich danke ihm sehr herzlich dafür. Zu danken habe ich ferner Herrn Dr. Hans-Friedrich EICKE für seine sorgfältige Mitarbeit am Text, Herrn Dipl. Chem. Klaus BURZIN für die Zusammenstellung der Register, Herrn Klaus MIELORDT für die Anfertigung der Abbildungen und Formelbilder, sowie Frau Ingrid MIELORDT und Frau Irmgard BOCK für ihre unverdrossene Ausdauer beim Schreiben des Manuskriptes.

# Inhalt

Einleitung . . . . . . . . . . . . . . . . . . . . . . . . . . . . . 1
Allgemeine Gesichtspunkte zum Chemismus der Chemilumineszenz-
reaktionen . . . . . . . . . . . . . . . . . . . . . . . . . . . . . 4
Zur Kinetik von Chemilumineszenzreaktionen . . . . . . . . . . . 7
  I. Chemilumineszenz von Oxydationsreaktionen . . . . . . . . . . 9
    1. Allgemeine Grundlagen. Das Sauerstoff-Excimere . . . . . . . 9
    2. Ozon-induzierte Chemilumineszenz . . . . . . . . . . . . . . 18
    3. Autoxydation von Kohlenwasserstoffen . . . . . . . . . . . . 19
    4. Polypropylen . . . . . . . . . . . . . . . . . . . . . . . . 32
    5. Das System Tetralin-hydroperoxyd/Zink-tetraphenylporphin und
       verwandte Verbindungen . . . . . . . . . . . . . . . . . . . 33
    6. Zum Chemilumineszenz-Beitrag angeregter Sauerstoff-Moleküle bei
       der Kohlenwasserstoff-Autoxydation . . . . . . . . . . . . . 35
       Literatur . . . . . . . . . . . . . . . . . . . . . . . . . . 36
    7. Carbonsäure-chloride, -anhydride, -ester und -nitrile . . . . 38
       a) Oxalylchlorid . . . . . . . . . . . . . . . . . . . . . . 38
       b) Oxalsäure-ester und gemischte Oxalsäure-anhydride . . . . 48
       c) Struktur und Chemilumineszenz bei Acyl-peroxyden . . . . 48
       d) Der Mechanismus der konzertierten Spaltung mehrerer Bindungen
          bei Acyl-peroxyden . . . . . . . . . . . . . . . . . . . 50
       e) Carbonsäure-nitrile . . . . . . . . . . . . . . . . . . . 51
       Literatur . . . . . . . . . . . . . . . . . . . . . . . . . 51
    8. Tetrakis(dimethylamino-)äthylen (TDE) . . . . . . . . . . . . 52
       a) Quantenausbeuten der TDE-Chemilumineszenz . . . . . . . . 52
       b) Reaktionsendprodukte . . . . . . . . . . . . . . . . . . 53
       c) Reaktions-Zwischenprodukte . . . . . . . . . . . . . . . 55
       d) Kinetik und Mechanismus der TDE-Chemilumineszenz nach
          FLETCHER und HELLER . . . . . . . . . . . . . . . . . . . 58
       e) Tetracyano-äthylen . . . . . . . . . . . . . . . . . . . 62
       Literatur . . . . . . . . . . . . . . . . . . . . . . . . . 62
    9. Luminol und verwandte Verbindungen . . . . . . . . . . . . . 63
       a) Konstitution und Chemilumineszenz bei Acylhydraziden . . 65
       b) Einflüsse des Milieus auf die Chemilumineszenz von Carbonsäure-
          hydraziden . . . . . . . . . . . . . . . . . . . . . . . 74
       c) Zum Mechanismus der Luminol-Chemilumineszenz . . . . . . 78
       d) Abschließende Bemerkung . . . . . . . . . . . . . . . . . 87
       Literatur . . . . . . . . . . . . . . . . . . . . . . . . . 88
  10. Lucigenin . . . . . . . . . . . . . . . . . . . . . . . . . . 90
       a) Konstitution und Chemilumineszenz bei Acridiniumsalzen . 92
       b) Milieueinflüsse, Katalysatoren . . . . . . . . . . . . . 93
       c) Hypothesen zum Mechanismus der Lucigenin-Chemilumineszenz 97
       Literatur . . . . . . . . . . . . . . . . . . . . . . . . . 100

## Inhalt

11. Lophin (2,4,5-Triphenyl-imidazol) .............. 101
    a) Konstitution und Chemilumineszenz bei Lophin-Derivaten . . 103
    b) Milieueinflüsse ...................... 107
    c) Zwischenprodukte der Lophin-Reaktion .......... 107
    d) Kinetik und Mechanismus der Lophin-Chemilumineszenz . . . 110
    Literatur ......................... 111
12. Pyrrol-, Indol- und Carbazol-Derivate ............ 112
    a) 2,3,4,5-Tetraphenyl-pyrrol ................ 112
    b) Indolderivate ...................... 112
    c) 11-Hydroperoxy-tetrahydrocarbazolenin .......... 114
13. Schwache Chemilumineszenzreaktionen verschiedener Verbindungstypen .......................... 115
    Literatur ......................... 117
14. GRIGNARD-Verbindungen ................... 118
    Literatur ......................... 119
II. Chemilumineszenz von Radikalionen-Reaktionen .......... 120
15. Chemilumineszenz bei Reaktionen von Radikal-Anionen mit Radikal-Kationen ...................... 120
    a) Elektronen-Abspaltungsreaktionen aus Radikal-Anionen . . . 121
    b) Organische Metallkomplexsalze, Arylamine .......... 126
16. Elektro-Chemilumineszenz .................. 127
    a) Vorgänge an den Elektroden ................ 128
    b) Zur Elektrochemilumineszenz führende Reaktionen ..... 129
17. Photoperoxyde. Strahleninduzierte Chemilumineszenz ...... 132
    a) Photoperoxyde ...................... 132
    b) Strahleninduzierte Chemilumineszenz ............ 133
    Literatur ......................... 134
III. Biolumineszenz ........................ 136
18. Die Begriffe „Luciferin" und „Luciferase". Ko-faktoren ..... 137
19. Amerikanische Leuchtkäfer (Photinus-Arten) .......... 138
    a) Konstitutionseinflüsse ................... 138
    b) Die emittierende Spezies bei der Photinus-Biolumineszenz . . . 139
    c) Mechanismus der Photinus-Biolumineszenz; Rolle der Luciferase ........................... 141
20. Cypridina hilgendorfii ..................... 144
    a) Chemilumineszenz von Cypridina-Luciferin ......... 145
    b) Struktur des Cypridina-Luciferins .............. 145
    c) Cypridina-Luciferase ................... 148
    d) Zum Mechanismus der Cypridina-Biolumineszenz ...... 148
21. Bakterien-Biolumineszenz ................... 148
22. Renilla reniformis ...................... 149
    Literatur ......................... 151
IV. Chemilumineszenz-Meßmethoden ................. 153
    Literatur ......................... 158
V. Analytische Anwendungen der Chemilumineszenz ......... 159
    Literatur ......................... 162
Namenverzeichnis ........................ 163
Sachverzeichnis ......................... 170

## Nomenklatur

- $A$: Aktivator-Molekül
- $P$: Primärteilchen einer Reaktion
- $Q$: Löschsubstanz (Quencher)
- $\Phi_e$: Emissionsquantenausbeute (Chemilumineszenz)
- $\Phi_F$: Fluoreszenzquantenausbeute
- $\Phi_P$: Quantenausbeute des Primärteilchens
- $\Phi_A$: Quantenausbeute des Aktivators
- $\Phi_c$: Ausbeute an angeregten Molekülen auf Grund einer chem. Reaktion
- $I$: Intensität
- $k_q$: Geschwindigkeitskonstante der Lösungsmittellöschung
- $k_i$: Geschwindigkeitskonstante der intramolekularen Löschung
- $k_r$: Geschwindigkeitskonstante der Löschung durch Reaktionspartner
- $k_f$: Geschwindigkeitskonstante der Fluoreszenzstrahlung
- $k_{X*}$: Geschwindigkeitskonstante der Bildung des angeregten Produktes
- $t$: Reaktionszeit
- $T$: absolute Temperatur
- $\tau$: Lebensdauer des angeregten Zustandes
- M: Konzentration [Mol·l$^{-1}$]

## Indizes

- $c$: auf chemische Reaktion bezogen
- $e$: auf Emissionsprozesse bezogen
- $P$: auf Primärteilchen einer Reaktion bezogen
- $A$: auf Aktivator-Molekül/Substanz bezogen
- $F, f$: auf Fluoreszenzprozesse bezogen
- $q, i, r$: auf Löschprozesse bezogen (Lösungsmittel, intramolekular, Reaktionspartner)

# Einleitung

Unter Chemilumineszenz (und ihrem Sonderfall Biolumineszenz) ist das Ausstrahlen von Licht aufgrund chemischer Reaktionen zu verstehen, und zwar von „kaltem" Licht. Dies bedeutet, daß die von einer chemilumineszierenden Substanz ausgesandte Strahlung — jedenfalls innerhalb eines bestimmten Spektralbereiches — eine größere Intensität besitzt, als sie ein schwarzer Körper von gleicher Temperatur aussenden würde [3]. Was den Spektralbereich des Chemilumineszenz-Lichtes betrifft, so erstreckt er sich vom Ultraviolett über den sichtbaren Bereich bis zum Infrarot. Tatsächlich ist in allen diesen Bereichen auch Chemilumineszenz beobachtet worden (im UV-Bereich: R. AUDUBERT [4]; im IR-Bereich: J. C. POLANYI u. Mitarb. [5]). Hier wollen wir uns auf jene Chemilumineszenzreaktionen beschränken, bei denen *sichtbares* Licht emittiert wird.

Historisch gesehen ist die Biolumineszenz das weitaus ältere Phänomen: das Leuchten der Glühwürmchen, von faulendem Holz, von Meeresorganismen ist seit dem Altertum bekannt. Erst im vorigen Jahrhundert wurde vor allem durch B. RADZISZEWSKI [6] festgestellt, daß Licht auch bei der Umsetzung von einfachen organischen Verbindungen, etwa bei der Oxydation mit Sauerstoff in alkalischer Lösung, ausgestrahlt wird. Die Biolumineszenz ist demgegenüber ein relativ komplexeres Geschehen, da bei ihr durchweg Enzyme beteiligt sind. Außerdem ist das Studium biolumineszenter Systeme insofern schwierig, als die beteiligten Substanzen oft nur in sehr geringer Menge in den betreffenden Organismen vorhanden sind. So konnte z. B. aus der in neuerer Zeit intensiv studierten Federkoralle *Renilla reniformis* aus 30 000 Tieren nur 5 mg des leuchtenden Substrates gewonnen werden [7]. Anderseits sind Biolumineszenzreaktionen deshalb ganz besonders von Interesse, weil sie die höchsten *Quantenausbeuten* aufweisen, die bisher bei Chemilumineszenzreaktionen beobachtet wurden. Die Biolumineszenz der amerikanischen Leuchtkäfer (*Photinus pyralis* u. a.) mit einer Quantenausbeute von nahezu 1,00 liegt hier an der Spitze. Demgegenüber betrug bis vor kurzem die höchste Quantenausbeute, die bei einem einfachen organischen Chemilumineszenz-System unter optimalen Bedingungen beobachtet wurde, nur 0,05 (3-Aminophthalhydrazid = „Luminol") [8]*). Das Verständnis des Mechanismus der

---

\* Erst 1967 wurden von M. M. RAUHUT u. Mitarb. ([88]; vgl. auch das Kapitel „Carbonsäurechloride, -ester und -nitrile" (S. 38)) bei chemilumineszenten

Biolumineszenzreaktionen könnte daher dazu führen, daß man auch die einfachen organischen Chemilumineszenzreaktionen unter Bedingungen auszuführen lernt, die weitaus höhere als die bisher erzielten Quantenausbeuten bringen.

Im Hinblick darauf, daß der Stand der Biolumineszenzforschung kürzlich [9, 1] ausführlich behandelt worden ist, wird hier nur auf jene Biolumineszenzreaktionen näher eingegangen werden, die bezüglich ihres *Reaktionsmechanismus* bereits erfolgreich bearbeitet wurden.

Chemilumineszenz und Biolumineszenz haben zwei Grundtatsachen gemeinsam: eine (oder mehrere) chemische Reaktion(en) erzeugen so viel Energie, daß bestimmte Moleküle in angeregte Elektronenzustände überführt werden. Die Anregungsenergie wird anschließend als sichtbares Licht bei Rückkehr des Moleküls in den Elektronen-Grundzustand ausgestrahlt.

Als angeregte Elektronenzustände kommen Singulett- und Triplett-Zustände in Betracht (Näheres: [2, 1, 10—17] — die Auswahl dieser Zitate beschränkt sich nur auf die ab 1960 erschienene Literatur).

In den meisten Fällen erfolgt Chemilumineszenz von einem angeregten Singulett-Zustand aus — und daher ist die Emission des betreffenden angeregten Moleküls identisch mit dessen Fluoreszenz. E. J. BOWEN [18] definiert daher auch Chemilumineszenz als eine durch chemische Reaktionen angeregte Fluoreszenz.

Angeregte Triplett-Zustände kommen deshalb weitaus seltener als Ursache von Chemilumineszenz in Betracht, weil sie — infolge des „verbotenen" Übergangs in den Singulett-Grundzustand — zu langlebig sind. Daher treten sie insbesondere mit dem Sauerstoff der Luft, aber auch mit oft äußerst geringen Mengen (schon Konzentrationen von $10^{-7}$ bis $10^{-8}$ M) von Verunreinigungen viel stärker in Wechselwirkung. Dies aber führt zur Löschung, der Desaktivierung des angeregten Teilchens auf strahlungslosem Wege. Dennoch gibt es Fälle, in denen nach vorliegenden experimentellen Befunden Moleküle in angeregten Triplett-Zuständen als strahlende Spezies in Betracht kommen: bei der Autoxydation von Äthylbenzol z. B. oder bei der von Methyläthylketon konnte gezeigt werden [19, 20], daß Triplett-Acetophenon- bzw. Biacetyl-Phosphoreszenz auftritt, — also die Emission, die beim Übergang von einem angeregten Triplett-Zustand in den Singulett-Grundzustand zu erwarten ist.

Aus dem eben Ausgeführten geht hervor, daß eines der Probleme, welches man bei jeder Chemilumineszenzreaktion zu lösen hat, die *Ermittlung des emittierenden Teilchens* ist. Ein experimentelles Problem ist dies deshalb, weil die bisher bekannten Chemilumineszenzspektren Banden-

---

Umsetzungen von bestimmten Oxalsäure-estern mit Wasserstoffperoxyd in nichtwäßrigen Lösungsmitteln und in Gegenwart von stark fluoreszierenden Komponenten Quantenausbeuten von bis zu 0,23 Einstein pro Mol gemessen.

spektren von oft erheblicher Breite und wenig definierten Maxima darstellen (vgl. [21, 17]), so daß z. B. die Übereinstimmung der Fluoreszenz- mit den Chemilumineszenz-Emissionsspektren bestimmter Systeme eine zwar notwendige, jedoch nicht hinreichende Bedingung für die Identifizierung des emittierenden Teilchens ist. Ganz hiervon abgesehen treten noch folgende Komplikationen auf: das angeregte Primärteilchen kann seine Anregungsenergie an andere Moleküle abgeben, und zwar an Ausgangs-, Zwischen- oder Endprodukte der betreffenden chemischen Reaktion sowie an anwesende, fluoreszenzfähige Verunreinigungen. Letzteres ist besonders bei sehr lichtschwachen Chemilumineszenzreaktionen zu beachten, die heute überhaupt nur deshalb zu entdecken sind, weil immer empfindlichere Photomultiplier zur Verfügung stehen.

Stellt die Ermittlung des emittierenden Primärteilchens ein für die Aufklärung eines Chemilumineszenzmechanismus wesentliches, zunächst qualitatives Problem dar, so ist danach die absolute Quantenausbeute zu bestimmen, d. h. die Anzahl der Photonen, die pro umgesetztes Molekül des Substrates der Chemilumineszenzreaktion gebildet werden. Diese experimentell schwierige Aufgabe, über die Näheres im Kapitel Meßmethoden, zum Teil auch bei einzelnen Chemilumineszenzreaktionen ausgeführt wird, ist bisher erst bei einer verhältnismäßig kleinen Anzahl der bekannten Chemilumineszenz- und Biolumineszenz-Reaktionen durchgeführt worden. Bei einer großen Zahl besonders älterer Arbeiten wurden allenfalls Vergleichsmessungen vor allem hinsichtlich der Struktureinflüsse bei chemisch verwandten chemilumineszenzfähigen Systemen ausgeführt, z. B. bei substituierten Phthalsäure-hydraziden als Analogen des Luminols. Hieraus ergibt sich, daß ein beträchtlicher Anteil des zur Zeit erst qualitativ untersuchten experimentellen Materials noch einer umfassenden Neubearbeitung hinsichtlich der Emissionsspektren und der absoluten Quantenausbeuten bedarf.

## Allgemeine Gesichtspunkte zum Chemismus der Chemilumineszenzreaktionen

Da die Emission von sichtbarem Licht eine Anregungsenergie von mindestens 40—80 kcal/Mol voraussetzt, kommen für Chemilumineszenzreaktionen von vornherein nur solche Reaktionstypen in Betracht, bei denen entsprechend hohe Energie frei wird, und zwar in einem einzigen Schritt (vgl. [1], S. 151). Es genügt z. B. nicht, daß in mehreren aufeinander folgenden Reaktionsschritten insgesamt die für die Anregung des strahlungsfähigen Teilchens benötigte Energie in Teilbeträgen frei wird. Wir kennen hier keinen Mechanismus für eine Energiespeicherung bzw. -ansammlung[1]. Die Reaktionsenergie wird meist viel zu schnell, im wesentlichen durch Zusammenstöße mit den Molekülen des Milieus, abgeführt, als daß sie sozusagen „in Raten" den für die Elektronenanregung nötigen Betrag erreichen könnte. Das gilt in ganz besonderem Maße für die Chemilumineszenz in Lösungen; dieser Typ ist aber der bei weitem vorherrschende auf dem Gebiet der organischen Chemilumineszenz. E. A. CHANDROSS und F. I. SONNTAG [22] wiesen darauf hin, daß — auch wenn die für die Elektronenanregung notwendige Energie in einem einzigen Reaktionsschritt verfügbar wird — nur dann eine relativ große Wahrscheinlichkeit für die tatsächliche Produktion eines angeregten Moleküls besteht, wenn diese Energie in möglichst kurzer Zeit in einem möglichst kleinen Volumen der Lösung freigesetzt wird. Sie schreiben daher solchen Reaktionen, die mit der Bildung bzw. Spaltung womöglich mehrerer Kovalenzbindungen einhergehen, von vornherein eine geringere Wahrscheinlichkeit zu, ein Reaktionsprodukt in einem angeregten Elektronenzustand zu liefern; im Gegensatz zu Reaktionen mit Ein-Elektronen-Übergängen. Näheres hierüber vgl. das Kapitel über die Chemilumineszenz von Radikalanionen und -kationen (S. 120).

Der Gedanke von M. M. RAUHUT u. Mitarb. [23], daß bei Beteiligung mehrerer Bindungen am Anregungsschritt die Lösung bzw. Knüpfung dieser Bindungen in einem *konzertierten* Mechanismus zu erfolgen hat, trägt ebenfalls der Notwendigkeit Rechnung, daß die Anregungsenergie in einem einzigen Schritt zur Verfügung gestellt werden muß.

---
[1] Diese Aussage ist nicht so zu verstehen, als ob es ganz allgemein keine Energiespeicherungs-Mechanismen gäbe. So stellt z. B. die Erzeugung eines angeregten Singulettzustandes durch Zusammenstoß zweier Triplett-Zustände (vgl. S. 132) eine Reaktion dar, die auf „Energiespeicherung" beruht.

Welche Typen von chemischen Reaktionen kommen nun als Chemilumineszenz-Reaktionen in Betracht?

An Hand des vorhandenen Materials ergibt sich, daß es sich ganz überwiegend um *Oxydationsreaktionen* handelt, beginnend von der Autoxydation einfacher Kohlenwasserstoffe und endend mit den relativ komplizierten Molekülen, die bei Biolumineszenzreaktionen mitwirken. Wenn man den Begriff „Oxydation" im weitesten Sinne faßt, nämlich als Entzug von Elektronen, so kann man sogar sagen, daß alle Chemilumineszenz- und Biolumineszenzreaktionen Oxydationsreaktionen in diesem Sinne sind. Denn bei allen bisher bekannten Chemilumineszenzreaktionen läßt sich, wie weiter unten ausführlich dargestellt, ein dem Anregungszustand direkt vorangehender Reaktionsschritt nachweisen, bei dem dem in der Entstehung begriffenen strahlenden Teilchen mindestens ein Elektron entzogen wird. Um diese Behauptung jedoch schlüssig beweisen zu können, müßten erst alle Chemilumineszenzreaktionen bezüglich ihres Mechanismus völlig gesichert sein — was noch nicht der Fall ist. Deshalb ist die Zusammenfassung gewisser Gruppen von Chemilumineszenz-Reaktionen zur Zeit wohl der zweckmäßigere Weg. E. J. BOWEN [17] teilt die Reaktionen, die genügend Energie zur Elektronenanregung eines strahlungsfähigen Moleküls liefern können, in folgende vier Typen ein:

1. Elektronen-Rekombinationsreaktionen
2. Ionen-Rekombinationsreaktionen
3. Radikal-Radikal-Rekombinationen
4. Umgruppierungen mehrerer Bindungen, bei denen hohe Energie frei wird.

*Zu 1.*: Bei diesem Reaktionstyp liegt keine Chemilumineszenz in flüssiger Lösung vor, sondern eine durch äußere Strahlung angeregte Lumineszenz organischer Moleküle in fester Lösung: bestimmte Amine werden in festen organischen Gläsern durch Bestrahlung unter Entzug eines Elektrons in das entsprechende Radikal-Kation verwandelt. Das abdissoziierte Elektron kehrt aus der Matrix langsam zum Amin-Radikalkation zurück, wobei hauptsächlich Phosphoreszenz-Emission auftritt.

*Zu 2.*: Ionen-Rekombinationsreaktionen (vgl. ebenfalls das Kapitel „Radikalanionen und -kationen", S. 120) lassen sich sowohl elektrochemisch als auch rein chemisch realisieren: z. B. kann durch geeignete Umsetzungen 9,10-Diphenyl-anthracen einerseits in das entsprechende Radikalanion $Ar^{\overline{.}}$ andererseits in das — wenn auch sehr instabile — Radikalkation $Ar^{\pm}$ überführt werden. Die beiden Radikalionen-Spezies reagieren miteinander unter Übertritt eines Elektrons vom Radikal-Anion auf das Radikal-Kation; es resultiert die Fluoreszenzemission des 9,10-Diphenyl-anthracens.

*Zu 3.*: Hierunter fallen sowohl die über Peroxyde verlaufenden Autoxydationsreaktionen von Kohlenwasserstoffen als auch gewisse Carben-Reaktionen.

*Zu 4.*: BOWEN vertritt hierzu den Standpunkt, daß es sich bei diesem Chemilumineszenz-Reaktionstyp meist um basenkatalysierte Autoxydationen handelt, von denen die bekannteste die Oxydation des Luminols mit Peroxyd oder Hypochlorit in schwach basischen Lösungen ist und ähnlich die Oxydation des Lucigenins (vgl. die Kapitel 9 und 10, S. 63 bzw. 90). Ein anderes System, dessen Chemilumineszenz durch die simultane Spaltung mehrerer Kovalenzbindungen unter Bildung von Produkten hoher Bildungswärme hervorgerufen wird, stellt die Umsetzung von Oxalylchlorid mit $H_2O_2$ dar (vgl. S. 38).

Wesentlich bei all diesen unter 4. aufgeführten Reaktionen ist die schon erwähnte simultane Spaltung mehrerer Kovalenzbindungen.

Im Hinblick darauf, daß Oxydationsreaktionen zu Chemilumineszenz führen, ist die Tatsache sehr wesentlich, daß der Sauerstoff selbst zur Chemilumineszenz befähigt ist, nämlich dann, wenn er bei bestimmten Reaktionen in angeregten Singulett-Zuständen gebildet wird. Wie weiter unten ausführlicher dargelegt ist, haben KHAN und KASHA deshalb eine allgemeine Theorie formuliert, wonach Chemilumineszenz bei Sauerstofferzeugenden Reaktionen letztlich auf angeregten Sauerstoff zurückzuführen ist. Dieser gibt seine Anregungsenergie dann lediglich an fluoreszenzfähige Moleküle ab. Dies würde bedeuten, daß sehr viele Chemilumineszenzreaktionen sog. „sensibilisierte" Chemilumineszenzen wären, indem für das Entstehen der Anregungsenergie lediglich der gebildete Sauerstoff notwendig wäre. Dagegen hätten die jeweils eingesetzten Ausgangsmaterialien entweder als solche oder als Reaktionsprodukte von nichtchemilumineszenten Umsetzungen nur die Aufgabe, die Anregungsenergie des Sauerstoffs aufzunehmen und schließlich in Form ihrer Fluoreszenz abzustrahlen.

Eine andere allgemeine Theorie zu der Frage, welche Reaktionen zu Chemilumineszenz führen, haben E. H. WHITE und M. M. BURSEY [8] so formuliert: es sei wahrscheinlich, daß die meisten exergonen Reaktionen, die zu fluoreszenzfähigen Molekülen führen und bei denen Sauerstoff beteiligt ist, Chemilumineszenz ergeben. Bei dieser Theorie ist die Frage offengelassen, ob der Sauerstoff gleichzeitig mit dem fluoreszenzfähigen Molekül in angeregtem Zustand gebildet wird, und zwar in der gleichen, zu letzterem führenden Reaktion, oder ob, wie eben ausgeführt, die Bildung des angeregten Sauerstoffs und die Bildung des fluoreszenzfähigen Moleküls zwei voneinander unabhängige Vorgänge sind. Allerdings sind sowohl E. H. WHITE und M. J. C. HARDING [89], als auch F. MCCAPRA u. Mitarb. [90], die unabhängig zu gleichen Anschauungen über die Rolle des Sauerstoffs bei Chemilumineszenzreaktionen gelangten, der Ansicht, daß der Sauerstoff zur Bildung von cyclischen Peroxyden benötigt wird (vgl. S. 98, 110). Der exotherme Zerfall dieser Peroxyde soll direkt zu elektronisch angeregten Carbonylverbindungen führen.

## Zur Kinetik von Chemilumineszenzreaktionen

Wenn man die zur Emission befähigte angeregte Substanz mit $X^*$ bezeichnet, so muß die pro Sekunde in der Volumeneinheit emittierte Lichtmenge der Konzentration von $X^*$ proportional sein. Die Geschwindigkeit der Strahlungsreaktion

$$X^* \longrightarrow X + \text{Licht}$$

läßt sich formulieren als

$$I \sim \Phi_e \sim \frac{d[h\nu]}{dt} = k_f[X^*] = -\left(\frac{d[X^*]}{dt}\right)_{\text{Emission}}$$

($I$: Intensität, $\Phi_e$: Quantenausbeute)

Die angeregte Substanz $X^*$ wird daneben desaktiviert durch Lösungsmittelmoleküle sowie durch strahlungslose, intramolekulare Löschung, wie dies beim Mechanismus der Fluoreszenzlöschung angenommen wird. Somit erhält man für die Geschwindigkeit der Desaktivierung:

$$-\left(\frac{d[X^*]}{dt}\right)_{\text{Desaktivierung}} = k_q[X^*][Q] + k_i[X^*]$$

($k_q$: Geschwindigkeitskonstante der Löschung durch Lösungsmittelmoleküle $Q$
$k_i$: Geschwindigkeitskonstante der intramolekularen Desaktivierung)

Außer durch Strahlung und Desaktivierung kann $X^*$ aber auch durch Reaktion mit anderen Reaktionsteilnehmern, z. B. $Y$, nach

$$X^* + Y + \cdots \longrightarrow XY + \cdots$$

mit der Geschwindigkeit

$$-\left(\frac{d[X^*]}{dt}\right)_{\text{Reaktion}} = k_r[X^*][Y]\ldots$$

verbraucht werden.

Nun muß die angeregte, zur Emission fähige Substanz durch eine chemische Reaktion, die mono- oder bimolekular sein kann, aus den Ausgangskomponenten $A, B \ldots$ gebildet werden. Dies kann dabei wiederum aus den Ausgangskomponenten direkt oder durch eine Reaktionskette aus Folgeprodukten der Primärreaktion erfolgen. Für die Bildungsgeschwindigkeit von $X^*$ muß irgendeine zunächst nicht näher bestimmte Funktion der Konzentrationen der Ausgangsprodukte $A, B \ldots$ bestimmend sein (der Fall der diffusions-kontrollierten Reaktionsgeschwindigkeit kann hier ausgelassen werden; dies ist bei homogenen Chemilumineszenzreaktionen unter den meist angewandten Versuchsbedingungen wohl erlaubt). Dann ist:

$$\left(\frac{d[X^*]}{dt}\right)_{\text{Bildung}} = k_{X^*}[A][B] \ldots$$

Durch Addition der oben genannten Geschwindigkeiten der Strahlungsreaktion, der inneren Desaktivierung, der Lösungsmittel-Löschung und der Reaktionen mit irgendwelchen Partnern zur Bildungsgeschwindigkeit erhält man die Bruttogeschwindigkeit:

$$\frac{d[X^*]}{dt} = k_{X^*}[A] \cdot [B] - (k_f + k_q[Q] + k_i + k_r[Y])[X^*]$$

Die strenge Integration dieser Gleichung ist sehr kompliziert; im einfachsten Fall, wo $k_{X^*}[A][B]$ erster Ordnung ist (pseudomonomolekular), ergibt die Integration eine $[X^*] - t$-Kurve, die ein Maximum durchläuft und dann exponentiell abfällt. Hier können Analogrechner eingesetzt werden, für deren Anwendung STAUFF und HARTMANN [45a] ein Beispiel angegeben haben.

Wenn die Konzentrationen von $A, B \ldots Y \ldots$ während der Reaktion konstant bleiben, so kann sich ein stationärer Zustand einstellen, bei dem die obige Bruttogleichung $= 0$ wird; dann tritt also eine von der Zeit unabhängige Strahlungsintensität auf. Ein stationärer Zustand muß aber auch im Zeitpunkt des Maximums der Strahlungsintensität vorhanden sein. An einer solchen Stelle ist $dI/dt$ und entsprechend $\frac{d^2[x^*]}{dt} = 0$. Aus der obigen Bruttogleichung ergibt sich dann:

$$I_{\max} \sim k_f[X^*]_{\max} = \frac{k_f k_{X^*}[A][B]}{k_f + k_q[Q] + k_i + k_r[Y]}$$

Hieraus ergibt sich die Möglichkeit einer reaktionskinetischen Analyse der Chemilumineszenzreaktion. Man kann die einzelnen Konstanten jedoch nur bestimmen, wenn der Proportionalitätsfaktor zwischen der gemessenen Lichtintensität und der pro Volumeneinheit in der Sekunde erzeugten Lichtmenge bekannt und die Funktion $k_{X^*}[A][B]$ durch unabhängige kinetische Messungen zu ermitteln ist.

Die oben dargestellte Bruttogleichung für den Ablauf der Bildung eines angeregten Teilchens und dessen Desaktivierung gibt unter geeigneten Umständen die Möglichkeit, entweder die Reaktion zur Bildung des angeregten Moleküls zu finden oder, wenn diese Reaktion bekannt ist, Aussagen über den allgemeinen Reaktionsablauf zu machen. Voraussetzung für die derartige Behandlung einer Reaktionskette ist, daß alle stationären Zustände der kurzlebigen Zwischenprodukte eingestellt sind.

Aus der Energie des ausgestrahlten Lichtes, die zwischen 40 und 90 kcal/Mol liegt, ergeben sich Hinweise zumindest auf die untere Grenze der Reaktionsenthalpie.

# I. Chemilumineszenz von Oxydationsreaktionen

## 1. Allgemeine Grundlagen. Das Sauerstoff-Excimere

Wie bereits auf S. 5 ausgeführt, sind die meisten der heute bekannten Chemilumineszenzreaktionen Oxydationsreaktionen im engeren Sinne, d. h. sie verlaufen unter Beteiligung von molekularem Sauerstoff, Ozon, $H_2O_2$, Hypohalogeniten [24—27].

Bevor im folgenden auf einzelne Chemilumineszenzreaktionen eingegangen wird, erscheint es daher zweckmäßig, die Chemilumineszenzfähigkeit des Sauerstoffs selbst zu betrachten bzw. die von bestimmten anorganischen Systemen, durch die molekularer Sauerstoff in angeregtem Zustand gebildet wird.

Organische Chemilumineszenzreaktionen, die unter Entwicklung von Sauerstoff verlaufen, werden auf den S. 23 und 51 besprochen.

L. MALLET [28] entdeckte als erster das kurze rote Aufleuchten beim Vermischen einer Natrium-hypochlorit-Lösung mit Wasserstoffperoxyd. P. GROH und A. KIRRMANN [29] führten erste spektroskopische Untersuchungen aus und fanden, daß die beobachteten Maxima bei 580 und 635 nm von der Art des benutzten Hypohalogenits unabhängig sind und mit den Sauerstoffbanden $\alpha$ und $\alpha'$ zusammenfallen. Unabhängig von diesen ersten Beobachtungen beschrieben G. GATTOW und A. SCHNEIDER [30] und H. H. SELIGER [31] die $NaOCl—H_2O_2$-Chemilumineszenz. SELIGER fand, daß diese rote Chemilumineszenz Emissionsmaxima bei 635, 703 und 578 nm aufweist. (vgl. [31 und 32]).

A. KHAN und M. KASHA [33] untersuchten das Emissionsspektrum der Hypochlorit-$H_2O_2$-Reaktion ebenfalls und schrieben die roten Emissionsbanden bei 635 und 703 nm den (0.0)- bzw. (0.1)-Komponenten des $^1\Sigma^+g \rightarrow {}^3\Sigma^-g$-Übergangs von molekularem Sauerstoff zu, weil die Wellenzahldifferenz zwischen den beiden von ihnen beobachteten Haupt-Emissionsbanden mit 1570 cm$^{-1}$ der Wellenzahl der Vibrationsfrequenz des Sauerstoffmoleküls im Grundzustand (1580 cm$^{-1}$) entspricht. Verglichen mit den entsprechenden Banden in gasförmigem Sauerstoff liegt die (0.0)-Bande um 2593 cm$^{-1}$ nach kürzeren Wellenlängen verschoben. KHAN und KASHA schreiben dies einem Lösungsmitteleffekt zu, jedoch zeigten Untersuchungen von OGRYZLO u. Mitarb. [34], daß die beiden roten Banden bei 634 und 703 nm auch bei der Chemilumineszenz von Sauerstoff in der Gasphase auftreten, wenn der Sauerstoff stillen elektrischen Entladungen ausgesetzt worden war. Nach Ansicht der Autoren können die beiden roten Banden keinem bekannten Übergang im Sauerstoff- oder Ozonmolekül zugeordnet werden. Ferner war die Anwesenheit von stickstoff- oder wasserstoffhaltigen Verunreinigungen ausgeschlossen. Daher wurde postuliert, daß die beiden roten Banden der Sauerstoff-Emission aus einem simultanen Elektronenübergang in zwei $O_2(^1\Delta g)$-Molekülen herrühren. Dabei wird die kombinierte Energie der beiden $O_2$-Moleküle in einem einzigen Photon emittiert, und zwar bei 634 nm, wenn beide Moleküle in ihrem Grundschwingungszustand, bei 703 nm, wenn eines der beiden Moleküle im 1. Vibrationsniveau nach der Emission verbleibt.

Die Frage, ob bei diesem metastabilen Sauerstoff ein stabiler Molekülkomplex $O_4^*$ oder ein kurzlebiger Stoßkomplex $(O_2)_2^*$ vorliegt, wurde von ARNOLD, BROWNE und OGRYZLO [35] zugunsten des Stoßkomplexes entschieden.

Weitere Untersuchungen [35, 36] befaßten sich mit der Emission folgender Reaktionen in der flüssigen Phase:

$$Cl_{2(gasf.)} + H_2O_2 + H_2O + NH_3$$
$$Cl_{2(gasf.)} + H_2O_2 + CHCl_3 + Pyridin$$

und ergaben dabei das in Abb. 1 wiedergegebene Emissionsspektrum:

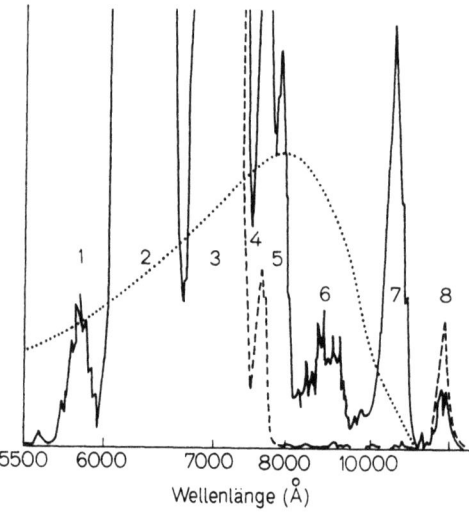

Abb. 1. Chemilumineszenzspektrum der Reaktion von Chlor mit $H_2O_2$ in wäßrig-ammoniakalischer Lösung. Die gestrichelte Kurve stammt vom Chloroform-Pyridin-System. Die punktierte Linie gibt die Empfindlichkeit des Photomultipliers wieder. Nach ARNOLD, BROWNE und OGRYZLO [35]

Wiederum werden die Maxima im orangeroten Gebiet dem $(O_2)_2$-Stoßkomplex zugeschrieben, und zwar mit Zuordnung zu den gleichen elektronischen Übergängen, wie oben für die Gasphase ausgeführt: die Maxima 2 und 3 werden dem Übergang

$$(O_2(^1\Delta g))_2 \longrightarrow (O_2\,^3\Sigma^-g)_2$$

und das Maximum 1 schwingungsangeregten $(O_2(^1\Delta g))_2$-Molekülen zugeschrieben. Zur Lebensdauer von schwingungsangeregten $O_2\,(^1\Delta g)$- und von $O_2(^1\Sigma^+g)$-Molekülen in wäßrigem Milieu vgl. [35].

Die lichtemittierende Reaktion kann durch folgende Elementarschritte dargestellt werden:

$$O_2(^1\Delta g) + O_2(^1\Delta g) \underset{k_2}{\overset{k_1}{\rightleftarrows}} (O_2(^1\Delta g))_2$$

$$(O_2(^1\Delta g))_2 \xrightarrow{k_3} (O_2(^3\Sigma^-g))_2 + h\nu$$

wobei die Intensität $I = (k_1/k_2)k_3\,[O_2(^1\Delta g)]^2$
und $(k_1/k_2)k_3 = 0{,}28$ l Mol$^{-1}$ sec$^{-1}$.

Um $k_3$, die Wahrscheinlichkeit für den strahlenden Übergang für $(O_2(^1\Delta g))_2$, zu bestimmen, kann man aus der Stoßtheorie $k_1$ zu $10^{11}$ l Mol$^{-1}$ sec$^{-1}$ und $k_2$ zu $10^{13}$ sec$^{-1}$ abschätzen, woraus $k_3 = 28$ resultiert. Hieraus ergibt sich eine Strahlungs-Halbwertszeit des Sauerstoff-Excimeren $(O_2(^1\Delta g))_2$ von $2{,}5 \cdot 10^{-2}$ sec. Vergleicht man diese Zeit mit der Halbwertszeit des ungestörten $O_2(^1\Delta g)$-Moleküls, die $3{,}6 \times 10^3$ sec beträgt [37], so zeigt sich, daß durch die Kollisionen dieser angeregten Sauerstoffmoleküle eine $10^5$fache Strahlungs-Übergangswahrscheinlichkeit resultiert.

Bereits 1962 haben J. STAUFF u. Mitarb. die Bedeutung des Sauerstoff-Excimeren für die rote Chemilumineszenz von Oxydationsreaktionen hervorgehoben. Sie schlossen [38] auf Grund der von ihnen aufgenommenen Emissionsspektren der sehr schwachen Chemilumineszenzreaktionen (Harnstoff + Hypochlorit oder Natronlauge + Schwefelsäure + Sauerstoff), daß die Chemilumineszenz dieser und einer Reihe von anderen Oxydationsreaktionen wahrscheinlich auf $(O_2)_2$-Assoziate zurückzuführen sei. Dies wurde deshalb angenommen, weil die beobachteten Intensitätsmaxima recht gut mit Absorptionsmaxima des molekularen Sauerstoffs übereinstimmen, die bereits J. W. ELLIS und H. O. KNESER [39] Übergängen von Kombinationen von $^1\Sigma$- und $^1\Delta$-Zuständen des $O_2$—$O_2$-Doppelmoleküls zum $^3\Sigma$-Grundzustand zuschrieben.

Allerdings weisen J. STAUFF und F. LOHMANN [40] darauf hin, daß eine spektroskopische Entscheidung zwischen den Übergängen bei $O_2$-Einzel- und $(O_2)_2$-Doppelmolekülen nicht immer möglich sei, daß aber auf jeden Fall metastabile angeregte Zustände des molekularen Sauerstoffs für die unter Sauerstoffentwicklung ablaufenden Chemilumineszenzreaktionen ausschlaggebend seien.

Die Energieniveaus dieser metastabilen Zustände geben A. KHAN und M. KASHA [41] gemäß Abb. 2 an:

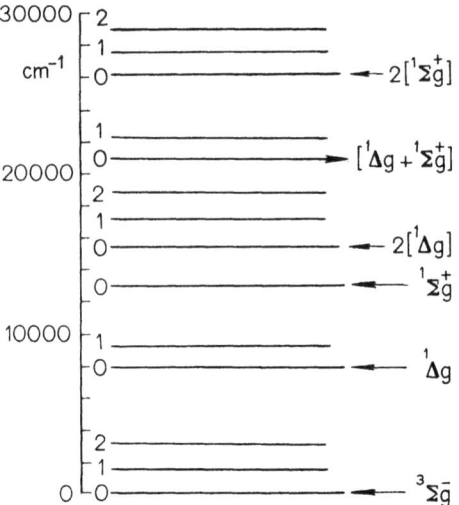

Abb. 2. Elektronische Energieniveaus von molekularem Sauerstoff und angeregten Singulett-Sauerstoffmolekülen. Nach KHAN und KASHA [41]

KHAN und KASHA konnten auch bei der Chemilumineszenz im System Chlor-Wasserstoffperoxyd-Alkali ein Emissionsmaximum bei 478 nm nachweisen, das vom $[^1\Delta g + {}^1\Sigma^+ g]$-Doppelmolekül-Zustand herrührt. STAUFF und SCHMIDKUNZ [38] hatten bei 480 nm eine Chemilumineszenz-Emissionsbande bei der Neutralisationsreaktion zwischen Natronlauge und Schwefelsäure in Gegenwart von Sauerstoff, sowie bei der Oxydation wäßriger Lösungen von $NaHSO_3$ mit molekularem Sauerstoff in Gegenwart von $Cu^{2+}$, $Fe^{2+}$, $Mn^{2+}$ und anderen Metallionen angegeben.

Dieser Emission des angeregten Sauerstoffs entspricht eine Energie von 59,8 kcal/Mol (20920 $cm^{-1}$); mit einem zusätzlichen Quant Vibrationsenergieanregung würden 63,9 kcal/Mol verfügbar sein. Ebenso wie J. STAUFF [42] weisen KHAN und KASHA [41] darauf hin, daß die in Abb. 2 angegebenen Anregungszustände des molekularen Sauerstoffs sowohl in Absorption als auch in Chemilumineszenz-Emission beobachtet wurden; lediglich der 2 $[^1\Sigma^+ g]$-Anregungszustand wurde von KHAN und KASHA noch nicht sicher bei der Chemilumineszenzemission nachgewiesen. Wahrscheinlich tritt auch dieser Anregungszustand bei der Hypochlorit-$H_2O_2$-Reaktion auf, wird aber durch die Absorption der Chlormoleküle maskiert. Diese Banden wurden jedoch von STAUFF und SCHMIDKUNZ [38] bei der Reaktion $NaOH + H_2SO_4 + O_2$ beobachtet. Der 2 $[^1\Sigma^+ g]$-Anregungszustand entspricht einer Energie von 75,1 kcal/Mol (26246 $cm^{-1}$), mit 2 Quanten Schwingungsanregung sogar 83,1 kcal/Mol (29069 $cm^{-1}$).

Die eben erwähnten Energieniveaus sind deshalb besonders interessant, weil sie im Bereich der für die häufigsten organischen Chemilumineszenzemissionen notwendigen Energien liegen, die 60—70 kcal/Mol für ihr meist blaues bis blaugrünes Licht erfordern. KHAN und KASHA [41] haben daher eine allgemeine Theorie der Chemilumineszenz in Systemen, die molekularen Sauerstoff entwickeln, wie folgt formuliert: in Systemen, in denen angeregter Singulett-Sauerstoff erzeugt wird, kann Lumineszenz (vor allem Fluoreszenz) jedes beliebigen, energetisch günstigen Moleküls hervorgerufen und als „Chemilumineszenz" beobachtet werden. Hierbei übertragen angeregte Sauerstoff-Molekülpaare (Excimere) ihre Anregungsenergie direkt auf diese lumineszenzfähigen Moleküle.

Dies erscheint auch deshalb möglich, weil Energieübertragung nicht nur auf im „blauen" und im „grünen", sondern auch auf im „roten" Spektralbereich lumineszierende Moleküle (z. B. Eosin oder Zinktetraphenylporphin) grundsätzlich denkbar ist: nach KHAN und KASHA bilden die einzelnen Anregungszustände des molekularen Sauerstoffs sozusagen eine Energie-„Stufenleiter".

Daß diese Energieübertragungsvorgänge stattfinden, beweisen viele Beispiele der sog. sensibilisierten Chemilumineszenz: eine an sich schwache Emission kann sehr verstärkt werden, wenn eine stark fluoreszenzfähige Substanz im Reaktionsmilieu anwesend ist. So beobachtete bereits L. MALLET (vgl. [28]), daß die Hypochlorit-Wasserstoffperoxyd-Chemilumineszenz starke Fluoreszenzemission von Anthracen, Acridin, Eosin, Fluorescein und anderen Stoffen hervorruft. Weitere Beispiele werden im Kapitel über die Autoxydation von Kohlenwasserstoffen angegeben (vgl. S. 19).

Jedoch müssen folgende Voraussetzungen gesichert sein, bevor diese Theorie von KHAN und KASHA auf weitere Chemilumineszenzreaktionen ausgedehnt werden kann:

1. die betreffende Chemilumineszenzreaktion muß tatsächlich unter Bildung von molekularem Sauerstoff verlaufen;

2. die Chemilumineszenz-Quantenausbeute muß eine quadratische Abhängigkeit von der Konzentration des gebildeten Sauerstoffs aufweisen (weil ja die angeregten Sauerstoff-Doppelmoleküle wesentlich für die Energieübertragung sind);

3. die schließlich beobachtete Lumineszenz muß entweder der Lumineszenz des unveränderten, in das Reaktionsmilieu hineingegebenen organischen Moleküls entsprechen oder der eines Reaktionszwischen- oder endproduktes. Letztere müßten jedoch mit einer solchen Reaktionsgeschwindigkeit gebildet werden, daß die Energieübertragung von angeregtem Sauerstoff auf sie möglich ist. Mit anderen Worten: die Geschwindigkeit der Bildung der angeregten Sauerstoffmoleküle und ihre Lebensdauer und die Bildungsgeschwindigkeit jener Reaktionsprodukte müssen synchron verlaufen.

Wie F. McCapra [21] aber betont, sind diese Voraussetzungen bei einer ganzen Reihe von organischen Chemilumineszenzreaktionen nicht gegeben. Vor allem wird bei vielen von ihnen weder nennenswert Sauerstoff gebildet, noch besteht die geforderte quadratische Abhängigkeit von der $O_2$-Konzentration.

Welche Vorstellungen bestehen nun hinsichtlich des Bildungsmechanismus von angeregtem molekularem Sauerstoff bei den oben beschriebenen anorganischen Chemilumineszenzreaktionen?

Hier zeichnen sich zur Zeit zwei grundsätzliche Anschauungen ab:

1. J. Stauff u. Mitarb. [40, 42] nehmen an, daß sich der angeregte Sauerstoff durch Rekombination von $HO_2\cdot$-Radikalen bzw. $HO_2\cdot$ und $\cdot OH$-Radikalen bildet, daß er also in *homolytischen* Reaktionen entsteht.

2. W. A. Waters u. Mitarb. [43] postulieren dagegen *heterolytische* Prozesse als Quelle des Singulett-Sauerstoffs.

Bevor näher auf diese beiden Theorien eingegangen wird, sei erwähnt, daß Ogryzlo [35] noch auf eine dritte Möglichkeit der Bildung von angeregtem Sauerstoff hinweist: E. A. Chandross und F. I. Sonntag [22] haben als allgemeinen Typ von Chemilumineszenzreaktionen solche Reaktionen postuliert, bei denen Ein-Elektronen-Übergänge von einem geeigneten Donator-Molekül auf ein fluoreszenzfähiges Acceptor-Molekül stattfinden. Überträgt man dies auf ein $O_2^-$-Radikalanion, so könnte bei Abspaltung eines Elektrons aus diesem ebenfalls Singulett-Sauerstoff entstehen:

$$^{(-)}|\overline{\underline{O}}-\overline{\underline{O}}\cdot \xrightarrow{-e} {}^{(-)}|\overline{\underline{O}}-\overline{\underline{O}}{}^{(+)} \longleftrightarrow \langle O=O \rangle$$

Allerdings ist diese Vorstellung bisher nicht experimentell auf eine verhältnismäßig einfache Chemilumineszenzreaktion wie die Hypohalogenit-Wasserstoffperoxyd-Reaktion angewandt worden. Außerdem dürfte sie aus energetischen Gründen auch nicht ohne weiteres verifizierbar sein, denn $O_2^-$ hat eine Bildungsenthalpie von $-17$ kcal/Mol, dagegen ein Singulett-Sauerstoff-Molekül eine solche von 20,4 kcal/Mol. Der Singulett-Sauerstoff ist somit ein sehr starker Elektronenacceptor, während das $O_2^-$-Radikal-Anion ein schwacher Donator ist. Somit kann letzteres nur dann ein Elektron unter Bildung von Singulett-Sauerstoff abgeben, wenn durch eine andere Reaktion dazu Energie zur Verfügung gestellt wird. Näheres über die chemilumineszenten Ein-Elektronen-Übergangsreaktionen vgl. Kap. 15.

Zur Radikal-Theorie der Bildung von angeregtem Sauerstoff nach Stauff sei nun ausgeführt: Stauff (vgl. [42]) geht von der experimentellen Tatsache aus, daß viele organische Substanzen mit Sauerstoff dann unter Chemilumineszenz reagieren, wenn Radikalbildner im Reaktionsmilieu anwesend sind ([44]; vgl. auch „Autoxydation von Kohlenwasserstoffen", S. 19). Mittels einer geeigneten Fließapparatur konnte nicht nur bestätigt werden [45], daß bei den Reaktionen

$Ce^{4+} + H_2O_2 \longrightarrow \cdot O_2H + H^+ + Ce^{3+}$;    $2 \cdot O_2H \longrightarrow H_2O_2 + O_2$

$Ti^{3+} + H_2O_2 \longrightarrow \cdot OH + OH^- + Ti^{4+}$;    $2 \cdot OH \longrightarrow H_2O_2$

die bereits von E. SAITO und B. H. T. BIELSKI [46] bzw. W. T. DIXON und R. O. C. NORMAN [47] beschriebenen ESR-Signale des $\cdot O_2H$- bzw. des $\cdot OH$-Radikals auftreten, sondern daß beide Reaktionen chemilumineszent sind (Abb. 3 — 6).

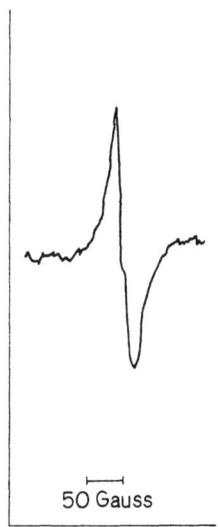

Abb. 3. ESR-Signal von $\cdot O_2H$.
Reaktion: $Ce(HSO_4)_4$, $(1,5 \cdot 10^{-3} M) + H_2O_2$ (0,3 M) in 0,8 n $H_2SO_4$
Nach STAUFF u. Mitarb. [45]; vgl. auch [91]

Zwar waren wegen der sehr geringen Intensität der Chemilumineszenzen Aufnahmen in einem Spektrophotometer nicht möglich. Aber mittels steiler Kantenfilter konnten die Chemilumineszenzspektren in groben Umrissen bestimmt und hieraus energetische Berechnungen über die für das Zustandekommen der Emission in Betracht kommenden Reaktionen angestellt werden (unter Zugrundelegung der von N. URI [48] angegebenen Bildungsenthalpien):

$\cdot OH + \cdot OH \longrightarrow H_2O_2 + 47$ kcal/Mol

Dies entspricht einer Wellenlänge von 609 nm und würde zur Anregung des Überganges bei 629,5 nm ausreichen.

$\cdot O_2H + \cdot O_2H \longrightarrow H_2O_2 + O_2$

16  Chemilumineszenz von Oxydationsreaktionen

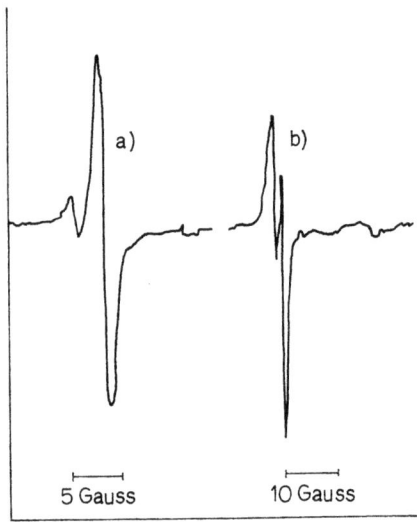

Abb. 4. ESR-Signal von ·OH.
Reaktion: $TiCl_3$ $(1{,}2 \cdot 10^{-2}$ M$) + H_2O_2$ $(0{,}13$ M$)$. a) pH 1,2; b) pH 2
Nach STAUFF u. Mitarb. [45]; vgl. auch [90]

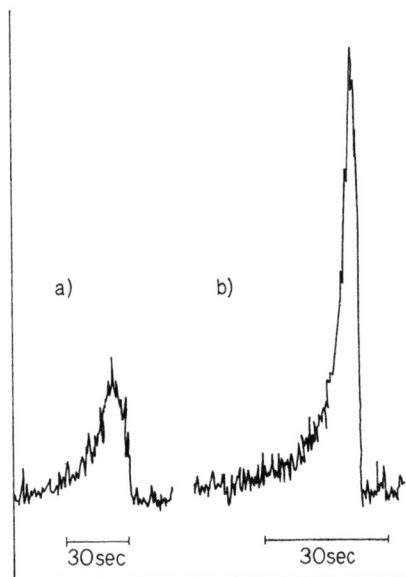

Abb. 5. Chemilumineszenz von ·$O_2H$, Zeitabhängigkeit der Intensität.
Reaktion: $Ce(HSO_4)_4 + H_2O_2$. a) $Ce^{4+}$ $(3 \cdot 10^{-3}$ M$)$, $H_2O_2$ $(0{,}1$ M$)$, 1 n $H_2SO_4$,
A. Nach STAUFF u. Mitarb. [45]; b) $Ce^{4+}$ $(6{,}67 \cdot 10^{-4}$ M$)$, $H_2O_2$ $(1{,}66 \cdot 10^{-5}$ M$)$, pH 1,4

liefert 58 kcal — entsprechend 484 nm; dies reicht für die Anregung der Übergänge bei 534,2 und 577,1 nm aus.

Die Rekombinationsreaktion

$$\cdot O_2H + \cdot OH \longrightarrow H_2O + O_2$$

ergibt 77 kcal entsprechend 371 nm, was den Übergang bei 380,5 nm anregen könnte.

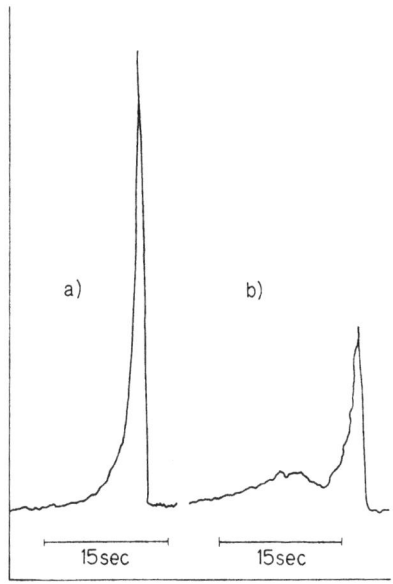

Abb. 6. Chemilumineszenz von ·OH, Zeitabhängigkeit der Intensität. Reaktion: $Ti^{3+} + H_2O_2$. a) $TiCl_3$ ($6 \cdot 10^{-3}$ M), $H_2O_2$ ($6,5 \cdot 10^{-2}$ M), pH 1,9 Max. Int.: $34 \cdot 10^{-8}$ A; b) $TiCl_3$ ($1,2 \cdot 10^{-3}$ M), $H_2O_2$ ($1,3 \cdot 10^{-3}$ M), pH 4,6. (Acetatpuffer) Nach STAUFF u. Mitarb. [45]

Kinetische Untersuchungen [38] zeigten, daß die Intensität der Chemilumineszenz verschiedener Oxydationsreaktionen vom Quadrat der Sauerstoffkonzentration abhängt.

Die Bildung von angeregtem Singulett-Sauerstoff durch *heterolytische* Prozesse haben im Unterschied zu der eben erwähnten Radikaltheorie E. MCKEOWN und W. A. WATERS [43] postuliert. So soll nach diesen Autoren die Hypochlorit-$H_2O_2$-Reaktion nach dem Schema

$$^{(-)}\overline{|O}-O-H + ^{(-)}\overline{O}-Cl \longrightarrow \langle O{=}O\rangle + H-O^{(-)} + Cl^{(-)}$$

ablaufen. Auf eine analoge heterolytische Bildung von Singulett-Sauerstoff — MCKEOWN und WATERS formulieren $O_2$ ($^1\Delta g$) folgerichtig als $\overline{O}{=}\overline{O}$ —

sind auch einige andere Chemilumineszenzreaktionen zurückzuführen, z. B. die Umsetzung von bestimmten Carbonsäurenitrilen mit $H_2O_2$ in alkalischem Milieu:

$$R-C\equiv N + {}^{(-)}O-OH \longrightarrow \underset{\underset{O-OH}{|}}{R-C=N^{(-)}} \xrightarrow{H_2O} \underset{\underset{O-OH}{|}}{R-C=NH}$$

$$\underset{\underset{O-OH}{|}}{R-C=NH} \quad \underset{\underset{{}^{(-)}H\,:\,\underline{O}|}{|}}{H-\overline{O}|} \longrightarrow \underset{\underset{O}{\|}}{R-C-NH_2} + \underset{H_2O}{} + \begin{smallmatrix}/O\\ \| \\ \backslash O\end{smallmatrix}$$

(s. auch K. B. WIBERG [49])

McKEOWN und WATERS nehmen in Übereinstimmung mit den Anschauungen anderer Autoren (s. oben) an, daß die Chemilumineszenz auf die schnelle Umwandlung des Singulett-Sauerstoffs in Triplett-Sauerstoff in einer bimolekularen Reaktion

$$2\,O_2\,(^1\Delta g) \longrightarrow 2\,O_2\,(^3\Sigma^-g) + h\nu$$

zurückzuführen ist, weil dies — anders als eine monomolekulare Spin-Umkehr — spektroskopisch nicht „verboten" wäre.

Daß angeregter Singulett-Sauerstoff z. B. bei der Wasserstoffperoxyd-Hypohalogenit-Reaktion gebildet wird — ob durch homolytische oder durch heterolytische Prozesse, ist allerdings so nicht schlüssig zu beweisen — zeigt folgendes: Der in dieser Reaktion entstehende molekulare Sauerstoff ist ein sehr wirksames und spezifisches Oxydationsmittel für Olefine und aromatische Kohlenwasserstoffe [50, 51, 35, 43].

Daß in der Tat Singulett-Sauerstoff diese Oxydationen bewirkt, konnte weiter durch kinetische Studien von T. WILSON [52] an Tetramethyläthylen, 9,10-Dimethylanthracen, 9,10-Diphenylanthracen, Rubren und 1,3-Diphenylisobenzofuran nachgewiesen werden (s. auch S. 132).

Wesentlich erscheint dabei die Tatsache [43], daß die zum endo-Peroxyd führende Oxydation von Kohlenwasserstoffen des Anthracen-Typs mit einer alkalischen Wasserstoffperoxydlösung und Brom auch im Dunklen rascher und wirksamer verläuft als die Photooxydation, bei der der angeregte Sauerstoff durch sensibilisierte Bestrahlung erzeugt wird. Die Möglichkeit, daß sich zunächst das 9,10-Dibrom-Addukt des Anthracen-Kohlenwasserstoffs bildete, welches anschließend mit Wasserstoffperoxyd in einer $S_{N2}$-Reaktion zum endo-Peroxyd reagiert, konnte ausgeschlossen werden.

## 2. Ozon-induzierte Chemilumineszenz

R. G. W. NORRISH und R. P. WAYNE [53] beobachteten, daß die Bestrahlung von Ozon mit UV-Licht zu einer sehr schwachen Chemilumineszenz führt, die auf die Bildung von angeregtem Singulett-Sauerstoff nach

$$O_3 + h\nu \longrightarrow O\,(^1D) + O_2\,(^1\Delta\,g \text{ oder } ^1\Sigma\,g)$$

zurückgeführt wird. Im Hinblick auf die sehr geringen Intensitäten des Chemilumineszenzlichtes, welches hier nur mit einer sehr empfindlichen Strömungsapparatur [54] registriert werden kann, sind noch gewisse Unsicherheiten zu beseitigen bezüglich der emittierenden Spezies: sie könnten nämlich auch aus Reaktionen von Ozon mit im Ausgangssauerstoff vorhandenen Wasserstoff- oder Stickstoff-Spuren gebildet werden [55, 56].

Während der Ozonisierung von Aesculin, Anthracen, Benzoin, Chrysen und anderen organischen Substanzen sowohl in festem Zustand als auch in organischen Lösungsmitteln tritt Chemilumineszenz auf [57]. Es handelt sich offenbar um sensibilisierte Chemilumineszenz des im Ozonisator gebildeten Singulett-Sauerstoffs. Aber auch Chemilumineszenz von fluoreszenzfähigen Oxydationsprodukten ist daneben zu berücksichtigen. In einigen Fällen, z. B. bei der Ozonisierung von Anthracen oder von 3-Hydroxy-anthranilsäure, führt erst die gleichzeitige Zugabe von festem Kaliumhydroxyd zur Lichtemission. Schließlich dürfte die von D. S. BERSIS [87] untersuchte Chemilumineszenz bei der Ozonolyse von Polyphenolen (Brenzcatechin, Phloroglucin, Gallussäure u. a.) hierher gehören, d. h. ebenfalls zum Teil auf angeregten Singulett-Sauerstoff zurückzuführen sein. Da BERSIS jedoch zusätzlich Xanthenfarbstoffe zur Verstärkung der Chemilumineszenz verwendete, werden die Verhältnisse noch komplizierter: die Anregungsenergie wird nicht nur auf die Polyphenole bzw. deren Ozonisierungsprodukte, sondern auch auf die zugesetzten Fluoreszenzfarbstoffe und deren Oxydationsprodukte übertragen. Außerdem sind noch chemilumineszente Umsetzungen vom Typ der TRAUTZ-SCHORIGIN-Reaktion (vgl. S. 115) denkbar.

Eingehendere Untersuchungen über den Mechanismus dieser ozoninduzierten Chemilumineszenzreaktionen liegen noch nicht vor. Zweifellos wäre es sehr interessant zu wissen, ob ein Ozonid durch exergone Prozesse in unmittelbar zur Lichtemission befähigte energiereiche Spaltstücke zerfallen kann.

## 3. Autoxydation von Kohlenwasserstoffen

Die meist sehr schwache Chemilumineszenz, die bei der Autoxydation von Kohlenwasserstoffen wie Äthylbenzol, Cumol, aber auch makromolekularen Kohlenwasserstoffen wie Polypropylen auftritt, konnte erst mit Hilfe der hochentwickelten Photomultipliertechnik näher untersucht werden, die noch den Nachweis von ca. $10^3$ Quanten/cm$^3$ ermöglicht.

Bei diesen Chemilumineszenzreaktionen sind offensichtlich Peroxyde die entscheidenden Zwischenprodukte. Ferner sind nach allen bisher vorliegenden experimentellen Befunden die primär gebildeten, strahlungsfähigen Teilchen Carbonylderivate der eingesetzten Kohlenwasserstoffe. Wegen der sehr schwachen Chemilumineszenz dieser Reaktionen müssen häufig indirekte Methoden benutzt werden, um eine gesicherte Aussage über die Struktur des angeregten Reaktionsproduktes machen zu können. Hierauf ist daher näher einzugehen. Bereits J. H. HELBERGER und D. B. HEVER [58] hatten beobachtet, daß eine Reihe von Porphyrin-Derivaten sowie Mg- oder Zn-phthalocyanin in heißem Tetralin Chemilumineszenz ergeben. Als Ursache konnte das im verwendeten Tetralin enthaltene Tetralin-peroxyd ermittelt werden [59].

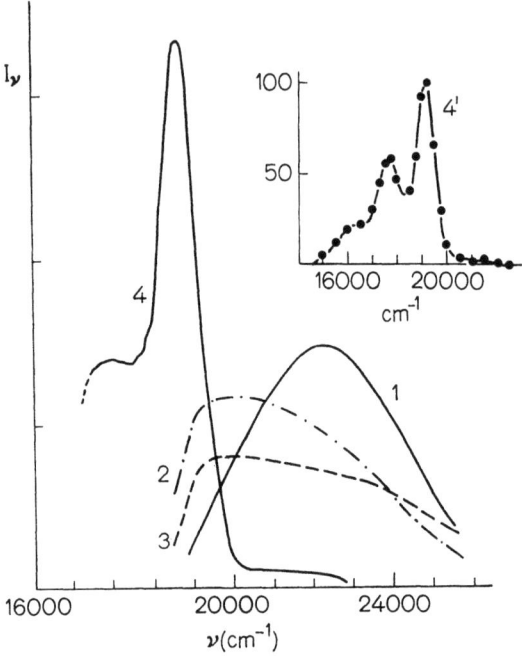

Abb. 7. Chemilumineszenzspektren der Autoxydation von Äthylbenzol (1), Cyclohexan (2), n-Decan (3) und Methyläthylketon (4) bei 60—65 °C nach R. VASIL'EV und I. RUSINA [63]; zum Vergleich mit (4) das Photolumineszenzspektrum (4') des Biacetyls nach H. BÄCKSTRÖM und K. SANDROS [74]

H. LINSCHITZ [60] hat in seinen Untersuchungen über die porphyrinkatalysierte Zersetzung von Peroxyden u. a. auch die Tetralinhydroperoxyd-Chemilumineszenz eingehend untersucht und α-Tetralon als das primär angeregte Reaktionsprodukt bezeichnet (vgl. S. 33).

Umfangreiche Untersuchungen über die Chemilumineszenz bei der Autoxydation von Kohlenwasserstoffen wurden in den letzten Jahren in den Arbeitskreisen von R. F. VASIL'EV [61—72], von G. LUNDEEN und R. LIVINGSTON [20] und von M. HOEFERT und H. HANSMEIER [73] durchgeführt.

Bei der Autoxydation von Äthylbenzol, n-Decan und Cyclohexan konnten die in Abb. 7 dargestellten Emissionsspektren aufgenommen werden. Auch das Chemilumineszenzspektrum der Autoxydation von Methyl-äthylketon ist eingefügt. Letzteres liefert ein strahlendes Reaktionsprodukt, dessen Bildung offenbar nach dem gleichen Mechanismus erfolgt, wie er bei der Autoxydation der Kohlenwasserstoffe abläuft. Das Chemilumineszenzspektrum der Autoxydation von Methyl-äthylketon zeigt eine deutliche Strukturierung und stimmt gut mit dem Photolumineszenzspektrum von Biacetyl überein.

Dagegen sind die Emissionsspektren der anderen Kohlenwasserstoffe mit ihren flachen Maxima bei 420—450 nm zu unstrukturiert, um eine zuverlässige Zuordnung zu den entsprechenden Ketonen (Acetophenon, Cyclohexanon bzw. n-Decanon) zu ermöglichen. Allerdings ist es von vornherein wahrscheinlich, wie weiter unten ausgeführt, daß diese Ketone die strahlenden Teilchen sind, und zwar in ihrem angeregten Triplettzustand [75]. Um daher eine sichere Aussage auch im Falle z. B. des Äthylbenzols machen zu können, wurden die *Lebensdauer des angeregten Reaktionsproduktes* sowie die *Chemilumineszenzquantenausbeuten* bei der Autoxydation bestimmt. Die Lebensdauer beträgt $10^{-7}$ bis $10^{-6}$ sec, ein Wert, der größenordnungsmäßig gut mit dem auf anderem Wege von F. WILKINSON und J. DUBOIS [76] bestimmten Wert von $3,6 \times 10^{-7}$ sec übereinstimmt. Die Chemilumineszenz bei der Autoxydation des Äthylbenzols wird durch Sauerstoff erheblich stärker gelöscht als die bei der Autoxydation des Methyläthylketons — wie auch bei der bekannten Langlebigkeit des Triplett-Biacetyls [75] zu erwarten, die in sorgfältig gereinigtem Lösungsmittel $10^{-3}$ sec beträgt.

Die Quantenausbeuten bei diesen Kohlenwasserstoff-Autoxydationen können auf indirektem Wege bestimmt werden, und zwar auf der Grundlage der Übertragung der Anregungsenergie des angeregten Primärteilchens $P^*$ auf geeignete fluoreszenzfähige Moleküle (Aktivatoren) und der Löschung der Chemilumineszenz durch Nebenprodukte der Reaktion. Als Aktivatoren wirken stark fluoreszierende Anthracenderivate, z. B. 9,10-Dibrom-anthracen, oder Oxazolderivate. Die Aktivatoren strahlen die aufgenommene Energie aus ihren angeregten Singulettzuständen ab: wie nämlich aus Abb. 8 ersichtlich, stimmen die bei der „sensibilisierten" Chemilumineszenz erhaltenen Emissionsspektren sehr gut mit den durch Lichtanregung erhaltenen Fluoreszenzspektren der Sensibilisatoren überein:

Folgende Vorgänge spielen sich ab (bezügl. der verwendeten Nomenklatur vgl. S. VII)

1. das angeregte Primärteilchen $P^*$ überträgt seine Energie auf den Aktivator $A$

$$P^* + A \xrightarrow{k_{P_A}} P + A^*$$

2. Danach strahlt der Aktivator die übernommene Anregungsenergie ab:

$$A^* \xrightarrow{k_{f_A}} A + h\nu_A$$

Bei letzterem Schritt braucht eine Löschung durch Sauerstoff nicht berücksichtigt zu werden, weil der Aktivator ja in seinem angeregten Singulettzustand vorliegt, dessen Lebensdauer sehr kurz ist [77].

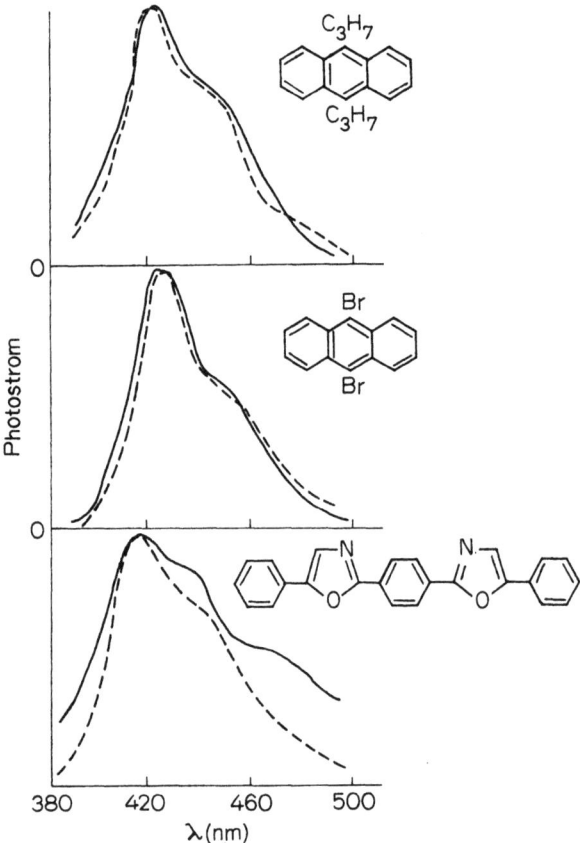

Abb. 8. Spektren der sensibilisierten Chemilumineszenz bei der Cyclohexan-Oxydation (———) und Fluoreszenzspektren der Aktivatoren (– – –). Nach VASILE'V [70]

Unter Berücksichtigung der unter 1. und 2. genannten Prozesse und des Emissionsprozesses des angeregten Primärteilchens $P^*$ (hier des Ketons) nach

$$P^* \xrightarrow{k_P} P + h\nu_P$$

erhält man folgenden Ausdruck, wobei $\Phi_P$ und $\Phi_A$ die Lumineszenzquantenausbeuten des Primärteilchens $P$ bzw. des Aktivators $A$ sind:

$$\frac{1}{\varkappa - 1} = \frac{\Phi_P}{\Phi_A - \Phi_P} + \frac{1}{\Phi_A - \Phi_P} \cdot \frac{f_P}{k_{PA}} \frac{1}{[A]}$$

$\varkappa$ ist das Verhältnis der Quantenausbeuten der aktivierten Chemilumineszenz zu der nicht aktivierten. Für die Autoxydation von Äthylbenzol und von Cyclohexan wurden nun aus den durch Auftragen von $(\varkappa-1)^{-1}$ gegen $[A]^{-1}$ erhaltenen Geraden und den bekannten Fluoreszenzquantenausbeuten der Aktivatoren die Quantenausbeuten $\Phi_P$ zu ca. $5 \times 10^{-4}$ ermittelt.

Da nun die Beziehung gilt:

$$I = \Phi_{P_e}\, \Phi_{P_c}\, w$$

wobei $\Phi_{P_c}$: Anregungsausbeute, $w$: Radikalrekombinationsgeschwindigkeit ($\approx -\dfrac{d[X^*]}{dt}$) bedeuten, kann man nunmehr die Gesamtquantenausbeute aus der bekannten absoluten Intensität und der Reaktionsgeschwindigkeit berechnen:

sie ist bei den genannten Autoxydationsreaktionen sehr klein: $10^{-10}$ für Cyclohexan, $10^{-9}$ für Äthylbenzol (hier wurde $I = 10^{16}$ Einstein $l^{-1}$ sec$^{-1}$ gefunden).

Die Radikal-Rekombinationsgeschwindigkeit beträgt im Falle der Äthylbenzol-Oxydation $10^{-7}$ Mol $l^{-1}$ sec$^{-1}$.

Nach A. E. WOODWARD und R. B. MESROBIAN [78], C. WALLING [79] und N. EMANUEL, E. DENIZOW und Z. MAIZUS [80] ist die Oxydation von Kohlenwasserstoffen in flüssiger Phase eine Radikalketten-Reaktion, die die folgenden Schritte umfaßt, wobei $Y$ ein Initiatormolekül wie Azo-bis-isobutyronitril[2] oder Dicyclohexyl-peroxydicarbonat[3] ist:

Start:

(1) $Y \xrightarrow{w_i} R\cdot$ oder $RO_2\cdot$ (wobei $k_i = \dfrac{w_i}{2\,\Phi_e\,Y}$ )

Reaktionskette:

(2) $R\cdot + O_2 \xrightarrow{k_2} RO_2\cdot$

(3) $RO_2 + RH \xrightarrow{k_3} ROOH + R\cdot$

Kettenabbruch:

(4) $R\cdot + R\cdot \xrightarrow{k_4} R_2$

(5) $R\cdot + RO_2\cdot \xrightarrow{k_5} ROOR$

(6) $RO_2\cdot + RO_2\cdot \xrightarrow{k_6} O_2 +$ Reaktionsprodukte

Dabei geben nur die Reaktionen (4), (5) und (6) ausreichende Energie, um sichtbares Licht zu erzeugen. Die Produkte der Reaktion (6), die besonders

---

[2] (AIBN)
[3] (DCHPC)

bei hohen Sauerstoff-Konzentrationen vorherrscht, sind Carbonyl-Derivate, Alkohole und molekularer Sauerstoff. Im Falle der Äthylbenzol-Oxydation z. B. gilt:

$$2\ C_6H_5\underset{\underset{O-O\cdot}{|}}{CH}-CH_3 \xrightarrow{k_6} C_6H_5-\underset{\underset{O}{\|}}{C}-CH_3 + O_2 + C_6H_5-\underset{\underset{OH}{|}}{CH}CH_3$$

Die bei letzterer Reaktion freigesetzte Energie beträgt ca. 110—120 kcal/Mol [70]. Unter stationären Bedingungen ist die Geschwindigkeit der Kettenabbruch-Reaktion gleich der der Startreaktion. Die experimentell gefundene Intensität der Chemilumineszenz hängt hier in der gleichen Weise von der Temperatur und der Konzentration eines Radikalbildners ab wie die Geschwindigkeit der Startreaktion selbst [81]. Diese Tatsache wird als Beweis dafür betrachtet, daß die Anregung in der Kettenabbruchreaktion erfolgt und somit eines der dabei entstehenden Produkte das strahlende Teilchen sein sollte. Aus dem dargelegten Mechanismus geht hervor, daß Sauerstoff eine doppelte Rolle spielen muß: Er ist Reaktionspartner und Löschsubstanz (quencher). In der Kettenreaktion (2) liefert er die $RO_2\cdot$ Radikale. Dabei hängt die Konzentration der letzteren von der Sauerstoff-Konzentration etwa nach folgender Beziehung ab:

$$[RO_2\cdot] = \sqrt{\frac{w_i}{k_6}} \cdot \frac{[O_2]}{[O_2] + S}$$

wobei $S = \frac{k_3}{k_2} \cdot \sqrt{\frac{k_4}{k_6}} \cdot [RH] + \sqrt{\frac{k_4 w_i}{k_2}}$

Die Chemilumineszenzausbeute der Reaktion (6) ist eine oder zwei Größenordnungen höher als die von Reaktion (4) und (5), somit ist der Beitrag der beiden letzteren Reaktionen zur Gesamtintensität klein und die Reaktion (6) daher die Hauptquelle der Emission. Daraus ergibt sich als Funktion für die Abhängigkeit der Chemilumineszenz-Intensität von der Sauerstoff-Konzentration der Ausdruck:

$$I = \Phi_e\, k_6\, [RO_2\cdot]^2 = \Phi_e\, w_i \cdot \frac{[O_2]^2}{([O_2] + S)^2}$$

Hieraus folgt, daß bei relativ niedrigen Sauerstoffkonzentrationen, etwa $[O_2] < S \sim 10^{-6}$—$10^{-5}$ M, die Chemilumineszenz-Intensität erhöht wird.

Höhere Sauerstoffkonzentrationen sollten die Intensität von der *chemischen* Seite her nicht beeinflussen. Aber wegen der zunehmenden Löschwirkung zeigt sich ein negativer Effekt auf die *physikalische* Seite des Chemilumineszenzvorganges. Diese beiden Effekte des Sauerstoffs: der chemische und der Löscheffekt, geben nach R. F. VASIL'EV und I. F. RUSINA [77] ein besonderes Reaktionsbild, wenn man in einem geschlossenen System arbeitet, das von Sauerstoff-gesättigter Lösung ausgeht: (Abb. 9).

Wie ersichtlich, steigt mit allmählichem Verbrauch das Sauerstoffs die Chemilumineszenz-Intensität, um dann plötzlich ganz abzufallen. Dieser Abfall entspricht einem völligen Verschwinden des Sauerstoffs. Da die Anfangskonzentration des Sauerstoffs in der Größenordnung $10^{-3}$ M ist,

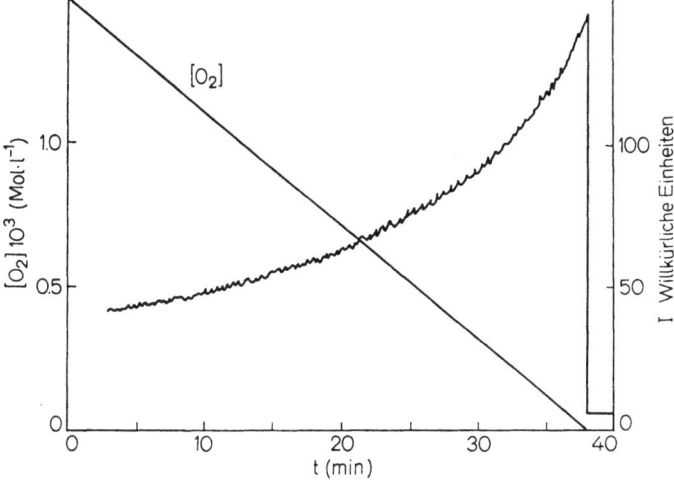

Abb. 9. Intensitäts-Zeit-Kurve der Chemilumineszenz bei der Äthylbenzol-Oxydation in Benzol bei 40°. Starter: Dicyclohexylperoxycarbonat (Konzentration des letzteren: $5,2 \times 10^{-2}$ M). Die gerade Linie wurde gezeichnet unter der Annahme einer aus bekannten Lösungsdaten ermittelten O$_2$-Anfangskonzentration und der weiteren Annahme, daß bei dem plötzlichen Abfall der Chemilumineszenz-Intensität die O$_2$-Konzentration = 0 geworden ist. Nach VASIL'EV und RUSINA [77]

also wesentlich höher als S, so hängt die mittlere Geschwindigkeit des Sauerstoff-Verbrauchs tatsächlich nicht von der O$_2$-Konzentration ab:

$$-\frac{d[O_2]}{dt} = \frac{k_3}{\sqrt{k_6}} [RH] \sqrt{w_i} + \frac{m}{2} w_i$$

wobei $m = 1$ für DCHPC und $m = 3$ für AIBN.

Somit wäre die Kurve der Konzentration von O$_2$ gegen $t$ eine Gerade, die zur Bestimmung der Sauerstoff-Konzentration für irgendeinen Punkt der Intensitätskurve benutzt werden kann.

Die experimentelle Abhängigkeit von $I$ von der Sauerstoff-Konzentration kann nun durch die STERN-VOLMER-Gleichung

$$I_0/I = 1 + k_q \tau [O_2]$$

dargestellt werden, wobei $\tau$ die Lebensdauer des angeregten Zustands $P^*$ und $k_q$ die bimolekulare Geschwindigkeitskonstante für einen Löschprozeß bedeuten:

$$\tau = \left(k_f + k_i + \sum_\nu k_{q_\nu} [Q_\nu]\right)^{-1}$$

Hierin sind $k_f$ und $k_i$ die Geschwindigkeitskonstanten für strahlende und intramolekulare strahlungslose Übergänge, $k_{qv}$ die Geschwindigkeitskonstanten für die Löschung durch andere Löschsubstanzen $Q_v$. Im Falle des Äthylbenzols ist der experimentell bestimmte Wert für $k_q\tau =$ ca. $2 \times 10^{-3}$ M und somit unter Annahme, daß $k$ diffusionskontrolliert ist (vgl. [77])

$$\tau = 10^{-7}-10^{-6} \text{ sec}$$

was, wie auf S. 21 erwähnt, gut mit dem von F. WILKINSON und J. DUBOIS bestimmten Wert für die Lebensdauer für Triplett-Acetophenon übereinstimmt.

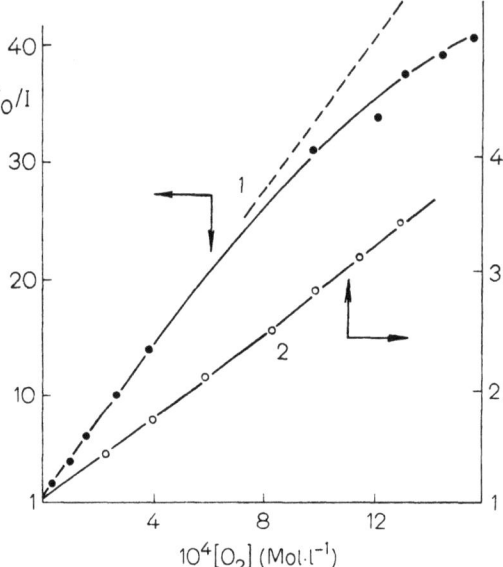

Abb. 10. STERN-VOLMER-Beziehung für die Chemilumineszenz der Oxydation von Methyläthylketon (1) und Äthylbenzol (2) in Chlorbenzol bei 40°. Nach R.F.VASIL'EV und I. F. RUSINA [77]

Aus den genannten experimentellen Tatsachen geht hervor: die blaugrüne Chemilumineszenz bei der Autoxydation von Kohlenwasserstoffen stammt von den entsprechenden angeregten Carbonylverbindungen her. VASIL'EV weist darauf hin, daß die angeregten Teilchen hier sowohl in Singulett- als auch Triplettzuständen auftreten können, da es sich ja bei der entscheidenden Radikal-Rekombination der Gleichung (6) um Radikalpaare handelt, ebenso aber bei den Rekombinationen (4) und (5).

Die Tatsache, daß bei der Äthylbenzol-Oxydation die Emission nur vom Triplettzustand ausgeht, wird von VASIL'EV auf die sehr schnelle Singulett-Triplett-Umwandlung in diesem Falle zurückgeführt. Bei der

Oxydation des Methyläthylketons kommen dagegen beide Zustände — Triplett und Singulett — in Betracht: das Chemilumineszenzspektrum bei dieser Autoxydation entspricht genau dem Photolumineszenz-Spektrum, das nach BÄCKSTRÖM und SANDROS [74] Fluoreszenz *und* Phosphoreszenz umfaßt.

Die Anregungsausbeute $\Phi_{Pc}$ wurde aus der Größe $\Phi_P$, die der „aktivierten" Chemilumineszenz zugeordnet ist, und der Gesamtquantenausbeute $\Phi_e$ berechnet: sie hat mit $10^{-6}$ bis $10^{-5}$ einen sehr kleinen Wert. Dies ist vor allem auf die Löschwirkung des Sauerstoffs zurückzuführen, aber auch eventuell darauf, daß die meisten bei der Rekombinationsreaktion (6) gebildeten Moleküle eine zu geringe Energie besitzen.

Über analytische Anwendungsmöglichkeiten dieser Art von Chemilumineszenz vgl. Abschnitt V S. 160.

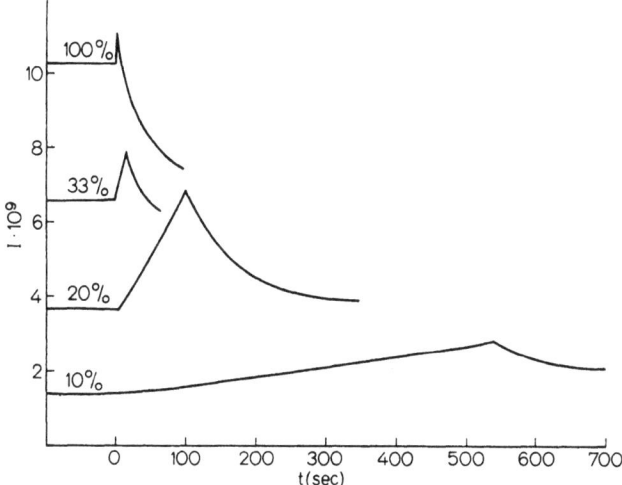

Abb. 11. Intensitäts-Zeitkurven bei der Autoxydation von Tetralin nach Unterbrechung der Sauerstoff-Zufuhr (Lösungsmittel: Dichlorbenzol; Aktivierung mit 9,10-Diphenylanthracen, Temp. 120 °C) [20]

G. LUNDEEN und R. LIVINGSTON [20] untersuchten die spontane und die durch Dibenzoylperoxyd gestartete Oxydation von Tetralin und von Amylbenzol.

Die Befunde von VASIL'EV u. Mitarb. wurden in verschiedener Hinsicht bestätigt. So fand sich, daß beim Unterbrechen der Sauerstoffzufuhr zum Zeitpunkt der maximalen Chemilumineszenzintensität des Systems eine gewisse Steigerung der Intensität zu beobachten war: $I_{max}$ stieg auf $I_{0\,max}$. Dies wird von LUNDEEN und LIVINGSTON auf die Löschwirkung des Sauerstoffs zurückgeführt, die natürlich, ganz entsprechend den Befunden von VASIL'EV, mit zunehmendem Verbrauch des Sauerstoffs geringer wird. Die

Größe $\dfrac{I_{0\,max}}{I_{max}} - 1$ ist der Konzentration des Sauerstoffs vor Unterbrechung der Sauerstoffzufuhr proportional. Dieser Sauerstoff wird nun in der Zeit $t_s$ verbraucht. Damit ist die durchschnittliche Geschwindigkeit des Sauerstoffverbrauchs:

$$\frac{\Delta [O_2]}{\Delta t} \sim \left(\frac{I_{0max}}{I_{max}} - 1\right) \frac{1}{t_s}$$

Diese Größe wiederum ist dem Quadrat der Tetralinkonzentration proportional. Es wurde weiter festgestellt, daß Ersatz des Sauerstoffs durch Stickstoff nach einer bestimmten Sauerstoff-Durchleitungszeit die gleiche Wirkung hatte wie Unterbrechung der Sauerstoff-Zufuhr.

Wie auch VASIL'EV fanden LUNDEEN und LIVINGSTON [20], daß bei Durchführung ihrer Autoxydationsversuche in Gegenwart von Aktivatoren (9,10-Diphenylanthracen, 9,10-Dibromanthracen und Anthracen) das Chemilumineszenzspektrum dem Fluoreszenzspektrum des Aktivators genau entsprach. Ferner wurde keinerlei Einfluß des Aktivators auf die Reaktionsprodukte der Autoxydation festgestellt, wie die gaschromatographische Analyse ergab.

Die Photonenausbeuten, ermittelt durch Vergleich mit einem Szintillationsstandard nach J. W. HASTINGS und G. J. WEBER [82], zeigt die Tabelle 1:

Tabelle 1. *Photonenausbeuten bei der spontanen und der initiierten Oxydation von Tetralin und sec. Amylbenzol mit verschiedenen Aktivatoren.*
(Nach LUNDEEN und LIVINGSTON [20])

| Substanz | Aktivator | Konz. Dibenzoyl-peroxyd [g l$^{-1}$] | Photonen/Mol O$_2$ | |
|---|---|---|---|---|
| Tetralin | DPA | — | $2 \times 10^{-8}$ | bei 130° |
| Tetralin | A | — | $2 \times 10^{-9}$ | bei 120° |
| Tetralin | D | — | $7 \times 10^{-10}$ | bei 120° |
| Tetralin | DPA | 10 | $3 \times 10^{-10}$ | bei 60° |
| Tetralin | DBA | 10 | $1 \times 10^{-8}$ | bei 63° |
| sec. Amylbenzol | DPA | — | ca. $10^{-5}$ | bei 135° |

DPA: 9,10-Diphenyl-anthracen, A: Anthracen, D: 1,2,6-Dibenzanthracen, DBA: 9,10-Dibromanthracen

Man sieht also, daß die Chemilumineszenz der Isoamylbenzol-Oxydation sehr viel stärker als die der Tetralin-Oxydation ist. Die $\log I_{max} - t$ Kurven sind sowohl für Tetralin als auch für Isoamylbenzol Geraden. Aus ihnen lassen sich Aktivierungsenergien für die Chemilumineszenz der spontanen Autoxydation von Tetralin zu 20,8 ± 1,9 kcal/Mol, für die Benzoylperoxydgestartete zu 33,4 ± 1,3 kcal/Mol berechnen. Die Aktivierungsenergie der Chemilumineszenz bei der Autoxydation von Isoamylbenzol war nur viel unsicherer zu 32,8 ± 9,6 kcal/Mol zu bestimmen.

Wurde die Oxydation von Tetralin mit Dibenzoylperoxyd gestartet, so beobachtete man wie bei der Spontan-Autoxydation die Ausbildung eines 2. (höheren) Intensitätsmaximums der Chemilumineszenz, wenn die Sauerstoff-Zufuhr abgebrochen wurde. Zum Unterschied von der spontanen Autoxydation ist hier jedoch die Größe $\left(\dfrac{I_{0\,max}}{I_{max}} - 1\right) \cdot 1/t_s$ der Tetralin-Konzentration direkt, nicht deren Quadrat, proportional.

Die Abhängigkeit der Chemilumineszenz der Oxydation von Tetralin von der Dibenzoylperoxydkonzentration zeigt Abb. 12.

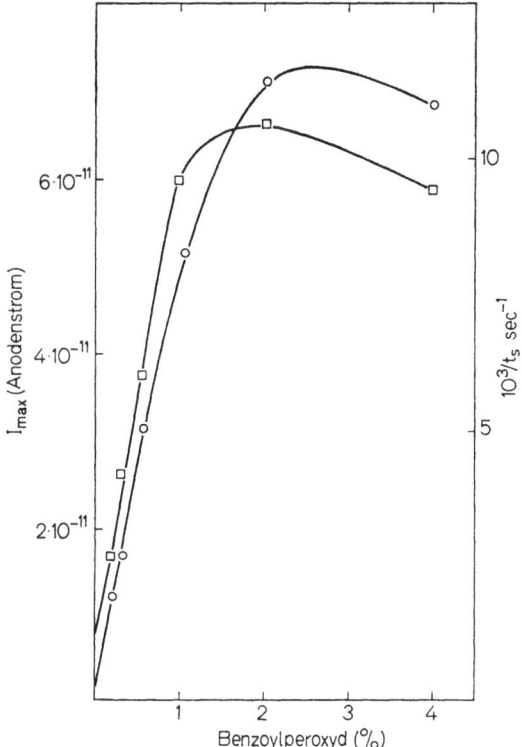

Abb. 12. Abhängigkeit der Maximalintensität der Chemilumineszenz (—□—□—) und von $1/t_s$ (—○—○—) bei Oxydation von Tetralin von der Dibenzoylperoxyd-Konzentration. Nach LUNDEEN und LIVINGSTON [20]

Wird die mit Benzoylperoxyd als Radikalbildner gestartete Autoxydation des Tetralins in Gegenwart von Chlorbenzol oder p-Dichlorbenzol als Lösungsmittel durchgeführt, so ist nach LUNDEEN und LIVINGSTON zu berücksichtigen, daß die thermische Zersetzung des Dibenzoylperoxyds in diesen beiden Lösungsmitteln schon allein chemilumineszent ist.

Auf Grund ihrer experimentellen Ergebnisse sehen auch LUNDEEN und LIVINGSTON den auf S. 23 dargestellten Radikalkettenmechanismus als gegeben an. Die Bildung der zum Kettenstart benötigten Radikale erfolgt hier durch den thermischen Zerfall kleiner Mengen spontan gebildeten Peroxyds ROOH (Reaktion (*1*)), wenn kein anderer Initiator zugegen ist.

In den kinetischen Ansatz wird als Kettenabbruch-Reaktion nur die Rekombination der beiden Peroxyradikale $RO_2\cdot$ (Gleichung (*4*)) aufgenommen, die, wie auf S. 23 ausgeführt, wahrscheinlich die größte Bedeutung für die Bildung der angeregten Spezies hat:

$$(1)\ ROOH \xrightarrow{k_1} 2\,R\cdot\ (+\ ROH + H_2O)$$
$$(2)\ R\cdot + O_2 \xrightarrow{k_2} RO_2\cdot$$
$$(3)\ RO_2\cdot + RH \xrightarrow{k_3} ROOH + R\cdot$$
$$(4)\ RO_2\cdot + RO_2\cdot \xrightarrow{k_4} \alpha P^* + (1-\alpha)P + O_2$$

Die Chemilumineszenz wird dann durch die folgenden Schritte gekennzeichnet:

$$(5)\ P^* \xrightarrow{k_5} P$$
$$(6)\ P^* + A \xrightarrow{k_6} A^* + P$$
$$(7)\ P^* + O_2 \xrightarrow{k_7} P + O_2$$
$$(8)\ A^* \xrightarrow{k_8} A + h\nu$$
$$(9)\ A^* \xrightarrow{k_9} A$$

Die mit Stern bezeichneten Teilchen stellen die elektronisch angeregten Spezies dar ($A$ = Aktivator, $\alpha$ = Anteil der elektronisch angeregten Produktmoleküle $P$ der Radikalrekombination. RH = Tetralin).

Unter Annahme stationärer Zustände für $R\cdot$, $RO_2\cdot$, $P^*$ und $A^*$ ergibt sich:

$$-\left(\frac{d[O_2]}{dt}\right) = \frac{4\,k_3^2\,[RH]^2}{k_4}$$

Die Halbwertszeit $t_{1/2}$, bei der die maximale Chemilumineszenz-Intensität auf den halben Wert abgesunken ist, beträgt:

$$t_{1/2} = \frac{2}{k_i} \ln\left\{\frac{1 - [ROOH]_{t=0}^{1/2}/[ROOH]_{t=\infty}^{1/2}}{1 - \sqrt{2}}\right\}$$

Für $\dfrac{[ROOH]_{t=\infty}}{[ROOH]_{t=0}} \ll 1$ ergibt sich als $I_{max}$

$$I_{max} = \frac{4\,\alpha\,k_3^2\,\Phi_f\,k_6\,[A]\,[RH]^2}{k_4\,(k_5 + k_6\,[A] + k_7\,[O_2])}\ ,\ \text{wobei}\ \Phi_f = k_8\,(k_8 + k_9)$$

Da $[ROOH]_{t=0} \ll [ROOH]_{t=\infty}$, kann man aus der Gleichung für $t_{1/2}$ und der log $1/t$ gegen $1/T$-Geraden die Aktivierungsenergie für die Tetralinhydroperoxyd-Zersetzung berechnen; der aus den LIVINGSTONschen Versuchsergebnissen auf dieser Basis berechnete Wert von 23,0 ± 1,3 kcal Mol$^{-1}$ stimmt mit dem von A. ROBERTSON und W. A. WATERS [83] angegebenen (24,0 ± 0,4) gut überein.

Bei der durch Benzoylperoxyd gestarteten Oxydation von Tetralin dürfte der ebenfalls von WOODWARD und MESROBIAN vorgeschlagene Mechanismus durchaus mit den experimentellen Tatsachen in Einklang stehen, die bei einer Benzoylperoxyd-Konzentration unter etwa 1% erhalten wurden.

In dem eben dargelegten Reaktionsschema ist lediglich der 1. Schritt anders zu formulieren, nämlich:

1) B (= Dibenzoylperoxyd) $\xrightarrow{k_1}$ 2 R'· $\longrightarrow$ 2 R·

Behandlung nach der Methode des stationären Zustands gibt dann

$$\frac{d[O_2]}{dt} = k_3 \left(\frac{k_1}{k_4}\right)^{1/2} [RH][B]^{1/2}$$

$$I = \frac{\alpha \Phi_f k_1 k_6 [B][A]}{k_5 + k_6[A] + k_7[O_2]}$$

Sowohl bei der spontanen als auch bei der radikalinduzierten Oxydation des Tetralins liefern die vorgeschlagenen Mechanismen einen Ausdruck für die Chemilumineszenz-Intensität von der Form:

$$I = \frac{k_6[A]}{k_5 + k_6[A] + k_7[O_2]}$$

Da eine lineare Abhängigkeit der Intensität von der Aktivator-Konzentration gefunden wird — sowohl in Gegenwart von Sauerstoff als auch bei dem Maximum $I_0$, das nach Verbrauch des Sauerstoffs beobachtet wird — ist $k_5 = k_7[O_2] \gg k_6[A]$ für $[A] \leqslant 2,4 \times 10^{-2}$ M

$$\frac{I_0}{I} = \frac{k_5 + k_6[A] + k_7[O_2]}{k_5 + k_6[A]} = \frac{k_7[O_2]}{k_5 + k_6[A]} + 1$$

$$\frac{I_0}{I} - 1 \cong \frac{k_7[O_2]}{k_5}$$

Die Geschwindigkeitskonstanten $k_5$ und $k_6$ lassen sich aus der bei 120° beobachteten maximalen Löschung ($I/I_0 = 1/2$), der auf etwa 10$^{-4}$ M geschätzten Sauerstoffkonzentration und der Annahme, daß die Löschung durch Sauerstoff diffusionskontrolliert ist ($k_7$ etwa 10$^{10}$ M$^{-1}$ sec$^{-1}$), errechnen zu $k_5 \cong 10^6$ sec$^{-1}$ und $k_6 < 5 \times 10^7$ M$^{-1}$ sec$^{-1}$.

Wurde kein Aktivator zugegeben, so war der Effekt bei Unterbrechung der Sauerstoffzufuhr viel ausgeprägter: dies deutet auf eine stärkere

Löschung der Chemilumineszenz durch Sauerstoff hin. Die Tatsache, daß die Intensität für eine viel längere Zeit nach Unterbrechung der Sauerstoff-Zufuhr ansteigt als in Gegenwart eines Aktivators, zeigt an, daß die emittierende Spezies ein Reaktionsprodukt ist, welches seine Anregungsenergie aus einem bei der Rekombination von 2 Radikalen gebildeten angeregten Produkt erhält.

### 4. Polypropylen

Auch bei der Autoxydation von hochpolymeren Kohlenwasserstoffen wie Polypropylen wird eine schwache Chemilumineszenz („Oxylumineszenz") beobachtet (M. P. Schard und C. A. Russell [84], G. E. Ashby [86]).

Es kann als sehr wahrscheinlich angenommen werden, daß diese Chemilumineszenzreaktion nach analogen Radikalketten-Mechanismen abläuft wie die der niedermolekularen Kohlenwasserstoffe. Damit liegt eine praktische Anwendbarkeit der Chemilumineszenz von Polymeren auf der Hand: man kann damit die Oxydationsstabilität von Polypropylen und ähnlichen hochmolekularen Kohlenwasserstoffen und damit zusammenhängend die Wirksamkeit von Antioxydantien untersuchen.

Zur Aufklärung des Mechanismus dieser Chemilumineszenz wurde als Modell die thermische Zersetzung von Dicumylperoxyd in Squalan untersucht [85]. Squalan (perhydriertes Squalen) wurde als Lösungsmittel gewählt, um eine homogene Reaktion zu erzielen und gleichzeitig eine dem Polypropylen ähnliche Substanz zu benutzen. Als Reaktionsprodukte treten Acetophenon, Cumylalkohol und Methan auf, für deren Bildung das folgende Reaktionsschema angenommen wird:

$$Ph\underset{CH_3}{\overset{CH_3}{C}}-O-O-\underset{CH_3}{\overset{CH_3}{C}}Ph \longrightarrow 2\ Ph\underset{CH_3}{\overset{CH_3}{C}}-O\cdot$$

$$Ph\underset{CH_3}{\overset{CH_3}{C}}-O\cdot + SQUALAN \longrightarrow Ph\underset{CH_3}{\overset{CH_3}{C}}-OH + DEHYDRO-SQUALAN$$

$$Ph\underset{CH_3}{\overset{CH_3}{C}}-O\cdot \longrightarrow Ph\underset{O}{\overset{}{C}}-CH_3 + \cdot CH_3\ ;\ \cdot CH_3 + SQUALAN \longrightarrow CH_4 + DEHYDRO-SQUALAN$$

Die sehr schwache Chemilumineszenz, die beim Erhitzen von Dicumylperoxyd in Polypropylen bei 150° auftritt, entspricht der Phosphoreszenz des Reaktionsproduktes Acetophenon ($\lambda_{max}$ 420 nm). Daß es sich hier um eine Phosphoreszenz handelt, wurde weiter erhärtet durch die Tatsache, daß die Chemilumineszenz bei der thermischen Zersetzung von Dicumylperoxyd in Polypropylen sehr viel größer war als die von Dicumylperoxyd in Squalan — entsprechend der allgemein bekannten Tatsache, daß die Erhöhung der Viscosität des lumineszenten Systems die Phosphoreszenz-Intensität erhöht.

Mit diesen Versuchen ist noch nicht eindeutig nachgewiesen, daß bei der Chemilumineszenz der Autoxydation auch des Polypropylens selbst Carbonylderivate die angeregten Reaktionsprodukte sind. In diesem Falle würde mit großer Wahrscheinlichkeit die Spaltung von C—C-Bindungen des Makromoleküls erfolgen, denn z. B. Polypropylenperoxyde sollten die Peroxy-Gruppen ganz überwiegend an tertiären C-Atomen gebunden haben:

$$\underset{\underset{O\,O\cdot}{|}}{\overset{\overset{CH_3}{|}}{\underset{}{C}}}\underset{}{{}_{\diagdown}}\underset{}{CH_2}\underset{\underset{H}{|}}{\overset{\overset{CH_3}{|}}{\underset{}{C}}}\underset{}{{}_{\diagup}} \longrightarrow {}_{\diagup}CH_2\cdot \;\;\underset{\underset{O}{\|}}{\overset{\overset{CH_3}{|}}{C}}\underset{}{{}_{\diagdown}}CH_2\underset{\underset{H}{|}}{\overset{\overset{CH_3}{|}}{\underset{}{C}}}\underset{}{{}_{\diagup}}$$

und andere Oxydationsprodukte

Da aber nach DE KOCK und HOL [85] die Oxydation von Polypropylen u. a. Ketone, Ester, Carbonsäuren und Alkohole liefert, ist es sehr wahrscheinlich, daß ein Teil dieser Produkte nach einem analogen Anregungsmechanismus gebildet wird, wie er beim Modell Cumol-hydroperoxyd gezeigt wurde.

## 5. Das System Tetralin-hydroperoxyd/Zink-tetraphenylporphin und verwandte Verbindungen

Die Chemilumineszenz bei der Zersetzung von Tetralin-hydroperoxyd in Gegenwart von Porphyrinen oder Phthalocyaninen wurde von H. LINSCHITZ [60] untersucht. Sie ist nicht einfach eine aktivierte Chemilumineszenz, bei der die Metallkomplexverbindungen die Anregungsenergie des als Reaktionsprodukt gebildeten α-Tetralons lediglich übernehmen und dabei selbst in ihren angeregten Singulettzustand übergehen. Zwar wird offensichtlich ein Teil der freiwerdenden Energie zur Anregung der Porphyrin- bzw. Phthalocyaninmoleküle verbraucht. Dies geht z. B. aus der Übereinstimmung des Chemilumineszenzspektrums der Tetralin-hydroperoxyd-Zersetzung in Gegenwart von Zink-tetraphenylporphin (ZnTPP) bei 148° mit dem Fluoreszenzspektrum des letzteren hervor (Abb. 13).

Aber ein Teil der Metallkomplexverbindung wird bei der Chemilumineszenzreaktion auch umgesetzt. Aus Metall-Phthalocyaninen entsteht z. B. Phthalimid und Ammoniak [58]. Die Tetralinhydroperoxyd-ZnTPP-Reaktion folgt einem Zeitgesetz 2. Ordnung (1. Ordnung sowohl bezüglich des Peroxyds als auch des ZnTPP). Die metallfreien Porphyrine oder Phthalocyanine haben keinen Einfluß auf die Zersetzungsgeschwindigkeit des Peroxyds, außerdem tritt keine Chemilumineszenz auf.

Aus der so erwiesenen Notwendigkeit des komplex gebundenen Metallions für die Lichtemission schließt LINSCHITZ, daß als wesentlicher Schritt

34    Chemilumineszenz von Oxydationsreaktionen

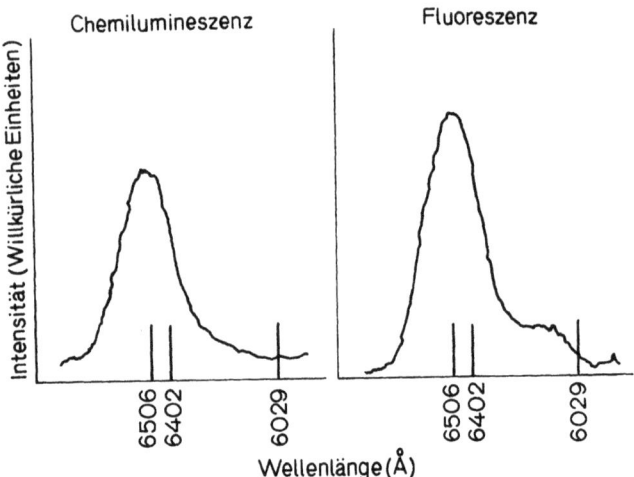

Abb. 13. Vergleich des Chemilumineszenzspektrums der Tetralinhydroperoxyd-ZnTPP-Reaktion mit dem Fluoreszenzspektrum des ZnTPP. Nach LINSCHITZ [60]

des Anregungsmechanismus ein Charge-Transfer-Komplex ZnTPP+ OH− gebildet wird. Dieser entsteht aus dem Tetralinhydroperoxyd durch die Reaktion:

$$\text{Tetralin-OOH} + \text{ZnTPP} \longrightarrow \text{Tetralin-O·} + \text{ZnTPP}^{(+)} + \text{OH}^{(-)}$$

$$\text{ZnTPP}^{\oplus} + \text{OH}^{\ominus} \longrightarrow [\text{ZnTPP}^{\oplus}\ \text{OH}^{\ominus}]\ \text{Charge-Transfer-Komplex}$$

Ihr geht eine komplexe Bindung des Peroxyds an das Metallion des Porphyrinkomplexes voran. Die elektronische Anregung des Metallporphyrin-moleküls soll durch einen Ein-Elektronen-Übergang innerhalb des Charge-Transfer-Komplexes erfolgen: ein Elektron springt vom OH⊖-Ion in das π-Elektronensystem des Metall-porphyrins zurück, jedoch auf ein angeregtes Orbital, nicht in den Grundzustand.

Das hierbei gebildete ·OH-Radikal abstrahiert ein H-Atom aus dem α-Oxy-tetralin-Radikal, wobei als Reaktionsprodukte Wasser und α-Tetralon entstehen:

$$[\text{ZnTPP}^{(+)}\ \text{OH}^{(-)}] + \text{Tetralin-O·} \longrightarrow \text{H}_2\text{O} + \text{Tetralon} + \text{ZnTPP}^*$$

LINSCHITZ weist auf die allgemeine Bedeutung von Charge-Transfer-Komplexen für die Bildung elektronisch angeregter Moleküle und damit für Chemilumineszenzreaktionen ausdrücklich hin. Die Theorie von CHANDROSS und SONNTAG [22] (vgl. auch S. 14 und Kapitel 15, S. 120) umfaßt als wesentlichen Anregungsschritt ebenfalls die Übertragung eines Elektrons auf ein angeregtes Orbital.

## 6. Zum Chemilumineszenz-Beitrag angeregter Sauerstoff-Moleküle bei der Kohlenwasserstoff-Autoxydation

Nach R. F. VASIL'EV und I. F. RUSINA [63] reicht die Rekombinationsenthalpie von Peroxyradikalen, wie sie bei Kohlenwasserstoff-Autoxydationen auftreten, auch zur Anregung der $^1\Sigma g$- und $^1\Delta g$-Zustände des $O_2$-Moleküls aus. Die russischen Autoren schrieben daher die rote Emission, die neben der im blaugrünen Spektralbereich auftritt, angeregten Sauerstoffmolekülen zu.

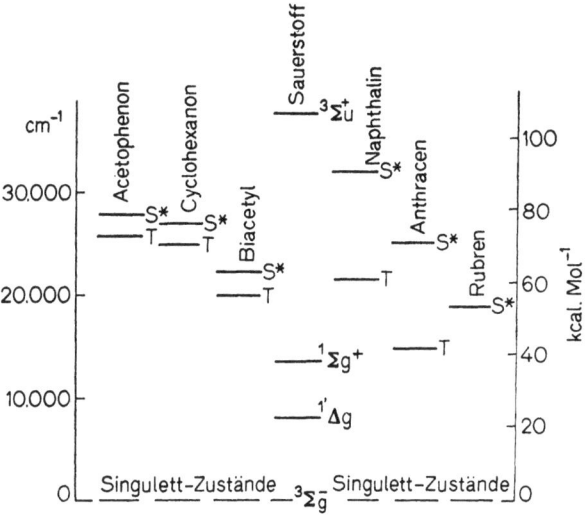

Abb. 14. Diagramm der unteren Elektronen-Energieniveaus der Rekombinationsprodukte von Peroxy-Radikalen und von einigen Acceptoren. Nach VASIL'EV und RUSINA [63]

J. STAUFF und H. SCHMIDKUNZ [38] vertreten in einer allgemeinen Theorie der Chemilumineszenz von Oxydationsreaktionen die Auffassung, daß die Chemilumineszenz auf die Rekombination von Peroxy-Radikalen zurückzuführen ist. Zum Unterschied von VASIL'EV u. Mitarb. sehen sie jedoch den bei dieser Radikalrekombination gebildeten angeregten Sauerstoff als überwiegende Primärursache der Chemilumineszenz an. Es ist schwierig, auf Grund der bisher vorliegenden kinetischen Daten eine endgültige Entscheidung zu treffen, ob wirklich der angeregte Sauerstoff der Hauptträger der Chemilumineszenz ist. Eine Proportionalität zwischen der Chemilumineszenzintensität und dem Quadrat der Sauerstoff-Konzentration, wie sie experimentell beobachtet wird, ist sowohl mit den von STAUFF und SCHMIDKUNZ angegebenen Reaktionsmechanismen für die Bildung von Sauerstoff-Excimeren als auch mit dem von VASIL'EV u. Mitarb. [70] — vgl. S. 23 — formulierten Radikalketten-Mechanismus vereinbar. M. HÖFERT und H. Hansmeier [73] ziehen aus ihren Befunden bei der chemilumineszenten Oxydation von Ölsäure-butylester, die ebenfalls nach dem oben diskutierten Radikalketten-Mechanismus abläuft, den Schluß, daß die Aufnahme der chemischen Energie durch Produktmoleküle wahrscheinlicher ist als die Bildung von angeregtem Sauerstoff.

Literatur: *Einleitung — Autoxydation von Kohlenwasserstoffen*

1. Seliger, H. H., u. W. D. McElroy: Light- Physical and Biological Action. New York: Academic Press 1965.
2. Hercules, D. M.: Fluorescence and Phosphorescence Analysis. New York: Interscience Publishers 1966.
3. Seliger—McElroy: Light- Physical and Biological Action, S. 149.
4. Audubert, R.: Trans. Faraday Soc. **35**, 197 (1939); C. r. **200**, 918 (1935).
5. Polanyi, J. C., u. Mitarb.: Chemistry in Britain **2**, 151 (1966).
6. Radziszewski, B.: B. **10**, 70, 321 (1877).
7. Hori, K., u. M. J. Cormier, Biochim. Biophys. Acta **102**, 306 (1965).
8. White, E. H., u. M. M. Bursey: Am. Soc. **86**, 941 (1964).
9. Johnson, F. H., u. Y. Haneda: Bioluminescence in Progress. Princeton University Press 1966.
10. Heilbronner, E.: Optische Anregung organischer Systeme, S. 11. Weinheim: Verlag Chemie 1966.
11. Turro, N. J.: Molecular Photochemistry. New York: W. A. Benjamin 1965.
12. Calvert, J. C., u. J. N. Pitts: Photochemistry. New York: J. Wiley and Sons 1966.
13. Lippert, E., u. Mitarb.: Ang. Ch. **73**, 695 (1961).
14. Lower, S. K., u. M. A. El Sayed: Chem. Reviews **66**, 199 (1966).
15. Robinson, G. Wilse: In W. D. McElroy u. B. Glass, A Symposium on Light and Life, S. 11. Baltimore: The Johns Hopkins Press 1961.
16. Kasha. M.: In W. D. McElroy u. B. Glass, A Symposium on Light and Life, S. 31. Baltimore: The Johns Hopkins Press 1961.
17. Bowen, E. J.: Chemistry in Britain **1966**, 249.
18. — Pure and Applied Chemistry Journ. **9**, 473 (1964).
19. Vasil'ev, R. F., u. V. A. Belyakov: Photochem. Photobiol. **6**, 35 (1967); vgl. auch die Zitate [61—72].
20. Lundeen, G., u. R. Livingston: Photochem. Photobiol. **4**, 1085 (1965).
21. McCapra, F.: Quart. Rev. **20**, 485, 489 (1966).
22. Chandross, E. A., u. F. I. Sonntag: Am. Soc. **86**, 3179 (1964).
23. Rauhut, M. M., D. Sheehan, R. A. Clarke u. A. M. Semsel: Photochem. Photobiol. **4**, 957 (1965).
24. Trautz, M.: Z. physik. Chem. **53**, 1 (1905).
25. Audubert, R.: Ang. Ch. **51**, 153 (1938); Trans. Faraday Soc. **1939**, 197.
26. Gurwitsch, A. C.: Die mitogenetische Strahlung. Berlin 1959.
27. Weiss, J.: Trans. Faraday Soc. **1939**, 219.
28. Mallet, L.: C. r. **185**, 352 (1927).
29. Groh, P., u. A. Kirrmann: C. r. **215**, 275 (1942).
30. Gattow, G., u. A. Schneider: Naturwiss. **41**, 116 (1954).
31. Seliger, H. H.: Anal. Biochem. **1**, 60 (1960).
32. — J. chem. Physics **40**, 3133 (1964).
33. Khan, A., u. M. Kasha: J. chem. Physics **39**, 2105 (1963).

34. ARNOLD, S. J., E. A. OGRYZLO u. H. WITZKE: J. chem. Physics **40**, 1769 (1964).
35. —, R. J. BROWNE u. E. A. OGRYZLO: Symposium on Chemiluminescence, Preprints S. 35. Durham 1965; Photochem. Photobiol. **4**, 963 (1965).
36. BROWNE, R. J., u. E. A. OGRYZLO: Pr. chem. Soc. **1964**, 117.
37. JONES, A. VALLANCE, u. A. W. HARRISON: J. Atm. and Terr. Physics **13**, 45 (1958).
38. STAUFF, J., u. H. SCHMIDKUNZ: Z. physik. Chem. N. F. **35**, 295 (1962).
39. ELLIS, J. W., u. H. O. KNESER: Z. Phys. **86**, 583 (1933).
40. STAUFF, J., u. F. LOHMANN: Z. physik. Chem. N. F. **40**, 123 (1964).
1. KHAN, A. U., u. M. KASHA: Am. Soc. **88**, 1574 (1966).
2. STAUFF, J.: Photochem. Photobiol. **4**, 1199 (1965).
3. MCKEOWN, E., u. W. A. WATERS: Nature **203**, 1063 (1964); Soc. (B) **1966**, 1040.
44. VASIL'EV, R. F.: Doklady Akad. S.S.S.R. **124**, 1258 (1959).
45. STAUFF, J., H. J. HUSTER, F. LOHMANN u. H. SCHMIDKUNZ: Z. physik. Chem. N. F. **40**, 64 (1964).
45a. — u. G. HARTMANN: Ber. Bunsenges. physik. Chem. **69**, 145 (1965).
46. SAITO, E., u. B. H. T. BIELSKI: Am. Soc. **83**, 4467 (1961).
47. DIXON, W. T., u. R. O. C. NORMAN: Nature **196**, 891 (1962); Soc. **1963**, 3119.
48. URI, N.: Chem. Reviews **50**, 375 (1952).
49. WIBERG, K. B.: Am. Soc. **75**, 3961 (1953).
50. FOOTE, C. S., u. S. WEXLER: Am. Soc. **86**, 3879, 3880 (1964).
51. COREY, E. J., u. W. C. TAYLOR: Am. Soc. **86**, 3881 (1964).
52. WILSON, T.: Am. Soc. **88**, 2898 (1966).
53. NORRISH, R. G. W., u. R. P. WAYNE: Pr. roy. Soc. A **288**, 200 (1965).
54. WAYNE, R. P.: Photochem. Photobiol. **5**, 693 (1965).
55. CLYNE, M. A. A., B. A. THRUSH u. R. P. WAYNE: Nature **199**, 1057 (1963).
56. — — —, Trans. Faraday Soc. **60**, 359 (1964).
57. BOWMAN, R. L., u. N. ALEXANDER: Sci. **154**, 1454 (1966).
58. HELBERGER, J. H., u. D. B. HEVER: B. **72**, 11 (1939).
59. —, A. v. REBAY u. H. FETTBACK: B. **72**, 1643 (1939).
60. LINSCHITZ, H.: In W. D. MCELROY u. B. GLASS, A Symposium on Light and Life, S. 173. Baltimore: The Johns Hopkins Press 1961.
61. SHLYAPINTOKH, V. YA., R. F. VASIL'EV, O. N. KARPUKHIN, L. M. POSTNIKOV u. L. A. KIBALKO: J. Chim. phys. **57**, 1113 (1960).
62. VASIL'EV, R. F., u. A. A. VICHUTINSKII: Nature **194**, 1276 (1962).
63. —, u. I. F. RUSINA: Doklady Akad. S.S.S.R. **156**, 1402 (1964).
64. — Nature **196**, 668 (1962).
65. —, A. A. VICHUTINSKII u. A. S. TCHERKASSOV: Doklady Akad. S. S. S. R. **149**, 124 (1962).
66. — Doklady Akad. S.S.S.R. **144**, 143 (1962).
67. SHLYAPINTOKH, V. YA., O. N. KHARPUKHIN u. I. F. RUSINA: Ž. obšč. Chim. **38**, 1668 (1964).
68. VICHUTINSKII, A. A.: Ž. fiz. chim. (russ.) **38**, 1668 (1964).
69. POSTNIKOV, L. M., W. F. SCHUWALOW u. V. YA. SHLYAPINTOKH: Izv. Akad. S.S.S.R. physik. Ser. **27**, 735 (1963).
70. R. F. VASIL'EV: In: Progress in Reaction Kinetics **4**, 305 (1967).
71. PAPISOVA, V. I., V. YA. SHLYAPINTOKH u. R. F. VASIL'EV: Uspechi Chim. **34**, 599 (1965).
72. SHLYAPINTOKH, V. YA., Uspechi Chim. **35**, 294 (1966).
73. HOEFERT, M. u. H. HANSMEIER: Z. physik. Chem. N. F. **52**, 233 (1967).

74. Bäckström, H., u. K. Sandros: Acta chem. scand. **14**, 48 (1960); **16**, 958 (1962).
75. — — Acta chem. scand. **12**, 823 (1958).
76. Wilkinson, F., u. J. Dubois: J. chem. Physics **39**, 377 (1963).
77. Vasil'ev, R., u. I. Rusina: Doklady Akad. S.S.S.R. **153**, 1101 (1963).
78. Woodward, A. E., u. R. B. Mesrobian: Am. Soc. **75**, 6189 (1953).
79. Walling, C.: Free Radicals in Solution. New York: Wiley 1957.
80. Emanuel, N., E. Denizow u. Z. Maizus: Chain Reactions of the Liquid Phase Oxidation of Hydrocarbons. Moscow: Nauka 1965.
81. Vasil'ev, R. F., O. Karpukhin u. V. Shlyapintokh: Dokl. Akad. Nauk SSSR **125**, 106 (1959).
82. Hastings, J. W., u. G. J. Weber: J. opt. Soc. Am. **53**, 1410 (1963).
83. Robertson, A., u. W. A. Waters: Soc. **1948**, 1578.
84. Schard, M. P., u. C. A. Russell: J. Appl. Polymer Sci. **8**, 985, 997 (1964).
85. DeKock, R. J., u. P. A. H. M. Hol: R. **85**, 102 (1966).
86. Ashby, G. E.: J. Polymer Sci. **50**, 99 (1961).
87. Bersis, D. S.: Z. physik. Chem. N. F. **26**, 359 (1960).
88. Rauhut, M. M., L. J. Bollyky, B. G. Roberts, M. Loy, R. H. Whitman, A. V. Iannotta, A. M. Semsel u. R. A. Clarke: Am. Soc. **89**, 6515 (1967).
89. White, E. H., u. M. C. J. Harding: Photochem. Photobiol. **4**, 1129 (1965).
90. McCapra, F.: Chem. Commun. **1968**, 155; —, D. G. Richardson u. Y. C. Chang: Photochem. Photobiol. **4**, 1111 (1965); — —, Tetrahedron Letters **1964**, 3167.
91. Stauff, J., u. H. J. Huster, Z. physik. Chem. N. F. **55**, 39 (1967).

## 7. Carbonsäure-chloride, -anhydride, -ester und -nitrile

### a. Oxalylchlorid

E. A. Chandross [1] beschrieb eine schwache bläuliche Chemilumineszenz, die bei der Umsetzung von Oxyalylchlorid mit Wasserstoffperoxyd auftritt. Die Reaktion

$$H_2O_2 + \begin{matrix} Cl & Cl \\ \diagdown & \diagup \\ C-C \\ \diagup & \diagdown \\ O & O \end{matrix} \longrightarrow \left[ \begin{matrix} O \\ \parallel \\ C \\ \diagup & \diagdown \\ O & CO \\ | & | \\ OH & Cl \end{matrix} \right] \longrightarrow 2\,HCl + 2\,CO + O_2 + h\nu$$

soll über Monoperoxy-oxalsäure-monochlorid als Zwischenprodukt verlaufen, dessen Zerfall die Anregungsenergie liefert. Als primär emittierende Teilchen zieht Chandross Triplett-Zustände des Oxalylchlorids in Betracht. Diese Chemilumineszenz wird durch die schon erwähnten Aktivatoren verstärkt. Bemerkenswert ist, daß die aus dem Reaktionsgemisch entweichenden Dämpfe offenbar die angeregte Spezies enthalten: in die Dämpfe gebrachtes Anthracen fluoresziert. Chandross zieht angeregten Sauerstoff nicht in Betracht, weil ihm dessen Anregungsenergie für das beobachtete Licht zu gering erscheint.

M. M. Rauhut u. Mitarb. [2] haben sich sehr ausführlich mit dieser und verwandten Reaktionen befaßt. Hier liegt ein relativ einfaches System vor, das insbesondere zu kinetischen Studien geeignet erschien. Über den Spezialfall hinaus interessierte RAUHUT u. Mitarb. das Problem, ob hier Zusammenhänge zwischen Konstitution und Chemilumineszenz aufgefunden werden konnten.

Das Emissionsspektrum der mit 9,10-Diphenylanthracen (DPA) oder Perylen aktivierten Chemilumineszenzreaktion zwischen Oxalylchlorid und $H_2O_2$ stimmte sehr gut mit dem Fluoreszenzspektrum der aktivierenden Moleküle überein; diese wurden also in ihren Singulettzustand angeregt.

Ohne Aktivator konnte nur gelegentlich sehr schwache Chemilumineszenz des Systems beobachtet werden — hieraus schließt man, daß überhaupt nur dann sichtbares Licht bei der Oxalylchlorid/$H_2O_2$-Reaktion emittiert wird, wenn mindestens fluoreszente Verunreinigungen anwesend sind. Bereits Konzentrationen von weniger als $10^{-6}$ M DPA geben leicht sichtbare Fluoreszenz. UV-Emission wurde nicht beobachtet. Die DPA-Emission trat nicht auf, wenn ein Oxalylchlorid-$H_2O_2$-Äther-Gemisch durch eine dünne Quarzplatte von einer ätherischen DPA-Lösung getrennt war: somit war keine Energieübertragung durch Strahlung zu verzeichnen. Schließlich wurde festgestellt, daß bei der aktivierten Chemilumineszenzreaktion kein DPA-Verbrauch stattfand, daß also der Aktivator nicht in die eigentliche chemische Reaktion eingeht. Oxalylchlorid ist ein sehr wirksamer Fluoreszenzlöscher für DPA, Perylen oder Rubren. Dagegen war keine Löschwirkung durch $H_2O_2$ in Konzentrationen bis zu $10^{-1}$ M zu bemerken.

Die Titration von Oxalylchlorid mit $H_2O_2$ in ätherischer Lösung zeigt eine annähernde 1:1-Stöchiometrie (Endpunkt: das Verschwinden der DPA-aktivierten Chemilumineszenz). Dies trifft auch bei der umgekehrten Titration zu.

Die massenspektrometrische Untersuchung der bei der Reaktion entstehenden Gase lieferte innerhalb einer Fehlergrenze von ± 10% eine brauchbare Bilanz des Oxalylchlorid-Kohlenstoffs. Reaktionsprodukte sind CO, $CO_2$ und — wenn statt Äther Dimethylphthalat als Lösungsmittel benutzt wurde — Phosgen. Innerhalb einer Reihe von Experimenten war das Verhältnis CO:$CO_2$ etwas verschieden; dabei zeigte sich ein Lösungsmitteleinfluß: in Äther wurden niedrigere $CO_2$/CO-Verhältnisse beobachtet als in Dimethylphthalat. Das liegt wahrscheinlich daran, daß in Dimethylphthalat die Gasentwicklung und damit die Entfernung des Phosgens aus dem Reaktionsgemisch sehr rasch vor sich ging. Dadurch konnte kaum Reaktion mit $H_2O_2$ eintreten. Diese Reaktion, die ausschließlich $CO_2$, frei von CO, liefert, ist nicht nennenswert chemilumineszent, nicht einmal in Gegenwart eines Aktivators. Der höhere $CO_2$-Gehalt der Reaktionsprodukte bei der Benutzung von Dimethylphthalat als Lösungsmittel kann von einer Reaktion des Phosgens mit dem $H_2O_2$ herrühren.

Dagegen wurden, abweichend von der Formulierung von CHANDROSS (S. 38), nur unbedeutende Sauerstoffmengen gefunden. RAUHUT u. Mitarb. nehmen an, daß dieser Sauerstoff aus in geringem Umfang ablaufenden Nebenreaktionen stammt und nicht aus der eigentlichen Chemilumineszenzreaktion.

Diese Tatsache ist wesentlich für die Beantwortung der Frage, ob bei der Oxalylchlorid/$H_2O_2$-Reaktion angeregter Sauerstoff als primär chemilumineszierende Spezies in Betracht kommt. Die Reaktionsgleichung ist also zu formulieren als:

$$\begin{matrix} OC - CO \\ Cl \quad\;\; Cl \end{matrix} + H_2O_2 \longrightarrow CO + CO_2 + COCl_2 + HO_2$$

Zur kinetischen Messung wurden die Intensitäts-Zeit-Kurven der O=C—Cl-Bande bei 750 cm$^{-1}$ und der Gesamt-C=O-Bande bei 1790 cm$^{-1}$ bestimmt.

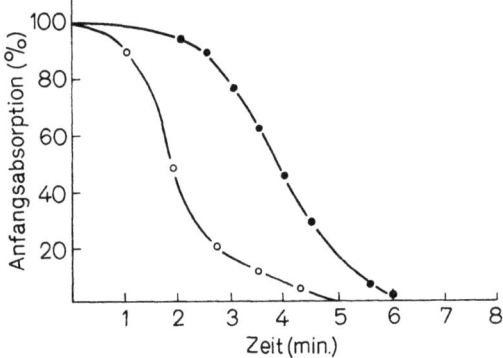

Abb. 15. Verschwinden der Chlorocarbonyl- und der Gesamtcarbonylbanden bei der Reaktion von Oxalylchlorid und $H_2O_2$ (beide 0,025 M) in Äther bei 25° o — o: Absorpt. bei 750 cm$^{-1}$ (COCl), • — • bei 1790 cm$^{-1}$ (COCO). Nach RAUHUT u. Mitarb. [2]

Wie ersichtlich, verschwindet die Chlorocarbonylbande viel schneller als die Gesamtcarbonylbande. Daraus ist auf die Bildung eines carbonylgruppenhaltigen Zwischenproduktes zu schließen.

Da nun, wie erwähnt, Oxalylchlorid ein starker Löscher der Fluoreszenz des DPA ist, müßte man mit wachsenden Oxalylchlorid-Konzentrationen stetig abnehmende Quantenausbeuten der Chemilumineszenz erwarten. $H_2O_2$ war stets in so großem Überschuß vorhanden, daß auf jeden Fall Reaktion mit der vorgegebenen Oxalylchloridmenge eintreten konnte. Eine Minderung der Quantenausbeute mit wachsender Oxalylchlorid-Konzentration wurde jedoch nicht festgestellt. Dies zeigt, daß das Oxalylchlorid schon vollständig vor dem eigentlich chemilumineszierenden

Schritt verbraucht wurde. Nur wenn es in so hohen Konzentrationen vorlag, daß die Reaktionszeit mit $H_2O_2$ sich bereits mit der beginnenden Emissionsreaktion überschnitt, wurde eine gewisse Induktionsperiode mit daraus resultierenden stark verminderten Quantenausbeuten beobachtet.

Tabelle 2. *Änderung von Reaktionsgeschwindigkeit und Chemilumineszenz-Quantenausbeute mit der Oxalylchlorid-Konzentration.* (Nach RAUHUT u. Mitarb. [2]).

| Oxalylchlorid-Konz. [$M \cdot 10^3$] | Rk. Geschwindigkeitskonstanten ($k'$) pseudo-1. Ordnung [$sec^{-1} \times 10^2$] | Chemilumineszenz-Quantenausb. (bez. auf Oxalylchlorid) [$\times 10^2$ Einstein $Mol^{-1}$] |
|---|---|---|
| 0,5 | 3,48 | 0,60 |
| 1,0 | 3,49 ± 0,03 | 0,51 ± 0,02 |
| 2,0 | 3,24 ± 0,00 | 0,49 ± 0,01 |
| 5,0 | 3,05 ± 0,01 | 0,49 ± 0,03 |
| 10,0 | 2,40 ± 0,10 | 0,42 ± 0,00 |
| 20,0 | 1,59 ± 0,05 | 0,59 ± 0,01 |

Lösungsmittel: Äther. Konzentrationen: $1,0 \times 10^{-1}$ M $H_2O_2$, ca. $2,8 \times 10^{-2}$ M $H_2O$, $1,5 \times 10^{-3}$ M DPA bei 25°.

Im Hinblick auf den großen Überschuß an $H_2O_2$ wird sich nur die Konzentration eines vom Oxalylchlorid abgeleiteten Zwischenproduktes während der Reaktion nennenswert ändern. Unter der Voraussetzung, daß die Intensität der Emission direkt proportional der Konzentration eines chemilumineszierenden Zwischenproduktes $A$ (hier vom Oxalylchlorid abgeleitet) ist, ist die Anwendung der Gleichung

$$\log \frac{[A]_0}{[A]} = k\,t$$

in der Form

$$\log \frac{I_0}{I} = k'\,t$$

möglich. Wird log ($I_0/I$) gegen $t$ aufgetragen, so erhält man eine Gerade (Abb. 16).

Die bei hohen Oxalylchlorid-Konzentrationen zu beobachtende geringe Verminderung der Geschwindigkeitskonstanten pseudo-1. Ordnung ist nach RAUHUT u. Mitarb. darauf zurückzuführen, daß auch die Wasserkonzentration bei der hier untersuchten Reaktion eine Rolle spielt. Das Wasser wird bei hohen Oxalylchloridkonzentrationen in einer Nebenreaktion verbraucht. Die gleichzeitige Vergrößerung der Quantenausbeute durch Erhöhung der Wasserkonzentration macht sich bis zu etwa $6,15 \times 10^{-2}$ M an letzterem bemerkbar. Äthanolzusatz dagegen erhöht zwar die Reaktionsgeschwindigkeit, vermindert jedoch die Intensität und die Quantenausbeute. Daraus ist zu schließen, daß Äthanol mit Wasser in Konkurrenz

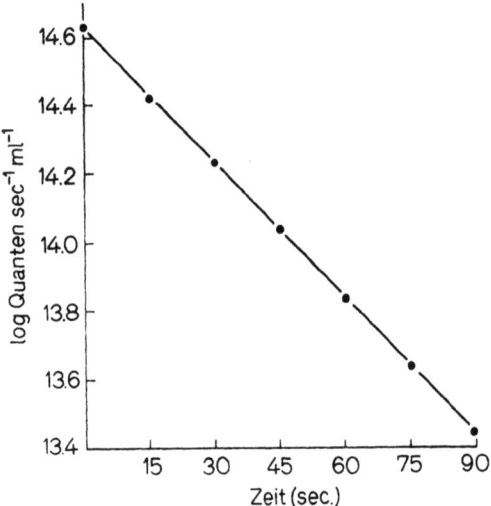

Abb. 16. log I (spektral integrierte Intensität-)t-Diagramm der Reaktion von $5,0 \times 10^{-1}$ M Oxalylchlorid, 0,10 M $H_2O_2$, ca. 0,028 M Wasser und $1,5 \times 10^{-1}$ M 9,10-Diphenylanthracen in Äther bei 25 °C. Nach RAUHUT u. Mitarb. [2]

bei der Bildung eines Reaktionsproduktes aus dem Oxalylchlorid tritt. Aber das aus Äthanol gebildete Reaktionsprodukt ist offenbar nicht chemilumineszent, wie aus der Verminderung der Quantenausbeute hervorgeht. Die Reaktion zwischen Oxalsäure-äthylesterchlorid $C_2H_5OOC—COCl$ und $H_2O_2$ gibt auch in Gegenwart von DPA kein Licht [3].

Tabelle 3. *Einfluß der $H_2O_2$-Konzentration auf die Oxalylchlorid-$H_2O_2$-Chemilumineszenz*

| $[H_2O_2]$ $[M \cdot 10^2]$ | $k'$ $[sec^{-1}] \times 10^2$ | Quantenausb. $\times 10^4$ |
|---|---|---|
| 1,0 | 1,8 | 0,85 |
| 2,0 | 1,8 | 1,5 |
| 5,0 | 1,9 | 4,3 |
| 10,0 | 2,1 | 8,6 |

Konzentrationen: Oxalylchlorid $2,42 \times 10^{-3}$ M, DPA $2,0 \times 10^{-4}$ M in Äther bei 25 °C. Wasserkonz. ca. $1 \times 10^{-3}$ M.

Die Quantenausbeute steigt nahezu linear mit der $H_2O_2$-Konzentration an (Tabelle 3), aber die Reaktionsgeschwindigkeit ist im wesentlichen unabhängig von der $H_2O_2$-Konzentration. Somit ist offensichtlich das $H_2O_2$ nicht in einen geschwindigkeitsbestimmenden Schritt verwickelt — im Gegensatz zu Wasser! —, ist aber ebenso wie Wasser für Schritte notwendig, die zu Chemilumineszenz führen. Wendet man bei gleichen Konzentrationen an Oxalylchlorid und DPA steigende $H_2O_2$-Konzentrationen an, setzt jedoch gleichbleibende Wassermengen jeweils 30 sec nach Beginn der Reaktion zu, so kann angenommen werden, daß die direkte Reaktion des Wassers mit dem Oxalylchlorid stark zurückgedrängt wird. Die Abbildung zeigt den auf diese Weise erzielten Effekt auf die Intensität der Chemilumineszenz:

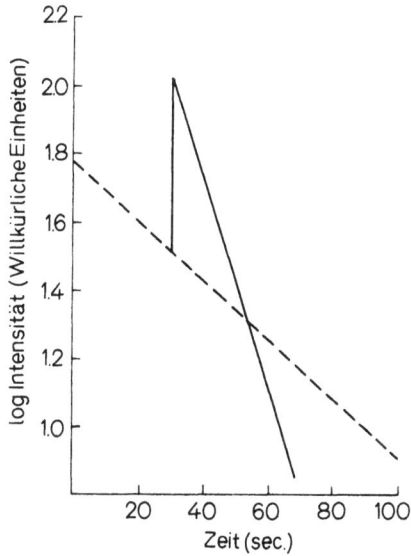

Abb. 17. Einfluß von Wasser-Injektionen auf die Abklinggeschwindigkeit. Konzentrationen der Reaktionspartner: 0,10 M $H_2O_2$, sonst wie bei Tabelle 3. Ausgezogene Kurve: Injektion von Wasser zu einer Gesamtkonzentration an letzterem von 0,044 M. Nach RAUHUT u. Mitarb. [2]

Durch die verzögerte Wasserzugabe wird also eine beträchtliche Erhöhung der Quantenausbeuten erzielt (zu deren Berechnung in diesem Falle vgl. [2]). Dieser Effekt ist geringer bei höheren $H_2O_2$-Konzentrationen.

Die Quantenausbeuten steigen mit Erhöhung der DPA-Konzentrationen, aber nicht linear. Bei höheren DPA-Konzentrationen wird der Effekt kleiner; DPA ist nach den erhaltenen quantitativen Ergebnissen nicht in einen geschwindigkeitsbestimmenden Schritt verwickelt.

Eine starke Verringerung der Quantenausbeuten wurde dagegen durch die Radikalfänger 2,6-Di-t. butyl-4-methylphenol (DTBMP) [4—7] und Styrol hervorgerufen. Dagegen haben diese Substanzen keinen Effekt auf die Reaktionsgeschwindigkeit. Fluoreszenzlöschung des DPA durch DTBMP ist nicht die Ursache der Quantenausbeute-Verminderung. Eine direkte, nicht-radikalische Reaktion zwischen dem Radikalfänger DTBMP und Peroxysäuren oder $H_2O_2$ konnte ebenfalls ausgeschlossen werden:

44  Chemilumineszenz von Oxydationsreaktionen

UV-spektroskopische Analyse von DTBMP-Peroxy-4-nitro-benzoesäure-$H_2O_2$-Mischungen in Äther zeigte lineare Kombination der Einzelspektren, die 15 Minuten lang erhalten blieb. Styrol ist ein schwächerer Inhibitor als DTBMP.

Alle diese quantitativen und qualitativen experimentellen Befunde sind mit den folgenden Reaktionsschritten vereinbar:

$$(1) \quad Cl-\underset{\|}{\overset{O}{C}}-\underset{\|}{\overset{O}{C}}-Cl + H_2O_2 \longrightarrow Cl-\underset{\|}{\overset{O}{C}}-\underset{\|}{\overset{O}{C}}-OOH + HCl$$

$$(2) \quad Cl-\underset{\|}{\overset{O}{C}}-\underset{\|}{\overset{O}{C}}-Cl + H_2O \longrightarrow (Cl-\underset{\|}{\overset{O}{C}}-\underset{\|}{\overset{O}{C}}-OH + HCl) \longrightarrow 2\,HCl + CO + CO_2$$

$$(3) \quad Cl-\underset{\|}{\overset{O}{C}}-\underset{\|}{\overset{O}{C}}-Cl + Cl-\underset{\|}{\overset{O}{C}}\cdot \longrightarrow Cl-\underset{\|}{\overset{O}{C}}\cdot + CO + Cl-\underset{\|}{\overset{O}{C}}-Cl$$

$$(4) \quad Cl-\underset{\|}{\overset{O}{C}}-\underset{\|}{\overset{O}{C}}-OOH + H_2O_2 \longrightarrow HOO-\underset{\|}{\overset{O}{C}}-\underset{\|}{\overset{O}{C}}-OOH + HCl$$

$$(5) \quad Cl-\underset{\|}{\overset{O}{C}}-\underset{\|}{\overset{O}{C}}-OOH + H_2O \longrightarrow HO-\underset{\|}{\overset{O}{C}}-\underset{\|}{\overset{O}{C}}-OOH + HCl$$

$$(6) \quad Cl-\underset{\|}{\overset{O}{C}}-\underset{\|}{\overset{O}{C}}-OOH \longrightarrow \text{nicht-chemilumineszente Zersetzung}$$

$$(7) \quad HOO-\underset{\|}{\overset{O}{C}}-\underset{\|}{\overset{O}{C}}-OOH + H_2O \longrightarrow HO-\underset{\|}{\overset{O}{C}}-\underset{\|}{\overset{O}{C}}-OOH + H_2O_2$$

$$(8) \quad HOOC-\underset{\|}{\overset{O}{C}}-OOH \longrightarrow \text{nicht-chemilumineszente Zersetzung}$$

$$(9) \quad HO-\underset{\|}{\overset{O}{C}}-\underset{\|}{\overset{O}{C}}-OOH \xrightarrow[\text{Aktivator}]{\text{induz. radikal. Zers.}} H_2O + 2\,CO_2 + \text{Aktivator}^*$$

$$(10) \quad HO-\underset{\|}{\overset{O}{C}}-\underset{\|}{\overset{O}{C}}-OOH \longrightarrow H_2O + 2\,CO_2$$

$$(11) \quad A^* \longrightarrow A + h\nu$$

Die Reaktionen (1), (4), (5), (7), (9) und (11) sollen zur Chemilumineszenz führen. Eine vollständige Beschreibung des Prozesses stellt dieses Schema nicht dar, denn die Schritte (6), (8), (9) und (10) können auf Grund des vorhandenen experimentellen Materials nicht detailliert analysiert werden, obgleich sie alle nahe verwandte Analogiefälle haben. Die Schritte (1)—(6) laufen ganz offensichtlich, zumindest in Äther als Lösungsmittel, vor der Hauptemission des Lichtes ab. Aus Schritt (2) erklärt sich die quantenausbeutesteigernde Wirkung einer Verzögerung des Wasserzusatzes: ist Wasser von vornherein anwesend, so wird ein entsprechender Teil des Oxalylchlorids der Reaktion entzogen, statt zur Chemilumineszenz zu führen. Da aber $H_2O_2$ bei nucleophilen Reaktionen wesentlich reaktionsfähiger ist als Wasser [8], sollten die Schritte (*1*) und (*4*) gegenüber (*2*) und (*5*) bei einem hohen $H_2O_2$/Wasser-Verhältnis begünstigt sein.

Das Nichtauftreten von $O_2$ unter den Reaktionsprodukten schließt den von CHANDROSS vorgeschlagenen Zerfall der Chloroperoxy-oxalsäure über einen cyclischen Übergangszustand aus.

Die Rolle des Wassers bei der Oxalylchlorid/$H_2O_2$-Chemilumineszenzreaktion wird mit den Schritten (*5*) und (*7*) berücksichtigt. Sie ist nicht durch Polaritätseffekte bedingt. Die Polarität des Lösungsmittels spielt hier ohnehin keine nennenswerte Rolle, wie allein daraus ersichtlich, daß das stark polare $H_2O_2$ die Reaktionsgeschwindigkeit nicht beeinflußt. Vielmehr ist anzunehmen, daß — neben der leicht verständlichen Wirkung des Wassers in der Reaktion (*5*) — eine säurekatalysierte Hydrolyse einer Peroxysäure vorliegt, wie sie auch von anderen Persäuren bekannt ist (vgl. [8] S. 35).

Daß Stufe (*8*) — im Gegensatz zu Stufe (*7*) *nicht* chemilumineszent ist, ergibt sich aus den Gesetzmäßigkeiten über den Zusammenhang zwischen Struktur und Chemilumineszenz beim Zerfall von Peroxyden: M. M. RAUHUT u. Mitarb. [3] fanden, daß sich Di-t.-butylperoxyoxalat

$$(CH_3)_3C-OO-\overset{\overset{O}{\|}}{C}-\overset{\overset{O}{\|}}{C}-OO-C(CH_3)_3$$

auch in Gegenwart von 9,10-Diphenylanthracen ohne Chemilumineszenz zersetzt, wogegen die Reaktion:

$$(CH_3)_3C-OO-\overset{\overset{O}{\|}}{C}-\overset{\overset{O}{\|}}{C}-Cl + H_2O \longrightarrow ((CH_3)_3C-OO-\overset{\overset{O}{\|}}{C}-\overset{\overset{O}{\|}}{C}-OH)$$
$$\xrightarrow{DPA} (CH_3)_3C-OH + 2\,CO_2 + DPA^*$$

von starker Lichtemission begleitet ist.

Der eigentliche Anregungsschritt ist also (*9*). Welcher Mechanismus — einstufig oder mehrstufig — hierbei abläuft, ist noch ungeklärt. Die Inhibitorwirkung von Radikalfängern, wie DTMBP, soll hier eingreifen. Folgende Gleichung (S. 46 oben) erfaßt die Einflüsse der Konzentrationen der Reaktionspartner auf die Quantenausbeuten.

Bei der Aufstellung dieser Gleichung ist berücksichtigt, daß unter den vorherrschenden experimentellen Bedingungen das Wasser/Dihydrogenperoxyd-Verhältnis klein ist — somit die Reaktionen (*1*) und (*4*) über (*2*) und (*5*) so weit vorherrschen, daß sie nicht berücksichtigt zu werden brauchen. Ebenso sollte der Schritt (*3*) bei niedrigen Oxalylchlorid-Konzentrationen zu vernachlässigen sein.

$$\Phi_e = \left( \frac{k_4 [\text{Cl } \overset{\overset{O}{\|}}{C} - \overset{\overset{O}{\|}}{C} - \text{OOH}] [\text{H}_2\text{O}_2]}{k_4 [\text{Cl } \overset{\overset{O}{\|}}{C} - \overset{\overset{O}{\|}}{C} - \text{OOH}] [\text{H}_2\text{O}_2] + k_6 [\text{Cl } \overset{\overset{O}{\|}}{C} - \overset{\overset{O}{\|}}{C} - \text{OOH}]} \right) \cdot$$

$$\left( \frac{k_7 [\text{HOO } \overset{\overset{O}{\|}}{C} - \overset{\overset{O}{\|}}{C} \text{ OOH}] [\text{H}_2\text{O}]}{k_7 [\text{HOO} \overset{\overset{O}{\|}}{C} - \overset{\overset{O}{\|}}{C} - \text{OOH}] [\text{H}_2\text{O}] + k_8 [\text{HOO} \overset{\overset{O}{\|}}{C} - \overset{\overset{O}{\|}}{C} - \text{OOH}]} \right) \cdot$$

$$\left( \frac{k_9 [\text{HO } \overset{\overset{O}{\|}}{C} - \overset{\overset{O}{\|}}{C} \text{ OOH}] [A] [\text{R} \cdot]}{k_9 [\text{HO} - \overset{\overset{O}{\|}}{C} - \overset{\overset{O}{\|}}{C} - \text{OOH}] [A] [\text{R} \cdot] + k_{10} [\text{HO} - \overset{\overset{O}{\|}}{C} - \overset{\overset{O}{\|}}{C} - \text{OOH}]} \right) \Phi_A$$

$$\frac{1}{\Phi_e} = \frac{1}{\Phi_A} \left( 1 + \frac{k_6}{k_4 [\text{H}_2\text{O}_2]} \right) \left( 1 + \frac{k_8}{k_7 [\text{H}_2\text{O}]} \right) \left( 1 + \frac{k_{10}}{k_9 [\text{R} \cdot] [A]} \right)$$

Der erste Term des Produktes liefert die Ausbeute an Monoperoxy-Oxalsäure $\left( \text{HO}\overset{OO}{C}\text{COOH} \right)$; der zweite Term gibt die Ausbeute an Monoperoxyoxalsäure aus Di-peroxy-oxalsäure an. Der dritte Term — mit [R·] = Konzentration an Radikalen im stationären Zustand, [A] = Konzentration des Aktivators und $\Phi_A$ = Fluoreszenzquantenausbeute des Aktivators — erfaßt die Ausbeute an angeregten Aktivatormolekülen. Die Quantenausbeute $\Phi_e$ ist dann das Produkt aus den einzelnen Ausbeuten. Der reziproke Wert $1/\Phi_e$ der vereinfachten Gleichung für $\Phi_e$ ermöglicht die experimentelle Überprüfung des vorgeschlagenen Mechanismus.

So sollte man bei variierter Aktivatorkonzentration, aber gleichbleibender Wasser- und Hydrogenperoxyd-Konzentration eine lineare Abhängigkeit von $1/\Phi_e$ gegen $1/[A]$ erwarten: dies ist der Fall. Umgekehrt sollte bei konstanter Wasser- und Aktivatorkonzentration, jedoch variierter $\text{H}_2\text{O}_2$-Konzentration lineare Abhängigkeit von $1/\Phi_e$ gegen $1/[\text{H}_2\text{O}_2]$ gefunden werden — wie es ebenfalls beobachtet wird. Schließlich sollte bei konstanter Hydrogenperoxyd-, Wasser- und Aktivatorkonzentration, aber variierter Inhibitorkonzentration eine lineare Abhängigkeit von $1/\Phi_e$ von der Inhibitorkonzentration resultieren. Auch dies stimmt mit dem Experiment überein, obwohl die Gleichung

$$[\text{R} \cdot] = \frac{\text{Geschwindigkeit der Radikalbildung}}{k_{\text{inhib}} [\text{Inhibitor}]},$$

die unter Annahme des stationären Zustandes abgeleitet wurde, nur annähernd richtig sein kann. Denn es werden Kettenabbruchreaktionen nicht berücksichtigt, bei denen der Inhibitor nicht beteiligt ist.

Nach dem vorgeschlagenen Mechanismus liefert ausschließlich die Zersetzung der Monoperoxy-oxalsäure die Anregungsenergie für den Aktivator. Untersuchungen an ähnlichen Peroxyden ((*9*) und (*3*)) haben zu dem Ergebnis geführt, daß Chemilumineszenz bei der Zersetzung von Peroxyden des Typs ROOC—C—OH offenbar allgemein nach dem Reaktionsschema:

$$\text{ROOC-C-OH} \xrightarrow{\text{Aktivator}} H_2O + CO_2 + CO + \text{Aktivator}^*$$

auftritt.

RAUHUT u. Mitarb. betrachten es als wesentlich, daß die Peroxy-Verbindungen sich nach einem Mechanismus zersetzen, bei dem mehrere Kovalenzbindungen simultan („konzertiert") gespalten werden. Die dadurch erfolgende gleichzeitige Bildung mehrerer stabiler Produktmoleküle gewährleistet die synchrone Freisetzung der für die Anregung ausreichenden Energie [10].

Über den Mechanismus der Umwandlung von chemischer Energie in Anregungsenergie des Aktivators sind mangels ausreichender experimenteller Beweise nur Spekulationen möglich. So könnte bei der Zersetzung von Monoperoxyoxalsäure $CO_2$ in angeregtem Singulettzustand gebildet werden. Dieses könnte einen Energieübertragungsprozeß durch Stoß oder Resonanz mit dem Aktivator eingehen. Jedoch würde dann die Löschung des angeregten $CO_2$ durch Sauerstoff in diffusionskontrollierter Weise zu erwarten sein, damit aber auch eine starke Verminderung der Quantenausbeute. Aber selbst in Sauerstoff-gesättigten Lösungen wurde bei den beschriebenen Experimenten jeweils eine hohe Quantenausbeute gefunden: somit erscheint Energieübertragung durch Stoß unwahrscheinlich. Bessere Erklärungsmöglichkeiten in Übereinstimmung mit dem vorliegenden Tatsachenmaterial bietet folgende Überlegung: zwischen Monoperoxyoxalsäure und Aktivator könnte sich ein Charge-Transfer-Komplex [11, 12] bilden, worauf sich dessen Zerfall zu einem „gemischten" Excimeren [13] von Aktivator und $CO_2$ anschlösse. Da die Energie von angeregtem Singulett-DPA (71 kcal) niedriger als die von angeregtem Singulett-$CO_2$ ist [14], würde solch ein Excimeres eine niedrigere Anregungsenergie haben als Singulett-$CO_2$ und somit einen niedrigeren Energie-Übergangszustand für die Monoperoxy-oxalsäure-Zersetzung bieten. Das Excimere hätte wiederum eine höhere Energie als der angeregte Aktivator, so daß die Dissoziation des Excimeren in $CO_2$ im Grundzustand und angeregten Aktivator begünstigt sein sollte. Somit wäre der Aktivator ein Katalysator für die Zersetzung der Monoperoxyoxalsäure. Weitere experimentelle Ergebnisse hierzu sind abzuwarten.

### b) Oxalsäure-ester und gemischte Oxalsäure-anhydride

Während die Oxalylchlorid-$H_2O_2$-Reaktion Quantenausbeuten von 0,03 bis 0,05 Einstein Mol$^{-1}$ liefert, beobachteten RAUHUT und Mitarb. [24] bei der Umsetzung von Oxalsäure-diarylestern mit $H_2O_2$ in 1,2-Dimethoxyäthan in neutralem bis alkalischem Milieu und in Gegenwart von DPA oder Rubren unter optimalen Bedingungen Quantenausbeuten bis zu 0,23 Einstein Mol$^{-1}$. Die Arylreste müssen elektronenanziehende Substituenten tragen, somit also stark aktivierte Oxalsäure-ester vorliegen. Am wirksamsten war bisher Oxalsäure-bis(2,4-dinitrophenyl)-ester mit Rubren als Aktivator. Besonders hierbei wurde erstmals bewiesen, daß hohe Chemilumineszenz-Quantenausbeuten nicht auf Biolumineszenzreaktionen beschränkt sind.

Auffallend ist bei der Oxalsäure-ester/$H_2O_2$-Chemilumineszenz das offensichtliche Auftreten eines relativ langlebigen (Lebensdauer ca. 70 Min.) Zwischenproduktes, das erst unter Einwirkung des fluoreszierenden Aktivators unter Lichtemission zerfällt. Die Lichtemission entspricht der Fluoreszenz des Aktivators. RAUHUT und Mitarb. vermuten, daß dieses Zwischenprodukt Dioxetan-dion (1,2) $\underset{O-O}{OC-CO}$ sein könnte, das mit dem Aktivator einen Charge-Transfer-Komplex bildet, welcher in $CO_2$ und angeregtes Aktivatormolekül zerfällt. Das Zwischenprodukt läßt sich aus dem Reaktionsgemisch von Oxalsäure-bis(2,4-dinitrophenyl)-ester mit $H_2O_2$ in Phthalsäure-dimethylester mittels Argon, Stickstoff oder Sauerstoff verflüchtigen: transportiert man es mit dem Trägergas-Strom in eine Lösung von DPA oder Rubren in Phthalsäure-dimethylester, so tritt dort Chemilumineszenz auf. Vgl. hierzu die Beobachtung von CHANDROSS [1] bei der Oxalylchlorid/$H_2O_2$-Reaktion (S. 38).

Auch gemischte Anhydride der Oxalsäure liefern mit $H_2O_2$ in Phthalsäure-dimethylester als Lösungsmittel und DPA oder Rubren als Aktivatoren Chemilumineszenz-Quantenausbeuten bis zu 0.13 Einstein Mol$^{-1}$. Hier war bisher das gemischte Anhydrid der Oxalsäure mit Triphenylessigsäure $(C_6H_5)_3C-O-\underset{O}{\underset{\|}{C}}-\underset{O}{\underset{\|}{C}}-OC-(C_6H_5)_3$ am wirksamsten [25].

Der Reaktionsmechanismus der Chemilumineszenz der Oxalsäure-ester und -anhydride dürfte als erste Zwischenstufen Monoperoxy-oxalsäure-Derivate aufweisen, ähnlich wie die Oxalylchlorid/$H_2O_2$-Reaktion (S. 38). Ob jedoch noch andere Reaktionswege in Betracht kommen, ist zur Zeit noch nicht schlüssig zu beweisen.

### c) Struktur und Chemilumineszenz bei Acyl-peroxyden

Wie eben ausgeführt, ist bei der Oxalylchlorid-$H_2O_2$-Chemilumineszenz als wesentliche Zwischenstufe Monoperoxy-oxalsäure anzunehmen. Diese und analoge andere Peroxy-carbonsäuren können auch aus Oxalsäure und $H_2O_2$ mittels Dicyclohexyl-carbodiimid gebildet werden [3]. Dementsprechend ist diese Umsetzung in Gegenwart von DPA chemilumineszent.

Auch die Reaktion von Mesoxalsäure mit wasserfreiem $H_2O_2$ und Dicyclohexylcarbodiimid in Gegenwart von DPA zeigt mäßige Chemilumineszenz. Dagegen gaben Essigsäure, Malonsäure, Maleinsäure, Benzoesäure und Phthalsäure keine Chemilumineszenz bei der Umsetzung von $H_2O_2$ und Dicyclohexyl-carbodiimid in Gegenwart von DPA — auch nicht bei erhöhten Temperaturen. Gerade das Ausbleiben der Reaktion mit Phthalsäure ist hier im Hinblick auf die weiter unten ausgeführten Vorstellungen über die Luminol-Chemilumineszenz bedeutsam. Die Hydrolyse von t-Butylperoxy-oxalylchlorid erfolgt nach P. D. BARTLETT und R. E. PINCOCK [15] gemäß:

$$(CH_3)_3COO-\underset{\underset{O}{\|}}{C}-\underset{\underset{O}{\|}}{C}-Cl + H_2O \longrightarrow (CH_3)_3COO-\underset{\underset{O}{\|}}{C}-\underset{\underset{O}{\|}}{C}-OH) \longrightarrow$$
$$(CH_3)_3C-OH + 2\ CO_2$$

Wird diese Reaktion in Gegenwart eines fluoreszierenden Agens wie DPA oder Rubren ausgeführt, so beobachtet man eine mäßig starke, kurze Emission — ohne Aktivator tritt kaum Licht auf. Die Ausgangssubstanz t-Butyl-peroxy-oxalylchlorid zersetzt sich ebenfalls nicht nennenswert unter Chemilumineszenz. Daher ist die t-Butylperoxy-oxalsäure selbst als die zur Chemilumineszenz führende Substanz anzusehen, die sich auch aus Oxalsäure, t-Butylhydroperoxyd und Dicyclohexyl-carbodiimid bilden sollte. In Gegenwart eines Aktivators ist hierbei Chemilumineszenz zu beobachten.

Keine Chemilumineszenz dagegen trat bei der Zersetzung folgender Peroxy-Derivate auf:

$$C_2H_5O-\underset{\underset{O}{\|}}{C}-\underset{\underset{O}{\|}}{C}-OOH \quad \text{(aus Oxalsäure-äthylesterchlorid und } H_2O_2\text{)}$$

$$(CH_3)_3COO-\underset{\underset{O}{\|}}{C}-\underset{\underset{O}{\|}}{C}-OCH_3 \qquad (CH_3)_3COO-\underset{\underset{O}{\|}}{C}-\underset{\underset{O}{\|}}{C}-OC(CH_3)_3$$

$$(CH_3)_3COO-\underset{\underset{O}{\|}}{C}-\underset{\underset{O}{\|}}{C}-O-CH(CH_3)_2 \quad (CH_3)_3COO-\underset{\underset{O}{\|}}{C}-\underset{\underset{O}{\|}}{C}-OOC(CH_3)_3$$

Dagegen erwies sich die Umsetzung von Lauroylperoxy-oxalylchlorid mit Wasser in Gegenwart von DPA als stark, wenn auch kurz chemilumineszent, offenbar auf Grund des Zerfalls der nach:

$$C_{11}H_{23}\underset{\underset{O}{\|}}{C}-OO-\underset{\underset{O}{\|}}{C}-\underset{\underset{O}{\|}}{C}-Cl + H_2O \longrightarrow C_{11}H_{23}-\underset{\underset{O}{\|}}{C}-OO-\underset{\underset{O}{\|}}{C}-\underset{\underset{O}{\|}}{C}-OH + HCl$$

intermediär gebildeten Lauroylperoxy-oxalsäure.

Umsetzung des Anhydrids der 9,10-Diphenyl-9,10-dihydro-anthracen-9,10-dicarbonsäure mit $H_2O_2$ in alkalischer Lösung ist wie zu erwarten auch ohne Zugabe eines Aktivators chemilumineszent:

[Reaction scheme showing decomposition with HOO⁻ giving diketone intermediate, then anthracene derivative + 2 CO₂ + H₂O]

### d) *Der Mechanismus der konzertierten Spaltung mehrerer Bindungen bei Acylperoxyden*

Das Problem der Existenz eines Simultanprozesses für die Spaltung von 2 bzw. 3 Bindungen bei der Zersetzung von aliphatischen Peroxyestern, insbesondere Peroxyoxalsäureestern, ist Gegenstand zahlreicher Untersuchungen gewesen [6, 10, 15—21]. Die Befunde von RAUHUT u. Mitarb. beweisen zwar einen konzertierten Spaltungsmechanismus nicht schlüssig, sind aber doch mit einem solchen vereinbar. Vor allem ist bei den nicht-chemilumineszenten Peroxyestern durch BARTLETT u. Mitarb. [19, 15] nachgewiesen worden, daß ihre Zersetzung höchstens einen konzertierten Spaltungsmechanismus von *zwei* Bindungen umfaßt:

(*1*)  $(CH_3)_3COO-CO-CO-OC(CH_3)_3 \longrightarrow (CH_3)_3CO\cdot + CO_2 + \cdot CO-OC(CH_3)_3$

(*2*)  $\cdot CO-OC(CH_3)_3 \longrightarrow CO_2 + \cdot C(CH_3)_3$

Aus thermochemischen Daten kann geschätzt werden, daß die simultane[4] Lösung von drei Bindungen bei der Zersetzung der Monoperoxyoxalsäure, der t-Butylperoxy-oxalsäure sowie der Lauroylperoxy-oxalsäure über einen Radikalkettenmechanismus oder über einen cyclischen Übergangszustand eine Änderung der freien Energie von etwa — 100 kcal/Mol mit sich brächten —, was einer Enthalpieänderung von über 70 kcal/Mol entspricht. Im Gegensatz hierzu würde keine der Reaktionen (*1*) und (*2*) bei der Zersetzung des Monoperoxy-oxalsäure-di-t-butylesters je für sich genügend Energie für die Anregung des DPA liefern.

Für die chemilumineszenten Zersetzungen kommt eher ein Radikalketten-Mechanismus nach

$(CH_3)_3C-OOC-CO-OH + R\cdot \longrightarrow RH + 2\,CO_2 + (CH_3)_3CO\cdot$

in Betracht [3] als ein cyclischer Übergangszustand. Denn bei der Chemilumineszenzreaktion zwischen Oxalylchlorid, $H_2O_2$ und DPA bewirken

---
[4] Eine Unterscheidung zwischen im strengsten Sinne simultanen Prozessen und konsekutiven Reaktionen, die in Zeiten von weniger als $10^{-9}$—$10^{-8}$ sec ablaufen, ist zur Zeit unmöglich.

Inhibitoren wie 2,6-Di-t-butyl-4-methylphenol eine starke Reduktion der Quantenausbeute. Dies erfolgt unter Bedingungen, bei denen keine Fluoreszenzlöschung des Aktivators durch den Inhibitor beobachtet wurde (vgl. weiter unten). Außerdem ist für das Anthracenderivat (S. 50) ein cyclischer Übergangszustand unwahrscheinlich.

Dieses Konzept der simultanen Spaltung von mehreren Bindungen könnte bei allen intensiven Chemilumineszenzreaktionen eine wesentliche Rolle spielen, bei denen ebenfalls Peroxyde das dem Anregungsschritt unmittelbar vorausgehende Zwischenprodukt sind [3]. Bei der Luminol-, Lophin- oder Lucigenin-Chemilumineszenz wird hierauf nochmals eingegangen.

*e) Carbonsäure-nitrile*

Die Chemilumineszenz bei der Oxydation von Benzylcyanid und von Acrylnitril mit $H_2O_2$ in Kaliumhydroxyd-Lösung wurde von E. McKeown und W. A. Waters [22] als so stark beschrieben, daß sie nach genügender Adaptation mit bloßem Auge wahrgenommen werden kann. Sehr viel schwächer leuchtet unter den gleichen Bedingungen Benzonitril. Neben einer blauen wird auch eine schwache rote Lichtemission beobachtet, die nach McKeown und Waters auf angeregten Singulett-Sauerstoff zurückzuführen ist. Dieser soll sich in heterolytischer Reaktion (vgl. auch S. 14) nach

bilden [23].

Literatur: *Carbonsäure-chloride, -anhydride, -ester und -nitrile.*

1. Chandross, E. A.: Tetrahedron Letters **1963**, 761.
2. Rauhut, M. M., B. G. Roberts u. A. M. Semsel: Am. Soc. **88**, 3604 (1966).
3. —, D. Sheehan, R. A. Clarke u. A. M. Semsel, Photochem. Photobiol. **4**, 1097 (1965).
4. Batten, J. J.: Soc. **1956**, 2959.
5. Cambpell, T. W., u. G. M. Coppinger: Am. Soc. **74**, 1469 (1952).
6. Bartlett, P. D., E. P. Benzing u. R. E. Pincock: Am. Soc. **82**, 1762 (1960).
7. Swain, C. G., L. J. Schaad u. A. J. Kresge: Am. Soc. **80**, 5313 (1958).
8. Davies, A. G.: Organic Peroxides, S. 1, 35. London: Butterworth 1961.
9. Rauhut, M. M., D. Sheehan, R. A. Clarke, B. G. Roberts u. A. M. Semsel: J. org. Chem. **30**, 3587 (1965).

10. BARTLETT, P. D.: In: Peroxide Reaction Mechanisms, J. O. EDWARDS Ed., S. 1. New York: Interscience Publishers 1962.
11. NANDI, P. K., u. V. S. NANDI: J. phys. Chem. 69, 4071 (1965).
12. COLTER, A. K., S. S. WANG, G. H. MEGERLE u. P. S. OSSIP: Am. Soc. 86, 3106 (1964).
13. PARKER, C. A.: Advances in Photochem. 2, 305 (1964).
14. CLYNE, M. A. A., u. B. A. THRUSH: Pr. roy. Soc. A 269, 204. (1962),
15. BARTLETT, P. D., u. R. E. PINCOCK: Am. Soc. 82, 1769 (1960).
16. —, B. A. GONTAREV u. H. SAKURAI: Am. Soc. 84, 3101 (1962).
17. SWARC, M.: Peroxide Mechanisms (Zit. 10), S. 153 (1962).
18. BARTLETT, P. D., u. C. RUCHARDT: Am. Soc. 82, 1756 (1960).
19. —, u. D. M. SIMONS, Am. Soc. 82, 1753 (1960).
20. GOLDSTEIN, M. J.: Tetrahedron Letters 1964, 1601.
21. SHINE, J. H., J. A. WATERS u. D. M. HOFFMANN: Am. Soc. 85, 3613 (1963).
22. McKEOWN, E., u. W. A. WATERS, Nature 203, 1063 (1964).
23. — — Soc. (B) 1966, 1040.
24. RAUHUT, M. M., L. J. BOLLYKY, B. G. ROBERTS, M. LOY, R. H. WHITMAN, A. V. IANNOTTA, A. M. SEMSEL u. R. A. CLARKE: Am. Soc. 89, 6515 (1967).
25. BOLLYKY, L. J., R. H. WHITMAN, B. G. ROBERTS u. M. M. RAUHUT: Am. Soc. 89, 6523 (1967).

### 8. Tetrakis(dimethylamino-)äthylen (TDE)

Die Autoxydation des bei Raumtemperatur unter Luftabschluß stabilen Tetrakis(dimethylamino-)äthylens (im folgenden TDE bezeichnet) [1, 2]

$$(CH_3)_2N\diagdown_{C=C}\diagup N(CH_3)_2$$
$$(CH_3)_2N\diagup\phantom{C=C}\diagdown N(CH_3)_2$$
$$(1)$$

verläuft unter blaugrüner Chemilumineszenz.

Das Emissionsspektrum [3, 4] ist mit dem Fluoreszenzspektrum des TDE identisch. H. E. WINBERG u. Mitarb. [3, 4] sowie A. N. FLETCHER und C. HELLER [5] bemerkten ferner, daß bei der chemilumineszenten Oxydation des TDE in Lösung protonenhaltige „Aktivatoren" benötigt werden; als solche fungieren vor allem höhere Alkohole, wie Octanol-1.

*a) Quantenausbeuten der TDE-Chemilumineszenz*

WINBERG u. Mitarb. [3, 4] ermittelten als integrierte Quantenausbeute für das System TDE-Wasser-Luft den Wert $3\times 10^{-4}$ Einstein Mol$^{-1}$. Da die von den gleichen Autoren festgestellte Fluoreszenz-Quantenausbeute des TDE 0,05 beträgt, würde also nur 1% der umgesetzten TDE-Moleküle in einen elektronisch angeregten Zustand überführt werden. A. N. FLETCHER und C. A. HELLER [6] haben jedoch eine erheblich höhere Fluoreszenz-Quantenausbeute des TDE ermittelt, nämlich 0,35 ± 0,05. Dies wird darauf zurückgeführt, daß das TDE bei den Messungen von WINBERG u. Mitarb. durch das stark löschende TDE-Oxydationsprodukt (vgl. nächster

Abschnitt) Tetramethyl-harnstoff verunreinigt war. FLETCHER und HELLER berechnen für das System TDE-Wasser-Luft auch eine höhere Chemilumineszenzquantenausbeute, nämlich $2,1 \times 10^{-3}$ Einstein Mol$^{-1}$. Wie weiter unten ausgeführt, ergibt sich dies dadurch, daß im genannten System die Hauptmenge des TDE in einer Dunkelreaktion verbraucht wird.

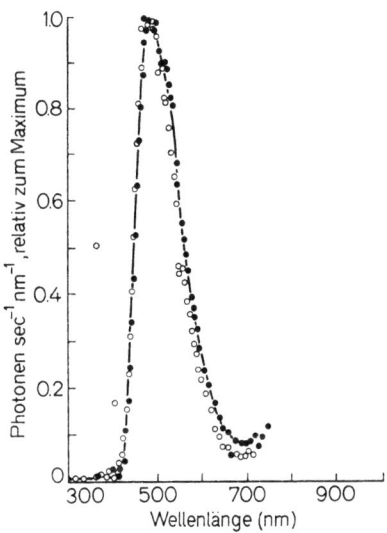

Abb. 18. Photolumineszenz-(———)- und Chemilumineszenz-(o o o o)-Spektrum von Tetrakis(dimethylamino-)äthylen, TDE-Konzentrationen:
Fluoreszenz: [TDE] = $1,4 \times 10^{-3}$ M
Chemilumineszenz: [TDE] = $4,5 \times 10^{-2}$ M
$P_{O_2}$ = 300 torr, [1-Octanol]: $1,8 \times 10^{-2}$ M
Nach A. N. FLETCHER u. C. A. HELLER [6]; vgl. auch [4]

J. P. PARIS [9] bestimmte als Quantenausbeute $3,7 \times 10^{-6}$ Einstein Mol$^{-1}$ bei einer Anfangskonzentration von 0,030 M TDE in Cyclohexan, einer Methanolkonzentration von 0,16 M und einem Sauerstoff-Druck von 760 Torr (vgl. auch hierzu [6]).

*b) Reaktionsendprodukte*

Als Oxydationsprodukte des TDE wurden von WIBERG und BUCHLER Tetramethylharnstoff und Tetramethyl-oxamid gefunden [2]. Diese Autoren befaßten sich jedoch nicht mit dem Reaktionsmechanismus der Chemilumineszenz des TDE. Eingehende Untersuchungen hinsichtlich der Reaktionsprodukte unternahmen W. H. URRY und J. SHEETO [7] mit Hilfe der NMR-Spektroskopie. Es ergab sich, daß die Autoxydation des TDE recht komplex verläuft. Art und Menge der Reaktionsprodukte hängen deutlich von den Oxydationsbedingungen und dem angewandten Milieu ab.

Wird reines TDE oder seine Lösung in Cyclohexan, Dichlormethan, Dioxan, Pyridin oder Tetrahydrofuran unter Sauerstoff gerührt, so sind die relativen Ausbeuten an Tetramethylharnstoff (2), Tetramethyloxamid (3), Tetramethylhydrazin (4) und Bis(dimethylamino)-methan (5) erstaunlich unabhängig von Lösungsmittel und Temperatur. Dabei tritt Chemilumineszenz aber nur bei der Oxydation von reinem TDE oder seiner Cyclohexanlösung auf. In den anderen Lösungsmitteln ist die Reaktion nicht chemilumineszent.

$$(CH_3)_2N\!\!-\!\!C\!=\!C\!\!-\!\!N(CH_3)_2 + O_2 \longrightarrow (CH_3)_2N\!\!-\!\!C\!=\!O + (CH_3)_2N\!\!-\!\!C(=O)\!\!-\!\!C(=O)\!\!-\!\!N(CH_3)_2$$

(1)                    (2)                    (3)

$$+ \;(CH_3)_2N\!\!-\!\!N(CH_3)_2 \;+\; (CH_3)_2N\!\!-\!\!CH_2\!\!-\!\!N(CH_3)_2$$

(4)                    (5)

In wasserfreiem Milieu verläuft die Autoxydation langsam; sie wird durch Wasser und andere hydroxylgruppenhaltige Substanzen katalysiert. Interessant im Hinblick auf die Ermittlung des Autoxydationsmechanismus ist die Tatsache, daß das häufig als Inhibitor für Kettenreaktionen benutzte Ionol sich hier als Katalysator der TDE-Chemilumineszenz ebenso wirksam erweist wie Octanol-1 in Cyclohexan als Lösungsmittel.

Führt man dagegen die chemilumineszente Autoxydation des TDE in einem 2-Phasen-System aus, wobei die eine Phase Wasser oder wäßrige Lösungen von anorganischen Salzen wie NaCl, NaClO$_4$, die andere TDE selbst ist, so wird als einziges Reaktionsprodukt Octamethyl-oxamidiniumperoxyd (6) als Primärprodukt erhalten:

$$(CH_3)_2\overset{\oplus}{N}\!\!-\!\!C\!\!-\!\!C\!\!-\!\!\overset{\oplus}{N}(CH_3)_2,\;\; O_2^{2\ominus} \quad (6)$$

Enthält die wäßrige Phase Perchlorat-Ion, so fällt das unlösliche Perchlorat des Oxamidiniumperoxyds aus. Erst nach 144 stündiger Einwirkung von Sauerstoff auf dieses Primärprodukt in Gegenwart von Wasser entstanden einige der oben genannten Produkte. Dabei wurde weiter schwache

Chemilumineszenz beobachtet. Außerdem konnten Dimethylamin, Ameisensäure und die Verbindung (7) isoliert werden, die beiden letzteren als Hauptprodukte.

$$(6) \xrightarrow[O_2]{144 h} (3) + (5) + \underset{H}{\overset{H_3C \diagdown \diagup CH_3}{N}} + HC\diagdown_{O^\ominus}^{\diagup O}$$

$$+ \underset{(H_3C)_2N}{\overset{CH_3}{HN}}\diagdown C \underset{OH}{\overset{}{\text{---}}} C \diagup \underset{N(CH_3)_2}{\overset{CH_3}{\overset{\oplus|}{N}-CH_3}}$$
(7)

*c) Reaktions-Zwischenprodukte*

Die Untersuchung der Autoxydation des TDE — ob chemilumineszent oder nicht — in den verschiedenen oben angeführten Lösungsmitteln zeigte, daß beide Reaktionswege zusammen auftreten; sie laufen wahrscheinlich über das gleiche Zwischenprodukt. Dessen Bildungsmechanismus ist noch nicht klar zu umreißen, weil die vorliegenden kinetischen Messungen noch nicht vollständig sind.

Nach FLETCHER und HELLER [5] folgt die Autoxydationsgeschwindigkeit jeweils einem Zeitgesetz 1. Ordnung bezüglich der Konzentrationen von TDE, Sauerstoff und dem als „Katalysator" verwendeten Octanol-1 (Decan als Lösungsmittel).

Die Chemilumineszenz-Abklinggeschwindigkeit dagegen ist in gleichem Maße von der Sauerstoff- und Alkohol-Konzentration, aber nach einem Zeitgesetz 2. Ordnung abhängig von der TDE-Konzentration (vgl. auch [8]). Letzteres wurde auch von J. P. PARIS [9] gefunden. FLETCHER und HELLER beobachteten in trockenem Decan in Abwesenheit von Alkohol einen braunen Charge-Transfer-Komplex aus TDE und $O_2$ im Molverhältnis 1:1. URRY und SHEETO [7] konnten diesen Befund bestätigen. Bei 0° war der Komplex stabil genug, um genauer studiert zu werden, dagegen traten schon bei 30° Komplikationen durch langsame Autoxydationsreaktionen auf. Diese langsame Autoxydation erfolgt auch in anderen Lösungsmitteln in Abwesenheit von Alkoholen, auch unter sorgfältigstem Feuchtigkeitsausschluß. Hier kann sich der Charge-Transfer-Komplex direkt in das Zwitterion (8) umwandeln. Diese unkatalysierte Reaktion läuft schneller in polaren Lösungsmitteln ab: bei 30° in Dioxan etwa 200× schneller als in Decan. Wenn ein Alkohol- oder Wassermolekül mit dem Charge-Transfer-Komplex zu dem Amidinium-Peroxyd (6) reagiert, so wird dies die *schnelle* katalysierte Reaktion verursachen. Schüttelt man TDE in Decan unter Zusatz von Octanol-1 mit Sauerstoff, so kann nach ca. 20 min ein

ESR-Spektrum beobachtet werden, das dann für etwa 2 Stunden konstant bleibt. Es scheint sich also ein stationärer Zustand bezüglich der Konzentration des Radikal-Kations

$$(CH_3)_2N^{\oplus}\diagdown\phantom{C-C}\diagup N(CH_3)_2$$
$$\phantom{(CH_3)_2N}C-C\phantom{N(CH_3)_2}$$
$$(CH_3)_2N\diagup\phantom{C-C}\cdot\diagdown N(CH_3)_2$$

in einem Radikalkettenmechanismus auszubilden.

Die Weiterreaktion des Amidinium-peroxyd-Zwitterions hängt dann von den Reaktionsbedingungen ab. Nach URRY und SHEETO [7] kämen für den ersten Umsetzungstyp folgende Reaktionen in Betracht, die beide über das Vierring-peroxyd (9) laufen:

(8) → (9) → $2\ (H_3C)_2N\diagdown C=O$

+ $(H_3C)_2 N - N(CH_3)_2$
(10)

Diese beiden Reaktionen würden sich in das Bild einfügen, welches bereits für die Zersetzung von Lophin-hydroperoxyd [10] und für Indolenin-Hydroperoxyde [11] postuliert worden ist.

Findet die Autoxydation des TDE in Gegenwart von Wasser statt, so sollte das Amidiniumperoxyd (6) schnelle Hydrolyse zum Bisamidiniumsalz (11) erleiden. Aus diesem wäre grundsätzlich durch Deprotonierung

(11) $\xrightarrow[H_2O]{OH^{\ominus}}$

→

einer Methylgruppe und Hydrolyse die Bildung des als Reaktionsprodukt beobachteten Formaldehyds bzw. der Ameisensäure möglich.

Diese Produkte können jedoch auch aus Dimethylamino-Radikalen entstehen, falls die Bildung des Tetramethyl-oxamids (*3*) aus TDE nach einem Radikalmechanismus erfolgt.

Es bleibt hier offen, welcher Reaktionsschritt die Anregungsenergie für die Chemilumineszenz des TDE bei der Autoxydation liefert. Eine konzertierte Spaltung des Vierring-Peroxyds zu Tetramethyloxamid und Tetramethyl-hydrazin (*10*) wäre in Betracht zu ziehen. Das TDE-Dikation (*11*) und das TDE-Radikalkation (*12*) wurden von K. KUWATA und D. H. GESKE [12] in Acetonitril oder Dimethylsulfoxyd auch auf elektrochemischem Wege erhalten. Diese Autoren konnten zeigen, daß ein Gleichgewicht

$$\begin{array}{c}(CH_3)_2N^\oplus \\ (CH_3)_2N\end{array}\!\!C\!-\!C\!\!\begin{array}{c}^\oplus N(CH_3)_2 \\ N(CH_3)_2\end{array} + \begin{array}{c}(CH_3)_2N \\ (CH_3)_2N\end{array}\!\!C\!=\!C\!\!\begin{array}{c}N(CH_3)_2 \\ N(CH_3)_2\end{array}$$

$$\rightleftharpoons 2\ \begin{array}{c}(CH_3)_2N^\oplus \\ (CH_3)_2N\end{array}\!\!C\!-\!\overset{\cdot}{C}\!\!\begin{array}{c}N(CH_3)_2 \\ N(CH_3)_2\end{array}$$

(*12*)

existiert.

PARIS [9] befaßte sich mit der Kinetik der methanol-katalysierten TDE-Autoxydation und fand, wie bereits erwähnt, daß die Chemilumineszenzintensität nach einem Zeitgesetz 2. Ordnung von der TDE-Konzentration abhängt.

Auf Grund seiner kinetischen Messungen wird ein Mechanismus der TDE-Chemilumineszenz angenommen, dessen Anregungsschritt in der Dimerisation des postulierten Dimethylamino-carbens (*13*) nach

$$2\ \underset{\underset{N(CH_3)_2}{|}}{\overset{\overset{N(CH_3)_2}{|}}{C:}} \longrightarrow TDE^* \longrightarrow TDE + h\nu$$

(*13*)

besteht.

Jedoch fehlt für das Auftreten eines solchen Carbens bei der TDE-Autoxydation bisher jeder Beweis, ebenso für die zu dessen Bildung führenden Zwischenprodukte. Zudem liefert die Einwirkung von Alkali auf Mischungen von 2 verschiedenen Tetrakis(dialkylamino-)äthylen-dikationen keine „gemischten" Tetrakis(dialkylamino-)äthylene [6]. Die von E. WASSERMAN u. Mitarb. [17, 18] beobachtete Chemilumineszenz bei der Oxydation bestimmter Carbene beruht offenbar nicht auf deren Dimerisierung, sondern auf der Bildung von Ketonen in angeregten Triplettzuständen.

### d) Kinetik und Mechanismus der TDE-Chemilumineszenz nach FLETCHER und HELLER [6]

Die zur Zeit gründlichste und umfassendste kinetische Untersuchung der TDE-Chemilumineszenz wurde von A. N. FLETCHER und C. A. HELLER [6] durchgeführt. Die Tatsache, daß die Autoxydation des TDE einem Zeitgesetz 1. Ordnung bezüglich der TDE-Konzentration folgt, während die Chemilumineszenz vom Quadrat der TDE-Konzentration abhängt, ist nach diesen Autoren nicht auf einen Energie-Übertragungsprozeß zurückzuführen, bei dem ein Reaktionsprodukt seine Energie an ein TDE-Molekül abgibt. Dies ergibt sich aus den experimentellen Daten der Chemilumineszenz-Löschung, die zeigen, daß nur *eine* angeregte Species bei der TDE-Autoxydation auftritt [13]. Deshalb müssen sich die angeregten TDE-Moleküle direkt bei einem der Autoxydationsschritte bilden.

Die Ausbeute $\Phi_c$ einer chemischen Anregungsreaktion des TDE kann nach FLETCHER und HELLER [13], (vgl. auch [3]), auf Grund der Gleichung

$$I = \Phi_e \cdot \Phi_c \cdot \left(-\frac{d[\text{TDE}]}{dt}\right)$$

($\Phi_e$ = Quantenausbeute der Emission, $I$ = Lichtintensität) ermittelt werden. Hierzu wurden die Größen $I$, $\Phi_e$ und $-\frac{d[\text{TDE}]}{dt}$ experimentell bestimmt.

Es zeigte sich, daß die Lichtintensität bei TDE-Konzentrationen unter $10^{-3}$ M über einen weiten Konzentrationsbereich vom Quadrat der TDE-Konzentration abhängt. Bei höheren TDE-Konzentrationen treten experimentelle Schwierigkeiten auf: der in den Lösungen vorhandene Sauerstoff wird sehr schnell verbraucht. Ferner wirken die nun in größerer Menge gebildeten Reaktionsprodukte einerseits löschend auf die Chemilumineszenz, zum andern setzen sie die Wirksamkeit des Katalysators (1-Octanol) durch Wasserstoffbrückenbindung herab. Diese Schwierigkeiten können dadurch überwunden werden, daß die kinetischen Messungen nach relativ kurzer Zeit abgebrochen werden.

Wird während der TDE-Chemilumineszenzreaktion der Sauerstoff schnell entfernt, so steigt die Lichtintensität zunächst an und fällt dann ab (Abb. 19).

Diese plötzliche Zunahme des Lichtes bei Entfernung des Sauerstoffs erscheint am besten dadurch erklärt, daß sich ein langlebiges Zwischenprodukt bildet, aus dem weiter angeregte TDE-Moleküle entstehen: der stark löschende Sauerstoff ist aber nun aus der Lösung entfernt. Hinweise auf die Existenz eines solchen langlebigen Zwischenproduktes sind auch durch folgende Tatsache gegeben: wird TDE in Hexan bei —30° mit Sauerstoff behandelt, der überschüssige Sauerstoff dann restlos entfernt und die Hexanlösung anschließend rasch erwärmt, so wird ein Lichtblitz beobachtet.

Die kinetische Auswertung von Abklingkurven gemäß Abb. 19 ergibt, daß die Lichtintensität nach einem Zeitgesetz 1. Ordnung sinkt.

Die Aktivierungsenergien hängen von der TDE-Konzentration ab (nicht jedoch von der 1-Octanol-Konzentration): bei niedrigen TDE-Konzentrationen beträgt die Aktivierungsenergie 10 kcal Mol$^{-1}$, bei hohen

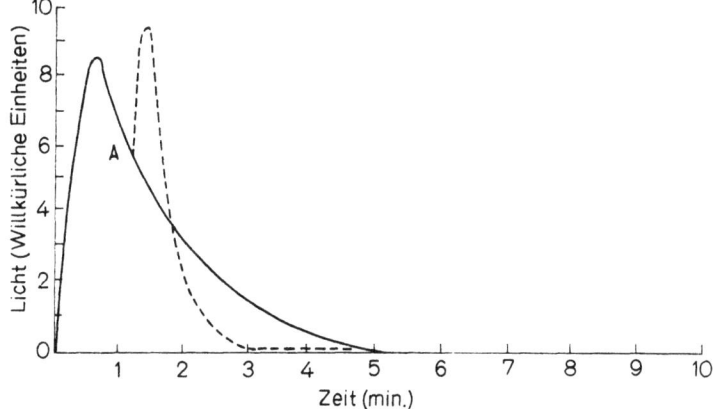

Abb. 19. Intensitäts-Zeitkurven der TDE-Chemilumineszenz. ———— Abklingkurve unter stationären Bedingungen. ------ Kurvenverlauf, wenn bei A der Sauerstoff abgepumpt wird. Lösungsmittel: n-Decan. TDE: 0,01 M, 1-Octanol: 0,01 M. Anfangs-Sauerstoffdruck: 500 Torr.

TDE-Konzentrationen dagegen 12.5 kcal Mol$^{-1}$. Die freie Energie der Reaktion beträgt 140 kcal Mol$^{-1}$ — somit also viel mehr, als für die Erzeugung von Lichtquanten von ca. 400 nm (72 kcal) nötig ist.

Auf Grund dieser experimentellen Befunde wird folgender Chemilumineszenz-Reaktionsmechanismus aufgestellt:

(1)    TDE + O$_2$ $\overset{K1}{\rightleftharpoons}$ TDE· O$_2$ (Charge-Transfer-Komplex)

(2)    TDE·O$_2$ + HOC$_8$H$_{17}$ ⟶ $\begin{pmatrix}(CH_3)_2N^{\oplus} & \oplus N(CH_3)_2 \\ & C-C \\ (CH_3)_2N & N(CH_3)_2 \\ & O_2H^{\ominus} \end{pmatrix}_{Solv.}$ $^{\ominus}OC_8H_{17}$

Abkürzung: TDE$^{2\oplus}$ O$_2$H$^{\ominus}$ $^{\ominus}$OC$_8$H$_{18}$

(3)    TDE$^{2\oplus}$ O$_2$H$^{\ominus}$ $^{\ominus}$OC$_8$H$_{17}$ + TDE

$\underset{\leftarrow}{\overrightarrow{\phantom{xxx}}}$ $\begin{bmatrix}(CH_3)_2N^{\oplus} & N(CH_3)_2 \\ & C-C \\ (CH_3)_2N & N(CH_3)_2 \\ (CH_3)_2N & \oplus N(CH_3)_2 \\ & C-C & ^{\ominus}OC_8H_{17} \\ (CH_3)_2N & N(CH_3)_2 \end{bmatrix}_{Solv.}$

Abkürzung: $^{\oplus}$TDE—TDE$^{\oplus}$ O$_2$H$^{\ominus}$ $^{\ominus}$OC$_8$H$_{17}$

(4)  [TDE$^{2\oplus}$ O$_2$H$^\ominus$ $^\ominus$OC$_8$H$_{17}$]Solv. $\longrightarrow$ Reaktionsprodukte + HOC$_8$H$_{17}$

(5)  [$^\oplus$TDE–TDE$^\oplus$ O$_2$H$^\ominus$ $^\ominus$OC$_8$H$_{17}$]Solv. $\longrightarrow$ TDE oder TDE*
  + Reaktionsprodukte
  + HOC$_8$H$_{17}$

Hierbei sind die Emission und die strahlungslose Desaktivierung von TDE* weggelassen, da sie zu der Größe $\Phi_c$ nichts beitragen, sondern in $\Phi_e$ eingehen.

Der vorgeschlagene Mechanismus stellt eine Erweiterung des von FLETCHER und HELLER [8] formulierten Autoxydationsmechanismus für TDE dar, und zwar um die Reaktionen (3) und (5), die die für die Chemilumineszenz nötige Energie liefern sollen. Außerdem erklären die in den Reaktionen (4) und (5) angegebenen verschiedenen Umwandlungswege des TDE$^{2\oplus}$O$_2$H$^\ominus$—OC$_8$H$_{17}$ auch die beiden von URRY und SHEETO [7] festgestellten beiden Wege der TDE-Oxydation (vgl. S. 53).

Unter Annahme eines stationären Zustands bei der Chemilumineszenz und der weiteren Annahme, daß die Reaktion (1) schnell abläuft, somit also TDE · O$_2$ = $K_1$ [TDE] [O$_2$], ergibt sich:

$$-\frac{d[\text{TDE}]}{dt} = K_1 \, k_2 \, [\text{n-Octanol}] \, [\text{TDE}] \, [\text{O}_2]$$

$$I = \Phi_e \frac{\Phi_{e(5)} [\text{TDE}]}{[\text{TDE}] + \dfrac{k_4}{k_3 \cdot k_5}(k_{-3} + k_5)} \cdot \left(-\frac{d[\text{TDE}]}{dt}\right)$$

Die aus dieser Gleichung errechneten Werte stimmen mit der gemäß der Autoxydationsgleichung (8)

$$-\frac{d[\text{TDE}]}{dt} = F \, [\text{n-Octanol}] \, [\text{TDE}] \, [\text{O}_2]$$

gemessenen Kinetik überein. (Der Ausdruck $F$ [n-Octanol] berücksichtigt dabei die Selbstassoziation des Octanols, die bei höheren Konzentrationen auftritt. Sie verstärkt die katalytische Wirkung des Octanols auf die TDE-Chemilumineszenz einerseits, führt jedoch gleichzeitig zu höheren Löscheffekten.)

Wird der Sauerstoff abgepumpt, so sollte das langlebige Zwischenprodukt gemäß den Reaktionen (3)—(5) zerfallen. Behandlung dieser Reaktionsgleichung nach der Methode des stationären Zustands ist nicht unmittelbar möglich, weil die Ausgangskonzentrationen in (3) nicht bekannt sind. Nun erscheint es aber nicht unvernünftig, eine weitere Vereinfachung anzunehmen, und zwar die, daß sich die Reaktion (3) und ihre Umkehrung in einem Pseudo-Gleichgewicht befinden, so daß

$$k_3/k_{-3} = \frac{[^\oplus\text{TDE} - \text{TDE}^\oplus \cdot \text{O}_2\text{H}^\ominus \cdot \,^\ominus\text{OC}_8\text{H}_{17}]}{[\text{TDE}][\text{TDE}^{2\oplus} \cdot \text{O}_2\text{H}^\ominus \cdot \,^\ominus\text{OC}_8\text{H}_{17}]}.$$

Dann wird $\quad -\dfrac{dI}{dt} = \dfrac{k_4 + k_5 K_3 [\text{TDE}]}{1 + K_3 [\text{TDE}]} \cdot I \quad$ (vgl. Gleichg. S. 60)

Diese Gleichung zeigt, daß die beobachtete Geschwindigkeitskonstante des Abklingens der Chemilumineszenz bei niedrigen TDE-Konzentrationen sich $k_4$ annähern wird, dagegen $k_5$ bei hohen TDE-Konzentrationen. Also werden hohe TDE-Konzentrationen die Autoxydation in Richtung der Chemilumineszenzreaktion lenken. Ferner läßt die Gleichung auch eine Erklärung der Abhängigkeit der Aktivierungsenergie von der TDE-Konzentration zu; die höhere Aktivierungsenergie (18 kcal Mol$^{-1}$ oder mehr) wird von FLETCHER und HELLER der Reaktion (4), die niedrigere (12,5 kcal Mol$^{-1}$ oder weniger) der Reaktion (5) zugeordnet.

Zwischenprodukte der TDE-Chemilumineszenz unter Voraussetzung des Mechanismus nach (1)—(5) sind bisher noch nicht isoliert worden. Auf Grund der auftretenden Löscheffekte [13] ist anzunehmen, daß mindestens ein Zwischenprodukt stark polar ist, und diese Annahme paßt auch in den Rahmen der bisher bekannten TDE-Chemie [7, 12, 14, 15]. In unpolaren Lösungsmitteln werden solvatisierte Ionenpaare auftreten.

Lediglich durch die kinetischen Ergebnisse fundiert ist die Annahme des Dimeren-Dikations [vgl. Reaktion (3)]. Aber derartige Dimere sind auch bei Anion-Radikal-Reaktionen beobachtet worden [16]. Außerdem bietet sich ein solches Dimeres als Zwischenstufe bei dem von KUWATA und GESKE festgestellten Gleichgewicht zwischen TDE und TDE-Dikation einerseits und TDE-Radikal-kation andererseits an entsprechend den Gleichgewichten:

$$\begin{array}{c}(CH_3)_2N\\(CH_3)_2N\end{array}\!\!\!C=C\!\!\!\begin{array}{c}N(CH_3)_2\\N(CH_3)_2\end{array} + \begin{array}{c}(CH_3)_2N^\oplus\\(CH_3)_2N\end{array}\!\!\!C-C\!\!\!\begin{array}{c}{}^\oplus N(CH_3)_2\\N(CH_3)_2\end{array} \rightleftharpoons$$

$$\begin{array}{c}(CH_3)_2N^\oplus\\(CH_3)_2N\end{array}\!\!\!C\!\!-\!\!\!\begin{array}{c}(CH_3)_2N\\(CH_3)_2N\end{array}\!\!\!C-C\!\!\!\begin{array}{c}N(CH_3)_2\\N(CH_3)_2\end{array}\!\!\!C\!\!\!\begin{array}{c}{}^\oplus N(CH_3)_2\\N(CH_3)_2\end{array} \rightleftharpoons 2\;\begin{array}{c}(CH_3)_2N^\oplus\\(CH_3)_2N\end{array}\!\!\!C\!-\!\dot{C}\!\!\!\begin{array}{c}N(CH_3)_2\\N(CH_3)_2\end{array}$$

Nach Abpumpen des Sauerstoffs blieb auch tatsächlich das Radikal-Kation-ESR-Signal zunächst bestehen.

Auf diesen Grundlagen aufbauend wird der Anregungsschritt der TDE-Chemilumineszenz so formuliert:

$$\begin{array}{c}(CH_3)_2N^\oplus\\(CH_3)_2N\end{array}\!\!\!C-C\!\!\!\begin{array}{c}N(CH_3)_2\\N(CH_3)_2\end{array}$$
$$\begin{array}{c}(CH_3)_2N^\oplus\\(CH_3)_2N\end{array}\!\!\!C-C\!\!\!\begin{array}{c}N(CH_3)_2\\N(CH_3)_2\end{array} \longrightarrow \left(\begin{array}{c}(CH_3)_2N\\(CH_3)_2N\end{array}\!\!\!C=C\!\!\!\begin{array}{c}N(CH_3)_2\\N(CH_3)_2\end{array}\right)^*$$
$$\phantom{xxxxxxxxxxx}{}^\ominus O-OH \quad {}^\ominus OC_8H_{17} \qquad\qquad + 2\;\begin{array}{c}(CH_3)_2N\\(CH_3)_2N\end{array}\!\!\!C=O$$
$$\phantom{xxxxxxxxxxxxxxxxxxxxxxxxxxxxxxxxx} + C_8H_{17}OH$$

Aus dem Dimeren-Dikation bildet sich also ein Molekül angeregtes TDE unter Aufnahme von 2 Elektronen, die dabei ein Orbital eines angeregten Zustandes besetzen. Der Anregungs-Chemismus ist somit ein reiner Elektronenübergang. Die Bildung der Oxydationsprodukte aus dem 2. TDE-Rest im Dimeren hat demnach mit der elektronischen Anregung nur mittelbar zu tun.

Hierin unterscheidet sich der von FLETCHER und HELLER vorgeschlagene Mechanismus grundsätzlich von allen anderen Mechanismusvorschlägen für die TDE-Chemilumineszenz.

### e) Tetracyano-äthylen

Nicht nur der starke Elektronen-Donator TDE, sondern auch der extrem starke Elektronen-Acceptor Tetracyano-äthylen $(CN)_2C=C(CN)_2$ zeigt bei der Oxydation Chemilumineszenz [19], und zwar beim Behandeln seiner Lösung in 1,2-Dimethoxy-äthan mit Kaliumhydroxyd und wasserfreiem Dihydrogenperoxyd in Gegenwart von stark fluoreszierenden Stoffen wie 9,10-Diphenyl-anthracen (DPA) oder Rubren. Als Hauptreaktionsprodukte wurden Kaliumcyanat, Kaliumcarbonat und Kaliumhydrogencarbonat nachgewiesen. Diese Chemilumineszenzreaktion läuft sehr wahrscheinlich über Tetracyanoäthylen-epoxyd [20—22]

$$(CN)_2C\underset{O}{-}C(CN)_2$$

zunächst zu Carbonylcyanid $O=C(CN)_2$ [20, 22] (diese beiden Verbindungen ergeben ebenfalls mit alkalischem $H_2O_2$ und DPA Chemilumineszenz). Letzteres dürfte bei weiterer Oxydation mit $H_2O_2$ Diperoxy-oxalsäure HOOC—COOH liefern, womit die Tetracyanoäthylen-Chemilumineszenz
$\phantom{HOOC—}\|\phantom{C}\|$
$\phantom{HOOC—}O\phantom{C}O$
in einen Mechanismus übergeht, der bereits bei der Oxalylchlorid-$H_2O_2$-Reaktion erörtert wurde (S. 44).

Literatur: *Tetrakis(dimethylamino-)äthylen*

1. PRUETT, R. L., J. T. BARR, K. E. RAPP, C. T. BAHNER, J. D. GIBSON u. R. H. LAFFERTY: Am. Soc. **72**, 3646 (1950).
2. WIBERG, N., u. J. W. BUCHLER: Ang. Ch. **74**, 490 (1962), Ang. Ch. intern. Ed. **1**, 406 (1962); B. **96**, 3223 (1963).
3. WINBERG, H. E., J. R. DOWNING u. D. D. COFFMAN: Am. Soc. **87**, 2054 (1965).
4. —, J. E. CARNAHAN, D. D. COFFMAN u. M. BROWN: Am. Soc. **87**, 2055 (1965).
5. FLETCHER, A. N., u. C. HELLER: Symposium on Chemiluminescence, Preprints S. 105. Durham N. C. 1965.
6. —, u. C. A. HELLER, J. phys. Chem. **71**, 1507 (1967).
7. URRY, W. H., u. J. SHEETO: Photochem. Photobiol. **4**, 1067 (1965).
8. FLETCHER, A. N., u. C. A. HELLER, J. Catalysis **6**, 263 (1966).

9. Paris, J. P.: Photochem. Photobiol. **4**, 1059 (1965).
10. White, E. H., u. M. J. C. Harding: Am. Soc. **86**, 5686 (1964).
11. Witkop, B., u. J. B. Patrick: Am. Soc. **74**, 3855 (1952) und frühere Arbeiten.
12. Kuwata, K., u. D. H. Geske: Am. Soc. **86**, 2101 (1964).
13. Fletcher, A. N., u. C. A. Heller: Photochem. Photobiol. **4**, 1051 (1965).
14. Lemal, D. M., u. K. I. Kawano: Am. Soc. **84**, 1761 (1962).
15. Carpenter, W.: J. org. Chem. **30**, 3082 (1965).
16. Jagur-Grodzinski, J., u. M. Swarc: Pr. roy. Soc. (London) A **288**, 224 (1965).
17. Trozzolo, A. M., R. W. Murray u. E. Wasserman: Am. Soc. **84**, 4490 (1962).
18. Wasserman, E., L. Barash u. W. A. Yager: Am. Soc. **87**, 4974 (1965).
19. Bollyky, L. J., R. H. Whitman, R. A. Clarke u. M. M. Rauhut: J. org. Chem. **32**, 1663 (1967).
20. Linn, W. J., O. W. Webster u. R. E. Benson: Am. Soc. **87**, 3651 (1965).
21. Rieche, A., u. P. Dietrich: B. **96**, 3044 (1963).
22. Linn, W. J., O. W. Webster u. R. E. Benson: Am. Soc. **85**, 2032 (1963).

## 9. Luminol und verwandte Verbindungen

Die intensive blaue Chemilumineszenz bei der alkalischen Oxydation des 3-Amino-phthalsäure-hydrazids (5-Amino-1,2,3,4-tetrahydro-phthalazindion-1,4) „Luminol" *(14)* wurde erstmals von H. O. Albrecht [1] beschrieben.

*(14)*

Sie gehört zu den intensivsten, die bis heute bekannt sind. Daher ist diese Chemilumineszenzreaktion bisher auch am umfassendsten untersucht worden, und die Literatur über dieses Gebiet hat einen entsprechenden Umfang erreicht (vgl. die neueren Übersichtsartikel [2—6]).

Das Emissionsspektrum der Luminol-Chemilumineszenz (Abb. 20) weist in wäßriger Lösung ein Maximum bei 424 nm, in Dimethylsulfoxyd-Lösung bei 485 nm auf. In Mischungen aus Wasser und DMSO sind beide Maxima zu beobachten [7]. Das Fluoreszenzspektrum des 3-Amino-phthalsäure-dianions stimmt sehr gut mit dem Chemilumineszenzspektrum des Luminols überein.

3-Amino-phthalsäure konnte von E. H. White und M. M. Bursey [7] in über 90proz. Ausbeute als Dimethylester isoliert werden, wenn die Oxydation des Luminols im System DMSO/tert. Butylat/Sauerstoff durchgeführt wurde. Da die Fluoreszenzquantenausbeute der 3-Amino-phthalsäure in alkalischer Lösung zwischen 5 und 10% liegt und die Chemilumineszenzquantenausbeute des Luminols etwa 2% beträgt (J. LEE und H. H. SELIGER [8]), ist es angesichts der hohen Ausbeute an 3-Amino-phthalsäure sehr wahrscheinlich, daß letztere direkt in einem angeregten Singulett-Zustand gebildet wird (vgl. auch [9]).

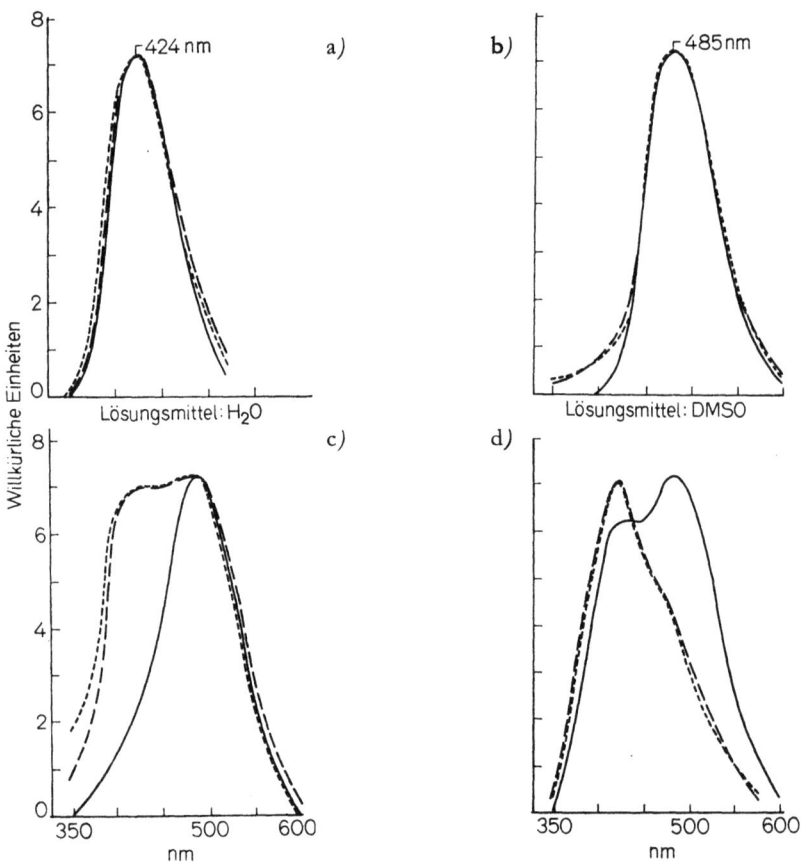

Abb. 20. Chemilumineszenzspektrum von Luminol (———). Fluoreszenzspektrum von 3-Amino-phthalsäuredianion (-----); a) in wäßriger Lösung; b) in DMSO; c) in 17 Mol % Wasser + 83 Mol % DMSO; d) in 30 Mol % Wasser + 70 Mol % DMSO. Nach WHITE und BURSEY [7]

Bisher ist es nicht gelungen, derartig hohe Ausbeuten an 3-Aminophthalsäure bei in wäßrig-alkalischem Milieu durchgeführten Chemilumineszenzreaktionen des Luminols zu erreichen. In wäßrigem Milieu treten offenbar zu schnell weitere oxydative Abbaureaktionen der 3-Aminophthalsäure auf. Doch spricht insbesondere die in Abb. 20 dargestellte gute

Übereinstimmung zwischen dem Chemilumineszenz-Emissionsspektrum des Luminols und dem Fluoreszenzspektrum des 3-Amino-phthalsäuredianions sehr dafür, daß auch in wäßrigem Milieu das letztere die emittierende Spezies darstellt. Allerdings haben kürzlich Y. OMOTE, T. MIYAKE, S. OHMORI und N. SUGIYAMA [10] bei der Chemilumineszenz des Luminols im System Wasser/NaOH/$H_2O_2$/$K_3Fe(CN)_6$ gewisse Abweichungen zwischen dem Chemilumineszenzmaximum und dem Fluoreszenzmaximum des 3-Amino-phthalsäure-dianions festgestellt, wogegen im System DMF-Wasser (3:1)/NaOH/$K_3Fe(CN)_6$ die beiden genannten Maxima gut übereinstimmen.

### a) *Konstitution und Chemilumineszenz bei Acylhydraziden*

#### α) Allgemeines

Das experimentelle Material, welches bezüglich des Zusammenhangs zwischen Konstitution und Chemilumineszenz vorliegt, erlaubt in den meisten Fällen nur eine vergleichsweise Betrachtung. Denn nur selten liegen exakte Quantenausbeute-Bestimmungen vor. Vielfach sind auch die von den verschiedenen Arbeitskreisen durchgeführten Vergleichsmessungen unter jeweils verschiedenen Milieubedingungen durchgeführt worden. Folgende allgemeine Aussagen sind trotzdem möglich:

1. Chemilumineszenz bei der alkalischen Oxydation zeigen alle bisher untersuchten Verbindungen, die die Gruppierung $-C\overset{\displaystyle O}{\underset{\displaystyle NH-NH-R}{\diagdown}}$

enthalten. Ist R = H, so liegt ein einfaches Carbonsäurehydrazid vor; ist R ein weiterer Acylrest, so gehört die Verbindung in die Reihe der Diacylhydrazide.

Zu starker Chemilumineszenz befähigt sind allerdings offenbar nur die *cyclischen* Diacyl-hydrazide vom Typ des Luminols, die also das Strukturelement

enthalten.

2. Nur diejenigen unter 1. genannten Hydrazide sind chemilumineszenzfähig, bei denen die ihnen zugrunde liegende Carbonsäure als Anion fluoreszenzfähig ist.

*Zu 1.* Auch wenn die dem Hydrazid entsprechende Carbonsäure in alkalischer Lösung fluoreszenzfähig ist, so chemiluminesziert das Hydrazid nur dann, wenn an beide Hydrazid-Stickstoffatome je ein H-Atom gebunden ist. Dies kann aus den Untersuchungen von H. D. K. DREW und R. F. GARWOOD [11] an den Luminolderivaten *(15)* und *(16)* ersehen werden:

*(15)*     *(16)*

Beide zeigen keine Chemilumineszenz.

Ebensowenig sind N-Amino-imide vom Typ *(17)* [12] oder Diaminoacyl-Verbindungen vom Typ *(18)* [13] chemilumineszenzfähig

*(17)*     *(18)*

Diese beiden Verbindungstypen sind Isomere der cyclischen Diacylhydrazide, die im Gegensatz zu den letzteren nicht leicht Stickstoff abspalten können.

*Zu 2.* Die Tatsache, daß das Anion der dem Hydrazid zugrunde liegenden Carbonsäure fluoreszenzfähig sein muß, hängt damit zusammen, daß es wie vorstehend erläutert das emittierende Teilchen ist.

Offenkettige Hydrazide einfacher aliphatischer Carbonsäuren, wie etwa der Oxalsäure, der Malonsäure oder der Äpfelsäure [14] sollten somit keine sichtbare Chemilumineszenz bei der Oxydation ergeben. Die von WASSERMANN und MIKLUCHIN [14] von diesen Verbindungen berichtete schwache Chemilumineszenz dürfte nach einem ganz anderen Mechanismus ablaufen als die der stark chemilumineszierenden Hydrazide (vielleicht über die Bildung von Diimin — vgl. [15] — und sensibilisierte Chemilumineszenz durch fluoreszenzfähige Verunreinigungen).

Das gleiche kann von cyclischen Hydraziden aliphatischer Carbonsäuren, z. B. von Bernsteinsäurehydrazid

angenommen werden (vgl. die Übersicht von A. BERNANOSE [16]).

Das Problem Konstitution und Chemilumineszenz kann jedoch nicht einfach auf das Problem des Zusammenhangs zwischen Konstitution und Fluoreszenz zurückgeführt werden, wenn dieses auch von wesentlicher Bedeutung ist. Denn für die tatsächlich beobachtete Lichtmenge wird die

Stabilität des eingesetzten Hydrazids, der daraus gebildeten Spezies und der zu ihr führenden Zwischenprodukte gegen das oxydative Milieu der Chemilumineszenzreaktion ebenfalls bestimmend sein (vgl. Abschnitt 9a, ζ) sowie [83].

### β) Aromatische Monoacylhydrazide

Bereits A. A. M. WITTE [17] und J. S. WASSERMANN und G. P. MIKLUCHIN [14] hatten die sehr schwache Chemilumineszenz von substituierten Benzhydraziden festgestellt. Dabei ist die von WITTE berichtete Chemilumineszenz von Nitrobenzhydraziden sehr wahrscheinlich auf geringe Mengen von im Ausgangsprodukt vorhandenem oder während der Reaktion gebildetem Aminobenzhydrazid zurückzuführen. Neuere Arbeiten hierüber liegen von H. OJIMA [18] und von E. H. WHITE u. Mitarb. [19] vor.

Danach leuchtet Anthranilsäure-hydrazid *(19)* bei der Oxydation in wäßrigem Alkali mit $H_2O_2$ bei 50° um etwa 5 Größenordnungen schwächer als Luminol *(14)*; auch m-Amino-benzhydrazid *(20)* ist chemilumineszenzfähig [7], jedoch nicht p-Amino-benzhydrazid *(21)*. Dies entspricht der

*(19)*   *(20)*   *(21)*

Fluoreszenzfähigkeit der jeweiligen Amino-benzoesäure-anionen. Über erste Versuche, den Einfluß der Stellung eines Substituenten auf die Elektronenverteilung in angeregten Zuständen zu erklären, vgl. [20—22].

Analoge Verhältnisse liegen bei den Hydroxy-benzhydraziden vor [18]. Entsprechend dem im Vergleich zur Aminogruppe geringeren Elektronen-Donatoreffekt der Hydroxygruppe leuchten diese Hydrazide um eine Größenordnung schwächer als die Amino-benzhydrazide. Benzhydrazid selbst ergibt keine Chemilumineszenz [17].

E. H. WHITE u. Mitarb. [19] bestätigten die Ergebnisse von H. OJIMA bezüglich der Chemilumineszenz der Amino- und der Hydroxybenzhydrazide. Bei der Oxydation im System $O_2$/K- t-butylat/DMSO waren die Chemilumineszenzemissionen so schwach, daß sie nur visuell verglichen werden konnten. Gar keine Chemilumineszenz wurde bei den Di- bzw.

*(22)*   *(23)*   *(24)*

Trihydroxy-benzhydraziden *(22)—(24)* beobachtet, obwohl die Anionen der *(23)* und *(24)* zugehörigen Carbonsäuren fluoreszieren. Dies wird auf die oxydative Aufspaltung der Polyhydroxyphenyl-Ringe über Chinonderivate zurückgeführt, denn im oxydativen Milieu entstehen hier tiefgefärbte Reaktionsprodukte [19].

Dank des ausgedehnteren π-Elektronensystems ist die Chemilumineszenz der substituierten Naphthoesäure- und Anthracenmonocarbonsäurehydrazide (25)—(28) erheblich stärker als die der Benzhydrazide.

| Verbindung | Chemilumineszenz-Emissionsmaximum $\lambda_{max}$ [nm] | Quantenausb. (vergl. mit Luminol = 0,0125 *) | Fluoreszenz ($\lambda_{max}$ [nm] bzw. Farbe) des entspr. Carbonsäure-Anions | des Gemisches nach Ende d. Chemilumineszenz |
|---|---|---|---|---|
| (25)** | 485 ± 10 | 1,25·10⁻³ | 488 ± 5 | 483 ± 5 |
| (26) | gelblich | | gelblich | gelblich |
| (27) | gelblich | | gelblich | gelblich |
| (28)** | 660 ± | 4,00·10⁻³ | 671 ± 10 | 652 ± 10 |

\* J. LEE und H. H. SELIGER [8].
\*\* Im System NaOH/H$_2$O$_2$/Hämin wurde keine Chemilumineszenz beobachtet.

Ein besonders interessantes Hydrazid ist das ebenfalls von E. H. WHITE u. Mitarb. [19] untersuchte O-Methyl-dehydroluciferylhydrazid (29)

Es steht in enger Strukturbeziehung zu der Biolumineszenz des amerikanischen Leuchtkäfers Photinus pyralis (vgl. S. 138). Jedoch wurde im System: wäßr. Alkali/H$_2$O$_2$/Hämin keine und im DMSO/tert. Butylat/Sauerstoff-System nur sehr schwache Chemilumineszenz beobachtet, obwohl bei der Oxydation von (29) stark fluoreszierende Carbonsäuren gebildet werden.

### γ) Offenkettige N,N'-Diacylhydrazide

In wäßrigen oxydativen Systemen wurde schwache Chemilumineszenz beim N,N'-Dianthraniloylhydrazid (30) [18, 23] beobachtet und damit der ältere Befund von WASSERMANN und MIKLUCHIN [14] bestätigt. Auch

Konstitution und Chemilumineszenz bei Acylhydraziden 69

(30)   (31)   (32)

die Nicotin- und Isonicotinsäurederivate (31) und (32) wurden als chemilumineszent beschrieben [24].

(30) und (33) sollen jedoch nicht im DMSO/tert. Butylat-System leuchten [19].

(33)

### δ) Substituierte Phthalsäurehydrazide

Vom unsubstituierten Phthalhydrazid ist in der Literatur mehrfach Chemilumineszenz bei der alkalischen Oxydation berichtet worden, z. B. von E. H. WHITE [5]. Diese schwache Chemilumineszenz — vgl. Tabelle 4 — dürfte jedoch von fluoreszierenden Verunreinigungen herrühren. Wie kürzlich M. M. RAUHUT u. Mitarb. [26] feststellten, ist bei der Oxydation von frisch umkristallisiertem Phthalsäurehydrazid keine merkliche Chemilumineszenz zu beobachten; das sollte man auch nicht erwarten, denn das Phthalsäure-dianion fluoresziert nicht im Sichtbaren.

Tabelle 4. *Chemilumineszenz- und Fluoreszenzwerte von subst. Phthalhydraziden*
(Nach A. SPRUIT VAN DER BURG [25])

| Substituent | Chemilumineszenz (relat. Intensität) | $\lambda_{max}$ [nm] | Fluoreszenz (in Säure) | |
|---|---|---|---|---|
| | | | Quantenausbeute [%] | $\lambda_{max}$ [nm] |
| 3-NH$_2$ (Luminol) | 100 | 424 | 10 | 424 |
| 3-NHCH$_3$ | 60 | 451 | 10 | 449 |
| 3-OH | 20 | 416 | 2 | |
| 4-NH$_2$ | 4 | 418 | 2 | 423 |
| 3-Br | 1 | 417 | 2 | 424 |
| 3-NHCOCH$_3$ | 1 | 424 | 0,02 | 424 |
| Phthalhydrazid | 0,02* | 413 | | |
| 3-NO$_2$ | 0,01* | 402 | 0,02 | 425 |

* vgl. die Bemerkung zu Beginn dieses Abschnitts. Auch die bei 3-Nitrophthalhydrazid beobachtete Chemilumineszenz dürfte kaum von diesem selbst herstammen, sondern von Spuren bei der Reaktion gebildeter Reduktionsprodukte.

Der Einfluß von einzelnen Substituenten auf die Chemilumineszenz von Phthalhydraziden wird durch folgende Regeln bestimmt:

a) Elektronen-abgebende Substituenten am Benzolkern des Phthalhydrazidsystems verstärken, elektronen-anziehende Substituenten schwächen die Chemilumineszenz.

b) Die Wirkungen von Substituenten in der 3-Stellung des Phthalhydrazidsystems (Typ (*14*)) sind stärker ausgeprägt als die von Substituenten in der 4-Stellung (Typ (*35*)).

Diese Regeln wurden bereits von H. D. K. DREW und F. H. PEARMAN [12] aufgrund halbquantitativer Vergleichsmessungen aufgestellt. Ihre Gültigkeit ist durch spätere Untersuchungen bestätigt worden [25, 27, 28]. Tabelle 4 gibt in Auswahl Daten über Chemilumineszenz und Fluoreszenz einiger monosubstituierter Phthalhydrazide.

ε) **Sterische Resonanzhinderung**

Bereits das in Tabelle 4 an 2. Stelle stehende 3-Methylamino-phthalhydrazid weicht insofern von der Substituentenregel a) ab, als Alkylaminogruppen stärkere Elektronendonatoren sind als Aminogruppen. Dennoch leuchtet 3-Methylamino-phthalhydrazid nur etwa $^1/_2$ so stark wie Luminol.

(*34*)

3-Dimethylamino-phthalhydrazid (*34*) erreicht sogar nur etwa 2% der Emission des Luminols [28]. Dies — und auch die im Vergleich zum Luminol bereits abgeschwächte Chemilumineszenz des 3-Methylamino-phthalhydrazids — ist auf sterische Resonanzhinderung zurückzuführen. Die voluminösere Alkylamino- und erst recht die Dialkylaminogruppe können sich wegen der benachbarten Hydrazid-CO-Gruppe nicht koplanar zum aromatischen System einstellen.

Sterisch nicht behinderte Dialkylaminogruppen, wie sie in Verbindungen vom Typ (*35*) vorliegen, wirken sich dagegen ausgesprochen verstärkend auf die Chemilumineszenz aus: so übertrifft 4-Diäthylamino-phthalhydrazid (*35*) die Chemilumineszenzemission des Luminols um 20—30%

(*35*)

(bei der hämin-katalysierten Oxydation in wäßrig-alkalischem $H_2O_2$). Verglichen mit dem 4-Aminophthalhydrazid (vgl. Tabelle 4) erhöht sich die Lichtmenge sogar um mehr als eine Größenordnung [28].

### ζ) Mehrfach substituierte Phthalsäurehydrazide

Daß eine Häufung von elektronenabgebenden Substituenten nicht ohne weiteres zur Steigerung der Chemilumineszenz führt, ist bereits bei den Monoacylhydraziden darauf zurückgeführt worden, daß sich Oxydationsvorgänge störend bemerkbar machen. 3,6-Diamino-phthalsäurehydrazid (*36*) leuchtet z. B. nach DREW und PEARMAN [12] nur äußerst schwach. Denn als p-Phenylendiamin-Derivat wird es im oxydierenden Milieu (sogar schon durch den Luftsauerstoff) in ein rotes Chinonderivat umgewandelt.

(*36*)        (*37*)        (*38*)        (*39*)

3-Amino-6-methoxy-phthalsäurehydrazid (*37*) ergibt bei der häminkatalysierten Oxydation in wäßrigem Milieu einen hellen Lichtblitz von höherer Anfangsintensität als Luminol, aber wegen des raschen Abklingens der Chemilumineszenz beträgt die Gesamtlichtmenge nur etwa 20% des letzteren [28]. E. H. WHITE und M. M. BURSEY [29] ermittelten bei den Polymethoxy-Derivaten (*38*) und (*39*) ebenfalls nur 10% bzw. 22% der Quantenausbeute des Luminols im System $Cu^{2+}/NH_3/H_2O_2/H_2O$. Dagegen betrugen die Quantenausbeuten im System $DMSO/K_2O$ für (*38*) das 1,13fache und für (*39*) das 1,30fache des Luminols. WHITE und BURSEY führen diesen beträchtlichen Unterschied nicht auf einen verschiedenen Umfang der oxydativen Nebenreaktionen zurück, sondern vor allem auf Lösungsmitteleffekte (Wasserstoffbrückenbildung bei den emittierenden Spezies bei Anwesenheit von protonenaktiven Lösungsmitteln).

3,5-Diamino-phthalsäurehydrazid (*40*) kann nicht ohne weiteres in ein Chinonderivat übergehen. Trotzdem zeigt es nur sehr schwache Chemilumineszenz [28]. Eine Erklärung hierfür ist zur Zeit noch nicht möglich.

(*40*)

Über Derivate des 4,5-Diamino-phthalhydrazids, die unter optimalen Reaktionsbedingungen etwa 30% der Lichtemission des Luminols erreichen, berichteten E. H. WHITE und K. MATSUO [80]. Auch hier muß durch Alkylierung der beiden Aminogruppen unter Vermeidung sterischer Resonanzhinderung die Möglichkeit zur Chinonbildung ausgeschlossen werden.

## η) Substituierte Naphthalindicarbonsäure-hydrazide

DREW und GARWOOD [11] und B. E. CROSS und DREW [30] stellten bereits fest, daß die beiden isomeren Naphthalindicarbonsäurehydrazide (41) und (42) das Phthalhydrazid hinsichtlich der Chemilumineszenz übertreffen, wobei das 1,2-Dicarbonsäure-Derivat (41) dem 2,3-Dicarbonsäure-Derivat (42) überlegen ist. Die von diesen Autoren dargestellten Amino-naphthalin-dicarbonsäure-hydrazide (43) und (44) erreichten jedoch das Luminol bei weitem nicht.

(42): R = H
(43): R = 1-$NH_2$
(44): R = 8-$NH_2$

(41)

7-Dialkylamino-naphthalin-1,2-dicarbonsäurehydrazide vom Typ (45) ergeben jedoch bei der hämin-katalysierten Oxydation mit wäßrig-alkalischem $H_2O_2$ eine starke grüne Chemilumineszenz, die 2—3 mal so stark ist wie die des Luminols (Tabelle 5).

(45)

Tabelle 5. *Chemilumineszenz und relative Emission von Naphthalin-1.2-dicarbonsäure-hydraziden (Luminol = 100).*
(Nach K.-D. GUNDERMANN, W. HORSTMANN und G. BERGMANN [31])

| R: | | $\lambda_{max}$ [nm] | Relative Emission |
|---|---|---|---|
| $-N(CH_3)_2$ | (46) | 514 | 2,28 |
| $-N(C_2H_2)_2$ | (47) | 514—518 | 2,54 |
| $-N(n-C_3H_7)_2$ | (48) | 515 | 3,00 |
| ▷N— | (49) | 515 | 2,07 |

Konzentrationen: Hydrazid: $1 \cdot 10^{-3}$ M, $H_2O_2$: $1,8 \cdot 10^{-2}$ M, Hämin: $1 \cdot 10^{-6}$ M.

Die Hydrazide vom Typ (45) können als Quasi-Vinyloge der 3-Dialkylamino-phthalhydrazide angesehen werden [31], bei denen sich infolge sterischer Resonanzhinderung der chemilumineszenzfördernde Effekt von Dialkylaminogruppen nicht auswirken kann. (46)—(49) sind in festem Zustand und in Lösung gelb gefärbt. Daher macht sich die Selbstabsorption des Chemilumineszenzlichtes schon bei niedrigeren Hydrazidkonzentrationen bemerkbar als beim farblosen Luminol.

### θ) trans-4'-Dialkylaminostilben-2,3-dicarbonsäure-hydrazide

Bei den Verbindungen vom Typ (50) sollte ähnlich wie bei den Naphthalinderivaten (46)—(49) der Elektronendonatoreffekt

Chemilumineszenz $\lambda_{max}$ (nm)

(51) R = —N(CH$_3$)$_2$    483
(52) R = —N(C$_2$H$_5$)$_2$    502
(53) R = —N(CH$_2$–CH$_2$)$_2$CH$_2$    504

(Nach K.-D. GUNDERMANN, G. WELLHAUSEN und D. SCHEDLITZKI [32]).

von sterisch nicht behinderten Dialkylaminogruppen in die zum Hydrazidring günstige o-Position (die der 3-Stellung des Phthalsäurehydrazids entspricht) gelenkt werden. Wohl wegen des entgegenwirkenden „Entaromatisierungseffektes" [33] erreichen jedoch diese Stilbenderivate unter optimalen Bedingungen nur etwa 70% der Lichtmenge des Luminols. Bemerkenswert ist hier die chemilumineszenzfördernde Wirkung von DMSO-Zusätzen (etwa 40 Vol %) zum System wäßr. NaOH/H$_2$O$_2$/Hämin. Dieser Effekt wurde bisher nur bei Stilbenderivaten vom Typ (50) und bei 3-(n-Dialkylaminovinyl)-phthalhydraziden [81]* beobachtet; die Luminol-Chemilumineszenz bei der hämin-katalysierten Oxydation mit wäßrig-alkalischem H$_2$O$_2$ wird schon durch kleine DMSO-Zusätze stark reduziert.

### ι) Chinolindicarbonsäure-hydrazide und verwandte Verbindungen

Bezüglich der Chemilumineszenzfähigkeit von Chinolinsäurehydrazid (54) und Cinchomeronsäurehydrazid (55) liegen widersprüchliche Befunde

(54)    (55)

vor. Während YALE u. Mitarb. [34] schwache Chemilumineszenz bei der Oxydation von (54) beschrieben, stellte T. YOSHINO [23] bei (54) und (55) keine Chemilumineszenzfähigkeit fest.

Die Verhältnisse sind hier denen bei den Nitrophthalhydraziden vergleichbar (vgl. die Bemerkung zu Tabelle 4).

### ϰ) Intramolekulare Energieübertragung bei cyclischen Hydraziden. Hochmolekulare-Luminol-Derivate

Bei der Oxydation in wäßrig-alkalischen Systemen chemilumineszieren weder 4-Methyl-phthalhydrazid noch Naphthalin-dicarbonsäure-2,3-hydrazid (44). Verknüpft man jedoch die hoch-fluoreszenzfähige N-Methyl-

---

* 3-(n-Di-n-pentylamino-vinyl)-phthalhydrazid erreicht bei der hämin-katalysierten Oxydation mit H$_2$O$_2$ in DMSO/Wasser (40 : 60 Vol%) und einer Alkalikonzentration von ca. 1 M etwa 20% der Lichtemission des Luminols [82].

acridon-Gruppierung (vgl. S. 90) mit dem Phthalhydrazid-System dadurch, daß man ein Wasserstoffatom des 4-Methyl-phthalhydrazids durch den Acridonrest substituiert, so erhält man ein Hydrazid, das bei der Oxydation Licht im Bereich der Emission des N-Methylacridons ausstrahlt. Die Quantenausbeute beträgt etwa 8% von der des Luminols. Einfache Mischungen von 4-Methyl-phthalhydrazid und N-Methylacridon geben keine sichtbare Chemilumineszenz unter den gleichen Reaktionsbedingungen. Somit muß intramolekulare Energieübertragung zwischen der die Anregungsenergie liefernden cyclischen Hydrazid-Gruppe und der emittierenden Acridon-Gruppierung angenommen werden, obwohl die π-Elektronensysteme dieser beiden Gruppierungen nicht direkt miteinander in Wechselwirkung treten können, da ja eine $CH_2$-Gruppe die Verknüpfung vermittelt.

Noch erheblich wirksamer mit etwa 26% der Emission des Luminols erwies sich eine Verbindung, bei der ein 9,10-Diphenylanthracen-Rest über eine $CH_2$-Gruppe an die 5-Stellung des Naphthalin-dicarbonsäure-2,3-hydrazids gebunden war. Auch hier ist eine direkte Wechselwirkung der π-Elektronensysteme der energieliefernden und der emittierenden Gruppierung nicht möglich (E. H. WHITE u. D. F. ROSWELL [83]).

Y. OMOTE, S. OHMORI und N. SUGIYAMA [84] beschrieben ein chemilumineszentes Polymer, welches durch Umsetzung von Poly-acryloylchlorid mit Luminol unter solchen Bedingungen erhalten wurde, daß jeweils nur ein H-Atom der Luminol-aminogruppe mit dem polymeren Säurechlorid reagierte. In dem Umsetzungsprodukt war etwa jeder 6. Propionsäurerest mit einem Luminol-Rest substituiert:

$$\left( -CH_2-CH-(CH_2-CH-)_5- \atop \underset{Luminyl}{\overset{CO}{|}} \qquad \overset{COOH}{|} \right)_n$$

Wie allgemein N-Acyl-luminol-Derivate (vgl. Tabelle 4) leuchtet das Polymere erheblich schwächer als Luminol selbst.

*b) Einflüsse des Milieus auf die Chemilumineszenz von Carbonsäurehydraziden*

Da die Luminolreaktion die zur Zeit weitaus am intensivsten bearbeitete Chemilumineszenzreaktion darstellt, liegt ein sehr umfangreiches Tatsachenmaterial auch bezüglich der Milieueinflüsse auf die Lichtemission dieser und verwandter Reaktionen vor, weitaus mehr, als bei allen anderen organischen Chemilumineszenzreaktionen. Wie weiter unten ausgeführt, ist der Chemismus der Luminolreaktion noch nicht bekannt. Ebenso weiß man nicht sicher, ob es überhaupt nur einen einzigen Mechanismus — unabhängig z. B. von dem angewandten Oxydationsmittel oder vom Lösungsmittel — für diese Chemilumineszenz gibt. Weiter muß nochmals auf das schon im Eingangskapitel Ausgeführte über das Schicksal elektronisch angeregter Moleküle in Lösung, insbesondere die Löschvorgänge, hingewiesen werden. Das äußerst komplexe Gebiet der Milieueinflüsse ist hier zur Zeit noch unübersehbar. Auf einige experimentelle Tatsachen sei hingewiesen.

### α) Lösungsmittel

Geeignete Lösungsmittel für die Chemilumineszenzreaktion des Luminols und verwandter Verbindungen sind Wasser und in neuerer Zeit die von E. H. WHITE [5] angewandten polaren organischen Lösungsmittel, insbesondere Dimethylsulfoxyd und Dimethylformamid. Der Vorteil der letzteren besteht nach WHITE vor allem darin, daß für die Auslösung der Chemilumineszenz des Luminols nur eine Base und Sauerstoff benötigt werden, somit also ein relativ einfaches System vorliegt. Als Base kann hier z. B. tert. Butylat-Ion verwendet werden, welches stärker basisch als das Hydroxyl-Ion ist. Dies ist besonders wichtig, wenn man, wie E. H. WHITE, für die Luminolchemilumineszenz die Bildung des Luminol-Dianions als wesentlichen Schritt annimmt [5, 35].

DMSO als Lösungsmittel ist aber dem Wasser offenbar auch deshalb überlegen, weil es keine Wasserstoff-Brückenbindung zu emittierenden Spezies eingehen kann. Dadurch wird die Möglichkeit der strahlungslosen Desaktivierung herabgesetzt, wie E. H. WHITE und M. M. BURSEY [29] am Beispiel der Polymethoxy-Luminole (*38*) und (*39*) (vgl. S. 71) ausführen (vgl. auch [80]).

Höhere Konzentrationen von Alkoholen oder Aceton wirken im wäßrigen Oxydationssystem beim Luminol chemilumineszenzvermindernd [36].

### β) Alkalikonzentration

Chemilumineszenz tritt bei den Hydraziden vom Luminoltyp nur in basischem Milieu auf. Jedoch wurde schon bald erkannt, daß in wäßriger Lösung — je nach dem angewandten Oxydationsmittel etwas verschieden — die Alkalinität für die maximale Lichtemission des Luminols im Bereich des $p_H$-Wertes 11 lag. Bei höheren $p_H$-Werten sinkt die Lichtemission stark ab [37—41].

Tabelle 6. *Chemilumineszenzquantenausbeute von Luminol bei verschiedenen $p_H$-Werten.* (Nach H. H. SELIGER [42])

| Lösung | PH | Chemilumineszenz-quantenausbeute |
|---|---|---|
| Bicarbonatpuffer | 9,6 | 0,01 |
| 0,001 N NaOH | 11 | 0,02 |
| 0,01 N NaOH | 12 | 0,01 |
| 0,1 N NaOH | 13 | 0,006 |
| 1,0 N NaOH | 14 | 0,002 |
| 10,0 N NaOH | 15 | 0,0004 |

H. H. SELIGER [42] bestimmte die Chemilumineszenzquantenausbeute des Luminols bei dessen Oxydation mit NaOCl in wäßriger Lösung in Abhängigkeit vom $p_H$ (Tabelle 6).

Die Abnahme der Chemilumineszenzquantenausbeute des Luminols geht nach SELIGER parallel mit der Abnahme der Fluoreszenzquantenausbeute von 3-Aminophthalsäure bei zunehmendem $p_H$-Wert. Diese Tatsache wird als ein starkes Argument dafür angesehen, daß 3-Amino-phthalsäuredianion das strahlende Teilchen bei der Luminolreaktion ist, nicht das Luminol selbst (vgl. S. 63).

Daß eine Erhöhung des $p_H$-Wertes zu einer Verminderung der Chemilumineszenzquantenausbeute führt, jedoch kaum einen Einfluß auf die Reaktionsgeschwindigkeit der Luminolreaktion hat, zeigt eine neue Untersuchung von M. M. RAUHUT u. Mitarb. [26].

Die Luminolreaktion wird hier im System wäßrig-alkalisches $H_2O_2$/Kaliumperoxydisulfat durchgeführt.

Tabelle 7. *Einfluß des $p_H$-Wertes auf Reaktionsgeschwindigkeit und Quantenausbeute bei der Luminolreaktion im System $H_2O/Base/H_2O_2/K_2S_2O_8$.*
(Nach RAUHUT u. Mitarb. [26])

| Luminol-konz. · $10^3$ | Base | molare Basenkonz. | $p_H$ | Abklingkonstante 2. Ordn. [Mol$^{-1}$ sec$^{-1}$] · $10^2$ | Quantenausb. [Einstein Mol$^{-1}$] · $10^3$ |
|---|---|---|---|---|---|
| 4,00* | $K_2CO_3$ | 0,100 | 11,60 | 1,57 | 6,0 |
| 4,00** | NaOH | 0,049 | 12,69 | 1,28 | 3,9 |
| 4,00** | NaOH | 0,098 | 12,91 | 1,38 | 3,0 |
| 4,00** | NaOH | 0,196 | 13,29 | 1,85 | 1,4 |
| 8,00* | Triäthylamin | 0,100 | 11,87 | 1,63 | 4,2 |
| 8,00* | $K_2CO_3$ | 0,100 | 11,60 | 1,63 | 4,4 |
| 8,00** | NaOH | 0,098 | 12,91 | 1,57 | 2,5 |

\* molare Konzentrationen an $K_2S_2O_8$ bzw. $H_2O_2$: 0,060 bzw. 0,030.
\*\* molare Konzentrationen an $K_2S_2O_8$ bzw. $H_2O_2$: 0,059 bzw. 0,027.

L. ERDEY u. Mitarb. [43] betonen die bei höheren Alkalikonzentrationen zunehmende oxydative Zerstörung des Luminols.

Wesentlich unempfindlicher gegen höhere Alkalinität des wäßrigen Oxydationsmilieus ist die Chemilumineszenz der 4-Dialkylamino-phthalhydrazide, der 7-Dialkylamino-naphthalindicarbonsäure-(1,2)-hydrazide [31] sowie der 4′-Dialkylaminostilben-2,3-dicarbonsäurehydrazide [32] (System NaOH/$H_2O_2$/Hämin). Die größere Oxydationsstabilität von tertiären im Vergleich zu primären Aminogruppen (wie beim Luminol) dürfte hier wesentlich sein. Außerdem fluoreszieren diese Dialkylamino-Derivate im Gegensatz zum Luminol auch in alkalischer Lösung recht stark.

Nach J. R. TOTTER und G. E. PHILBROOK [44] spielt der $p_H$-Wert vor allem für die Dissoziation des als Oxydationsmittel direkt eingesetzten oder während der Reaktion gebildeten $H_2O_2$ eine entscheidende Rolle (vgl. S. 95).

### γ) Katalysatoren

Die durch alkalische $H_2O_2$-Lösungen hervorgerufene, sehr schwache jedoch langandauernde Chemilumineszenz des Luminols wird in ihrer Intensität durch eine große Zahl von Metallverbindungen mehr oder minder erheblich verstärkt — unter gleichzeitiger Verminderung der Abklingzeit.

(Komplexe Fe-Salze: [39, 43, 45—50].

Cu-Komplexsalze: [7, 40, 51, 52].

$RuCl_3$ und $VOSO_4$: [53].

Weitere Metallkatalysatoren vgl. Kapitel: Analytische Anwendungen der Chemilumineszenz S. 159).

Die Wirkung des am häufigsten angewandten Katalysators Hämin darf ebensowenig wie die der anderen Metallkatalysatoren nur unter dem Gesichtspunkt eines Katalase-Effektes auf das $H_2O_2$ gesehen werden. ERDEY u. Mitarb. [43] stellten fest, daß Hämin mit $H_2O_2$ allein chemilumineszenzfähig ist. In diesem Fall dürfte ein Hämin-$H_2O_2$-Komplex [54] eine analoge Rolle spielen, wie dies von H. LINSCHITZ [55] für die Tetralinperoxyd-Zinktetraphenylporphyrin-Chemilumineszenz postuliert wird (vgl. S. 33).

Nach K. WEBER [47] kann Hämin (und ebenso andere Eisen-III-Komplexsalze) nicht nur eine Katalase-, sondern auch eine Peroxydasewirkung entfalten. In beiden Fällen bilden sich Luminol-$H_2O_2$-Hämin-Komplexe, die unter Lichtemission zerfallen.

Radikalbildner wie Dibenzoylperoxyd oder Azo-bis-isobutyonitril ergeben mit wäßrig-alkalischer Luminollösung nach E. H. WHITE [5] Chemilumineszenz (ohne zugesetztes $H_2O_2$).

Das Radikale produzierende System Hypoxanthin/Xanthinoxydase wirkt auf die Chemilumineszenz von 3-Hydroxyphthalhydrazid in wäßrig-alkalischer $K_2S_2O_8$-Lösung stark fördernd [56], weniger auf die von Luminol.

Dies wird ebenso als Beweis dafür angesehen, daß freie Radikale bei der Luminolreaktion eine Rolle spielen wie die im nächsten Abschnitt geschilderten Inhibitoreffekte.

### δ) Inhibitoren

In wäßrigem Milieu wird die Luminolreaktion durch typische Radikalfänger wie Hydrochinon, Pyrogallol oder Cyanid-Ionen inhibiert [46], [36]. RAUHUT u. Mitarb. [26] weisen darauf hin, daß dies noch kein Beweis für das

Auftreten vom Luminol abgeleiteter Radikale ist. Denn Oxydationen, in denen Ein-Elektronen-Oxydationsmittel oder freier Sauerstoff eine Rolle spielen, laufen ohnehin über freie Radikale.

### ε) Temperatur

H. D. K. Drew und F. H. Pearman [12] fanden, daß bei 100 °C Luminol und andere substituierte Phthalsäurehydrazide auch ohne Häminzusatz mit wäßrig-alkalischer $H_2O_2$-Lösung relativ hell leuchteten. Dabei traten auch Änderungen in der Reihenfolge der Chemilumineszenzfähigkeit der subst. Phthalhydrazide auf verglichen mit der Reihenfolge bei 20° unter Häminkatalyse. Beispielsweise leuchtete 3,6-Diacetamido-phthalsäurehydrazid bei 100° ohne Hämin heller als Luminol. Im System Luminol/wäßr. Alkali/$H_2O_2$/$K_2S_2O_8$ nimmt die Quantenausbeute mit zunehmender Temperatur ab [26]. Systematische Untersuchungen des Temperatureinflusses auf die Chemilumineszenz sind zur Gewinnung umfassenden thermodynamischen Datenmaterials über die Chemilumineszenz des Luminols und anderer Systeme dringend vonnöten.

### c) Zum Mechanismus der Luminol-Chemilumineszenz

Bereits H. O. Albrecht [1] schlug einen Mechanismus der Luminol-Reaktion vor. Dessen fundamentale Voraussetzung bestand darin, daß elektronisch angeregtes Luminol selbst als die emittierende Substanz angesehen wurde. Nach heutiger Kenntnis ist diese Voraussetzung nicht gegeben (vgl. S. 63). Dennoch wird weiter unten auf den Albrechtschen Mechanismusvorschlag eingegangen werden, nicht nur aus historischen Gründen, sondern weil einige seiner Gedanken auch heute im Zusammenhang mit dem Luminolproblem aktuell sind.

Erst die Anwendung relativ einfacher Versuchsbedingungen — Luminol/DMSO/Base/$O_2$ — ermöglichte die Isolierung des bei der Luminolreaktion schließlich entstehenden Endproduktes, der 3-Amino-phthalsäure. Ebenso ist zu erwarten, daß auch die Erarbeitung verläßlicher experimenteller Unterlagen für die Aufklärung des Reaktionsmechanismus in möglichst einfachen Systemen gelingen wird. Die unter Mitwirkung von Metallkatalysatoren ($K_3Fe(CN)_6$, Hämin), von Hypohalogenit und anderen Kooxydantien in wäßriger Lösung durchgeführte Luminolreaktion wird durch zusätzliche Nebenreaktionen sehr kompliziert. Hierauf wies bereits B. Ya. Sveshnikov [41] hin (vgl. auch [26]).

Im folgenden werden daher die Verhältnisse in den Systemen

1. Luminol/DMSO/tert. Butylat/$O_2$ (E. H. White u. Mitarb. [7, 35])
2. Luminol/$H_2O$/$K_2S_2O_8$/$H_2O_2$ bzw. $O_2$ (M. M. Rauhut u. Mitarb. [26]; J. R. Totter u. Mitarb. [56]) näher erläutert.

Frühere Untersuchungen [1, 37—39, 46, 57—63], die zu Vorschlägen für den Reaktionsmechanismus führten, sollen nur kurz erwähnt werden;

einmal, weil sie vielfach die Luminolreaktion nur in Anwesenheit von Metallkatalysatoren behandeln, zum anderen, weil die darin formulierten Mechanismusvorschläge noch nicht die Tatsache berücksichtigen konnten, daß 3-Amino-phthalsäure-dianion nach allen jetzt vorliegenden experimentellen Befunden das emittierende Molekül darstellt.

### α) Präparative und kinetische Befunde

*a') System Luminol/DMSO-$H_2O$(70 : 30)/Base/$O_2$.* Wird die Luminol-Chemilumineszenzreaktion mit $^{18}O$-angereichertem Sauerstoff durchgeführt, so findet sich letzterer praktisch quantitativ in der als Hauptprodukt (vgl. S. 63) isolierten 3-Amino-phthalsäure [7].

Pro Mol Luminol werden 2 Mol Base und 1 Mol Sauerstoff verbraucht, 1 Mol 3-Aminophthalsäure (als Dianion) und 1 Mol Stickstoff gebildet:

[Strukturformel: Luminol + 2 NaOH + $O_2$ → $N_2$ + 2 $H_2O$ + 3-Aminophthalat-Dianion + hν]

Da Chemilumineszenz erst dann auftritt, wenn mehr als 1 Mol NaOH pro Mol Luminol im Reaktionsgemisch anwesend ist, schließen WHITE u. Mitarb. auf die Notwendigkeit der Bildung von Luminol-Dianion.

Die Kinetik zeigt Abhängigkeit 1. Ordnung sowohl von Luminol als auch von Base und von Sauerstoff.

Nach WHITE u. Mitarb. umfaßt die Luminolreaktion in diesem System als ersten Schritt eine zum Luminol-Dianion führende Gleichgewichtsreaktion, dem die langsame Oxydation des Dianions *(57)* zu Aminophthalatanion und Stickstoff unter Lichtemission folgt.

[Reaktionsschema:
(14) $\xrightarrow{OH^-}$ (56) $\underset{H_2O}{\overset{k_1}{\underset{k_{-1}}{\rightleftarrows}}}$ (57)]

[Reaktionsschema:
(57) + $O_2$ → [unbekannte Stufen] → (58) + $N_2$ + hν]

(Bei den Luminol-Anionen ist jeweils nur eine der mesomeren Grenzstrukturen dargestellt.)

Zwischenstufen sind nicht isoliert worden.

*b') System Luminol/$H_2O$/Base/$K_2S_2O_8$/$H_2O_2$.* (M. M. RAUHUT u. Mitarb. [26]; TOTTER [56] u. a.). Die Kinetik der Reaktion ist hier 1. Ordnung in bezug auf Luminol und auf Peroxydisulfat, 0. Ordnung in bezug auf $H_2O_2$ und auf Base.

Der Verbrauch des Luminols (der spektrophotometrisch an Hand der 346 nm-Bande verfolgt wurde) folgt dem Zeitgesetz

$$-\frac{d\,[\text{Luminol}]}{d\,t} = -k_2\,[\text{Luminol}]\,[K_2S_2O_8]$$

$H_2O_2$ ist nicht an einem geschwindigkeitsbestimmenden Schritt beteiligt.

Zusatz auch von großen Mengen Allylalkohol bewirkt keine Änderung dieser Kinetik. Dieser Befund ist wesentlich, weil bei Verwendung von Peroxydisulfat Radikalketten-Oxydation über $SO_4^-$-Radikalanionen möglich ist und auch von TOTTER u. Mitarb. [56] — allerdings in einem zumindest anfänglich $H_2O_2$-freien System — postuliert wird. Allylalkohol ist als sehr wirksamer „Fänger" für $SO_4^-$-Radikalanionen bekannt [64].

In Gegenwart eines großen Überschusses an Persulfat und $H_2O_2$ ist die Chemilumineszenzquantenausbeute direkt proportional der Luminolkonzentration; die Beziehung

$$\log \frac{I_0}{I} = k_1 t$$

wird für mindestens die doppelte Halbwertszeit erfüllt.

Durch Division der Steigung der $\log \frac{I_0}{I}$ — $t$-Geraden durch die Persulfat-Konzentration ergeben sich die Abklinggeschwindigkeitskonstanten 2. Ordnung für die Gesamtreaktion. Sie stimmen gut überein mit den aus den Absorptionsmessungen (Luminol-Verbrauch s. oben) erhaltenen Geschwindigkeitskonstanten 2. Ordnung. RAUHUT u. Mitarb. [26] sehen in dieser Übereinstimmung den Beweis dafür, daß in ihren Experimenten die Notwendigkeit konstanter Quantenausbeuten innerhalb der einzelnen Versuche unter Bedingungen gegeben war, die eine Kinetik pseudo-1. Ordnung mit sich bringen.

Weiterhin ist dadurch angezeigt, daß die Chemilumineszenzintensität ein genaues Maß für die Änderung der Luminolkonzentration ist.

Bei Luminolkonzentrationen höher als $8\cdot 10^{-3}$ M sind die durch Intensitätsmessungen erhaltenen Geschwindigkeitskonstanten 2. Ordnung größer als die aus dem Luminolverbrauch ermittelten.

Die Abnahme der Quantenausbeute bei höheren Luminolkonzentrationen tritt auch unter anderen Versuchsbedingungen auf, z. B. im System Luminol/Alkali/$H_2O_2$/$K_3Fe(CN)_6$ [37, 46]; im System Luminol/Alkali/$H_2O_2$/Hämin [65].

Etwas komplizierter sind die Verhältnisse bezüglich des Einflusses der $H_2O_2$-Konzentration (Tabelle 8).

Im Bereich niedriger $H_2O_2$-Konzentrationen nimmt also die Quantenausbeute bei Erhöhung der $H_2O_2$-Konzentration sehr stark zu. Im Bereich hoher $H_2O_2$-Konzentrationen ist die Zunahme der Quantenausbeuten mit der $H_2O_2$-Konzentration nur noch gering. Dies stimmt ebenfalls mit Befunden anderer Autoren im System wäßr. Alkali/$H_2O_2$/$K_3Fe(CN)_6$ [46] überein.

Aus Tabelle 8 ist ersichtlich, daß Wasserstoffperoxyd die Quantenausbeute der Luminol-$S_2O_8^{2-}$-Reaktion etwa um den Faktor 100 erhöht.

Das äußerst schnelle Abklingen der Lichtemission in Abwesenheit von $H_2O_2$ beweist nach Ansicht von RAUHUT u. Mitarb., daß die Lichtintensität unter solchen Bedingungen nicht von der Geschwindigkeit der Luminol-Persulfat-Reaktion bestimmt wird. Daraus sei der Schluß zu ziehen, daß

Tabelle 8. *Einfluß der $H_2O_2$-Konzentration auf Reaktionsgeschwindigkeit und Quantenausbeute im System Luminol/$H_2O$/$K_2CO_3$/$K_2S_2O_8$*\*

| $H_2O_2$ [M] · $10^3$ | Intensitätsabkling-konstante 2. Ordn. [$M^{-1}$ sec$^{-1}$] · $10^2$ | Quantenausb. [Einstein Mol$^{-1}$] · $10^3$ |
|---|---|---|
| 0\*\* | 25,03 | 0,078 |
| 2 | 6,20 | 1,0 |
| 5 | 2,98 | 2,9 |
| 10 | 1,97 | 4,7 |
| 20 | 1,47 | 6,1 |
| 30 | 1,40 | 6,9 |
| 50 | 1,34 | 7,5 |
| 100 | 1,28 | 7,9 |

\* Konzentrationen: Luminol = $1,0 \cdot 10^{-3}$ M, $K_2S_2O_8$ = 0,060 M in 0,10 molarer wäßr. $K_2CO_3$-Lösung bei 29,2°.
\*\* Die Luminolkonzentration war hier $8,0 \cdot 10^{-3}$ M, da bei niedrigeren Konzentrationen kein Licht beobachtet werden konnte.

man in solchen Systemen nicht ohne weiteres aus der Korrelation der Maximalintensitäten bei verschiedenen Konzentrationen der Reaktionsteilnehmer auf einen Gesamtmechanismus schließen kann.

Bei hohen Persulfatkonzentrationen geht die Quantenausbeute ebenso zurück wie bei hohen Luminolkonzentrationen.

Die wesentliche Rolle, die $H_2O_2$ bei der Luminolreaktion in Systemen spielt, die wäßriges Alkali und Persulfat enthalten, geht auch aus den Untersuchungen von J. R. TOTTER und G. E. PHILBROOK [44] hervor. Hier wird dem Reaktionsgemisch kein $H_2O_2$ zugesetzt. Dieses bildet sich anscheinend erst im Zuge einer Oxydationsreaktion des Luminols aus durch die Lösung geblasenem Sauerstoff. Die Maximalintensität der Lichtemission zeigt eine $p_H$-Abhängigkeit, die der Dissoziationskurve des $H_2O_2$ mit einem $p_K$-Wert sehr nahe bei 11,74 sehr ähnlich ist. Die Bedeutung maximaler Konzentrationen an $HO_2^{\ominus}$-Ionen hatte auch L. ERDEY [66] betont. Wird eine wäßrig-alkalische, $K_2S_2O_8$ enthaltende Luminol-Lösung ständig mit Sauerstoff gesättigt, so ist die maximale Chemilumineszenzintensität direkt proportional der $OH^-$-Ionenkonzentration. Dies wird von TOTTER und PHILBROOK damit erklärt, daß eine der die Lichterzeugung begrenzenden Reaktionen eine Reduktion ist, die der vorausgegangenen Oxydation des Luminols folgt. Diese Reduktion soll durch das Redoxpaar $H_2O_2/O_2$ erfolgen. Quantitative Aussagen hierüber werden erst möglich sein, wenn das Redoxpotential des primären Luminol-Oxydationsproduktes bekannt ist.

### β) Elektrochemilumineszenz des Luminols

Anodische Elektrochemilumineszenz des Luminols war bereits von N. HARVEY [67] und von A. BERNANOSE u. Mitarb. [68] — kathodische Elektrochemilumineszenz des Luminols von V. VOJIR [69] berichtet worden, jedoch ohne nähere elektrochemische Untersuchungen.

Nach B. EPSTEIN und T. KUWANA [22] ist die Chemilumineszenzreaktion die gleiche sowohl auf rein chemischem als auch auf elektrochemischem Wege. Dies erweist die Gleichheit der jeweiligen Emissionsspektren.

Die Elektrooxydation des Luminols erfolgt bei einem Halbwellenpotential $E_{1/2}$ von $+0{,}22$ V an einer Platinelektrode in 0,1 N Natronlauge. Unter den Versuchsbedingungen treten keine Störungen durch gleichzeitige Oxydation der Aminogruppe des Luminols ein, wie der Vergleich mit Phthalhydrazid selbst zeigte. Wenn kein Sauerstoff und keine Base bei der Elektrooxydation des Luminols zugegen sind, tritt keine Lichtemission auf.

Die Reaktion des Luminols an den Elektroden ist diffusionskontrolliert, ohne daß dem Elektronenübergang eine chemische Reaktion vorhergeht.

Katalytische Einflüsse durch die Platinelektrode können ausgeschlossen werden: Kohleelektroden anstelle von Pt-Elektroden lieferten die gleichen Ergebnisse. Auf Grund coulometrischer Untersuchungen wird als geschwindigkeitsbestimmender Schritt bei der Oxydation des Luminols (bei der ebenso wie bei der chemischen Oxydation Stickstoff gebildet wird) ein Ein-Elektronenübergang angesehen. Somit müßte also zunächst ein Luminol-Radikal erzeugt werden. Dies steht in Einklang mit den Beobachtungen von W. D. HODSON und D. L. MARICLE [70], die bei der elektrochemischen Oxydation des Luminols in nichtwäßriger Lösung das Auftreten von Luminol-Radikalen auf Grund des Elektronen-Spin-Resonanzspektrums beschrieben.

Wieviel Elektronen pro Luminolmolekül insgesamt übertragen werden, ist nach B. EPSTEIN und T. KUWANA [22] aus den vorliegenden Experimenten noch nicht sicher zu schließen. Die Vorgänge an der Anodenoberfläche sind zu kompliziert.

Das Abklingen der durch kurze Stromimpulse hervorgerufenen Luminol-Elektrochemilumineszenz erfolgt nach einem Zeitgesetz 1. Ordnung. Die Abklinggeschwindigkeit ist von der Sauerstoffkonzentration der elektrolysierten Lösung unabhängig, ebenso die Quantenausbeute. Dies spricht dafür, daß die Lichtemission von einem Reaktionsprodukt im angeregten Singulettzustand aus erfolgt.

Als Quantenausbeuten wurden Werte zwischen $1 \cdot 10^{-4}$ und $5 \cdot 10^{-4}$ Einstein Mol$^{-1}$ bei der coulometrischen Oxydation von luftgesättigten alkalischen Luminollösungen ermittelt [22].

### γ) Hypothesen zum Mechanismus der Luminol-Chemilumineszenz

Bisher ist es nicht gelungen, Zwischenprodukte der chemilumineszenten Umwandlung des Luminols in 3-Amino-phthalsäure zu isolieren. Dies liegt vor allem daran, daß diese Reaktion sehr schnell abläuft, besonders nach den von allen Autoren als geschwindigkeitsbestimmend angesehenen primären Oxydationsschritten. Alle Annahmen bezüglich der durchlaufenen Zwischenprodukte beruhen daher auf indirekten Schlüssen.

*a') Das primäre Oxydationsprodukt.* Ist der geschwindigkeitsbestimmende Oxydationsschritt eine Ein-Elektronen-Oxydation (z. B. mit $K_3Fe(CN)_6$ als Oxydationsmittel), so sollte zunächst ein Luminolradikal (*59*) bzw. Radikal-anion (*60*) entstehen [22, 44, 63, 71, 72].

(*59*)      (*60*)

Handelt es sich um einen Zwei-Elektronen-Oxydationsschritt, so ist das Azachinon (*61*) zu erwarten [26]:

(*61*)

(*61*) könnte auch durch zwei aufeinanderfolgende Ein-Elektronen-Oxydationsschritte gebildet werden [44].

Bei allen Mechanismen, die über Ein-Elektronen-Oxydationen verlaufen, somit radikalische Zwischenprodukte liefern, müssen sich Inhibitoren auf die Reaktionsgeschwindigkeit und die Chemilumineszenzemission auswirken.

*b') Reaktion des primären Oxydationsproduktes mit Sauerstoff bzw. $H_2O_2$.* Mit Ausnahme des weiter unten diskutierten Mechanismusvorschlages von

ALBRECHT-KAUTSKY-KAISER nehmen alle im Laufe der Untersuchungen des Luminol-Reaktionsmechanismus formulierten Hypothesen als zweiten Hauptschritt die Bildung eines Peroxyds an.

I. Nach T. BREMER [63] soll das *Luminolradikal-anion* (dem semichinonartige Eigenschaften zugeschrieben werden) mit $O_2H$-Radikalen zum Hydroperoxyd (62) reagieren. Die Rekombinationsenergie dieser beiden Radikale liefert gleichzeitig die Anregungsenergie:

$$\text{[Luminol-Radikal]} + HO_2 \cdot \longrightarrow \text{[Hydroperoxyd]}$$

(62)

Dieser Ansicht schließen sich J. STAUFF und HARTMANN [72] an. Die von diesen Autoren durchgeführten kinetischen Untersuchungen haben allerdings Phthalhydrazid selbst zum Gegenstand. Hauptargument für diesen Radikalrekombinationsmechanismus ist die hierfür zu erwartende Freisetzung von ca. 75 kcal Mol$^{-1}$ an Reaktionsenergie.

WILHELMSEN, LUMRY und EYRING [71] und auch E. H. WHITE [5] diskutieren ebenfalls den Angriff von Sauerstoffmolekülen am Luminol-Radikal. Jedoch wird diese Reaktion nicht als der die Anregungsenergie liefernde Schritt aufgefaßt. Vielmehr nehmen WILHELMSEN, LUMRY und EYRING zunächst die Bildung des Endoperoxyds (63) an, das zu angeregter 3-Aminophthalsäure und Stickstoff zerfällt:

$$\text{[Luminol-Radikal-Anion]} + O_2 \longrightarrow \text{[Endoperoxyd]}$$

(63)

Das Endoperoxyd (63) hatten schon H. D. K. DREW und R. F. GARWOOD [58] als mögliche Zwischenstufe angesehen, dessen Zerfall zu Aminophthalsäure und Stickstoff oder zu Luminol und Sauerstoff die Anregungsenergie liefern sollte. Das von ihnen isolierte, als Bariumsalz dieses Peroxyds angesehene Produkt erwies sich allerdings als Bariumsalz des Luminols, das 1 Mol Kristall-$H_2O_2$ enthält [5].

II. Ist das Azachinon (61) das primäre Oxydationsprodukt, so kann sich nach RAUHUT u. Mitarb. [26] aus diesem ebenfalls das Endoperoxyd (63) bilden, und zwar in einer sehr schnellen Reaktion. Ob diese Umsetzung nach einem ionischen oder einem radikalischen Mechanismus erfolgt, ob also $\cdot O_2H$-Radikale oder $O_2H^{\ominus}$-Ionen zu (63) führen, kann noch nicht entschieden werden.

Die Anregungsenergie wird durch die simultane Spaltung mehrerer Bindungen von (63) erzeugt (vgl. S. 6). Dieser Mechanismus würde besonders einleuchtend den Befund von E. H. WHITE u. Mitarb. [7] über den Einbau von $^{18}O$ in die Aminophthalsäure erklären.

(63)

TOTTER und PHILBROOK [44] halten es für wahrscheinlich, daß das Azachinon (61) mit Sauerstoff über eine oder mehrere unbekannte Zwischenstufen unter Stickstoffabspaltung zu 3-Amino-peroxyphthalsäure-anhydrid (62) reagiert. Letzteres setzt sich mit $HO_2^{\ominus}$-Ionen zu 3-Aminophthalsäure und Sauerstoff um:

(61)   (62)

Alle hier aufgeführten Vorschläge für den Mechanismus der Luminol-Reaktion sind mit den jeweils erarbeiteten kinetischen Daten vereinbar, insbesondere mit der Abhängigkeit der Reaktionsgeschwindigkeit der Luminolreaktion und der Abklinggeschwindigkeit der Lichtemission von der Luminolkonzentration.

Zusammenfassend ist festzustellen, daß dem primären Oxydationsschritt also ein (eventuell mehrstufiger) Reduktionsvorgang folgt, der erst die Lichtemission ermöglicht.

*c') Der* ALBRECHT-KAUTSKY-KAISER-*Mechanismus.* Bereits H. O. ALBRECHT [1] hat das Azachinon (61) als primäres Oxydationsprodukt der Luminolreaktion formuliert.

Ein Teil des Azachinons sollte jedoch in einer nicht-chemilumineszenten Reaktion zu 3-Amino-phthalsäure und Diimin hydrolysiert werden. Ein anderer Teil des Azachinons könnte sich mit Diimin zu angeregtem Luminol und Stickstoff umsetzen:

(61)

(61)

H. KAUTSKY und K. H. KAISER [73] versuchten, diesen Mechanismus experimentell zu beweisen. Sie stellten fest, daß bei der vorsichtigen Oxydation des Luminols mit Chlorkalk ein violettes Produkt in Lösung erhalten wurde, das bei Behandlung mit Alkali ohne Zugabe weiteren Oxydationsmittels leuchtete. Die präparative Isolierung des vermutlichen Diazachinons („Azodiacyls") gelang nicht.

Einige der früher gegen diesen Mechanismus vorgebrachten Bedenken sind heute nicht mehr aufrechtzuerhalten. Das seinerzeit noch unbekannte, von ALBRECHT [1] und von KAUTSKY und KAISER [73] als Intermediärprodukt angenommene Diimin ist inzwischen in seinen Reaktionen recht gut bekannt (Übersicht: [74]). KAUTSKY und KAISER [73c] erörterten bereits die Frage, ob das Diimin überhaupt frei in der Lösung auftreten und während seiner Lebensdauer durch Diffusion zu einem Diazachinon-Molekül gelangen muß.

Angesichts der relativ geringen Luminolkonzentrationen ($\sim 10^{-3}$ M), die in den Chemilumineszenzlösungen vorliegen, wäre nämlich die notwendige Diffusion von freiem Diimin zu Azachinonmolekülen problematisch [63]. Der Erklärungsversuch von KAUTSKY und KAISER [73], daß sich Luminol-Dimeren-Komplexe bilden könnten, ist rein spekulativ.

W. S. METCALF und T. I. QUICKENDEN [15] fanden, daß Luminol in Gegenwart Diimin-bildender Systeme (Hydroxylamin-O-sulfonsäure oder p-Toluolsulfonyl-hydrazid in alkalischer Lösung) chemilumineszierte, wobei Sauerstoff anwesend sein muß. Dieser könnte aus dem Luminol zunächst Diazachinon (61) bilden.

Azachinone vom Typ (63) sind inzwischen durch die Untersuchungen von R. A. CLEMENT [75] und von T. J. KEALY [76] zugänglich. Diese nur bei —70 °C stabilen Verbindungen sind sehr hydrolyseempfindlich. Schon um 0 °C erfolgt Dimerisation bzw. Polymerisation. Trotzdem gelang inzwischen die Synthese von Azachinonen, die sich von chemilumineszenzfähigen Hydraziden ableiten, z. B. das dem Hydrazid (35) — vgl. S. 70 — entsprechende (K.-D. GUNDERMANN [81]; K.-D. GUNDERMANN u. H. FIEGE [85]). Diese chemilumineszieren bei Einwirkung von Alkali — allerdings anscheinend nur in Gegenwart von Sauerstoff.

(63)    (61)

Ferner konnten Y. OMOTE, T. MIYAKE und N. SUGIYAMA [86] durch „Abfangen" mit Cyclopentadien nachweisen, daß das (sehr ausgeprägt dienophile) vom Luminol abgeleitete Azachinon (61) offenbar in chemilumineszierenden Luminol-Lösungen gebildet wird.

Der Einwand von E. H. WHITE u. Mitarb. [35], Azachinone kämen als Zwischenstufe der Luminol-Chemilumineszenz nicht in Betracht, weil (*63*) nicht chemilumineszieren unter Bedingungen, bei denen Phthalhydrazid leuchtet, ist nicht stichhaltig, weil reines Phthalhydrazid nicht chemilumesziert (vgl. S. 69).

Wichtigste Einwände gegen den auf S. 85 formulierten 2. Schritt des ALBRECHT-KAUTSKY-KAISER-Mechanismus sind jedoch:

1. Nicht Luminol, sondern Aminophthalsäure-dianion ist das chemilumineszierende Molekül.

Die Annahme von KAUTSKY und KAISER [73], daß in der alkalischen Reaktionslösung bei dem von ihnen postulierten Anregungsschritt zuerst Luminol in der „Diketoform" entstände, die sich erst nach Abstrahlung der Anregungsenergie in das im alkalischen Milieu allein stabile, jedoch nicht fluoreszenzfähige Luminol-Anion umwandeln soll, erscheint sehr unwahrscheinlich. Denn selbst Moleküle in dem sehr kurzlebigen angeregten Singulettzustand setzen sich in Lösung mit der Umgebung ins Gleichgewicht [77, 78]. Würde daher tatsächlich undissoziiertes Luminol in angeregtem Zustand entstehen, so sollte man eine außerordentlich schnelle strahlungslose Desaktivierung durch den Übergang in das Luminolanion erwarten.

2. Der Einbau von $^{18}O$ in die als Reaktionsendprodukt gebildete 3-Aminophthalsäure läßt sich ohne eine peroxydische Zwischenstufe nicht zwanglos erklären. Freilich müßte noch sicher bewiesen werden, daß der Mechanismus der Luminolreaktion in wäßrigen oxydativen Systemen der gleiche ist wie in DMSO.

### d) Abschließende Bemerkung

Zweifellos wird eine endgültige Aufklärung des Mechanismus der Luminol-Reaktion erst auf der zusätzlichen Basis nicht-kinetischer präparativer Befunde möglich sein, vor allem durch die Isolierung von Zwischenprodukten. Es bleibt das weitere Problem, ob nicht mehrere, zur Lichtemission führende Chemismen existieren. Hierauf haben WILHELMSEN, EYRING u. Mitarb. [71] hingewiesen. Diese Autoren fanden z. B., daß die Umsetzung von $K_3Fe(CN)_6$ mit Hydrazin eine schwache, jedoch sichtbare Chemilumineszenz ergibt. Da Luminol und ähnliche Verbindungen Hydrazinderivate sind, käme in gewissem Umfang Chemilumineszenz auch ohne Mitwirkung von Sauerstoff in Betracht. Der Einfluß von Substituenten könnte sich außer auf die Fluoreszenz der Reaktionsprodukte und auf deren Oxydationsstabilität auch darin auswirken, daß bei Existenz mehrerer möglicher Reaktionswege deren jeweiliges Ausmaß je nach Substituent verschieden ist [71]. A. DORABIALSKA und A. KALINOWSKA [50] schließen aus ihren potentiometrischen Untersuchungen, daß sich mit wechselnden

Konzentrationen der Reaktionspartner im System Luminol/wäßriges Alkali/$K_3Fe(CN)_6$/$H_2O_2$ außer der Kinetik auch der Reaktionsweg ändert. Schließlich ist noch die Möglichkeit in Betracht zu ziehen, daß die Luminolreaktion nach der allgemeinen Theorie von A. U. KHAN und M. KASHA [79] hinsichtlich des primären Anregungsschrittes gar nicht von der Bildung der 3-Aminophthalsäure, sondern von angeregtem Singulett-Sauerstoff abhängt. Die kinetischen Befunde sprechen allerdings dagegen, daß eine solche Energieübertragungsreaktion hier in größerem Umfang stattfindet. Vor allem fehlt die erforderliche Abhängigkeit vom Quadrat der Sauerstoff-Konzentration.

Literatur: *Luminol und verwandte Verbindungen*

1. ALBRECHT, H. O.: Z. physik. Chem. **136**, 321 (1928).
2. McCAPRA, F.: Quart. Rev. **1966**, 485.
3. GUNDERMANN, K. D.: Ang. Ch. **77**, 572 (1965); Ang. Ch. internat. Edit. **4**, 566 (1965).
4. QUICKENDEN, T. I.: J. New Zealand Inst. Chem. **28**, 10 (1964).
5. WHITE, E. H. In: W. D. McELROY u. B. GLASS, A Symposium on Light and Life, S. 183. Baltimore: The Johns Hopkins Press 1961.
6. STORK, H.: Ch. Z. **85**, 467 (1961).
7. WHITE, E. H., u. M. M. BURSEY: Am. Soc. **86**, 941 (1964).
8. LEE, J., u. H. H. SELIGER: Photochem. Photobiol. **4**, 1015 (1965).
9. ARMSTRONG, W. A., u. W. G. HUMPHREYS: Canad. J. Chem. **43**, 2576 (1965).
10. OMOTE, Y., T. MIYAKE, S. OHMORI u. N. SUGIYAMA, Bl. chem. Soc. Japan **40**, 899 (1967).
11. DREW, H. D. K., u. R. F. GARWOOD: Soc. **1937**, 1841.
12. —, u. F. H. PEARMAN: Soc. **1937**, 586.
13. HUNTRESS, E. H., u. J. V. K. GLADDING: Am. Soc. **64**, 2644 (1942).
14. WASSERMANN, J. S., u. G. P. MIKLUCHIN: Ž. obšč. Chim. **9**, 606 (1939).
15. METCALF, W. S., u. T. I. QUICKENDEN: Nature **206**, 507 (1965).
16. BERNANOSE, A.: Bl. **1950**, 576.
17. WITTE, A. A. M.: R. **64**, 471 (1935).
18. OJIMA, H.: Naturwiss. **48**, 600 (1961).
19. WHITE, E. H., M. M. BURSEY, D. F. ROSWELL u. J. H. M. HILL: J. org. Chem. **32**, 1198 (1967).
20. REID, C.: In: Excited States in Chemistry and Biology. London: Butterworths 1957.
21. HAVINGA, E., R. O. DE JONGH u. W. DORST, R. **75**, 378 (1956).
22. EPSTEIN, B., u. T. KUWANA: Photochem. Photobiol. **4**, 1157 (1965); **6**, 605 (1967).
23. YOSHINO, T.: Nippon Kagaku Zasshi **81**, 173 (1960); C. A. **56**, 449g (1962).
24. KROH, J., u. J. LUSZCZEWSKI: Roczniki Chem. **30**, 647 (1956).
25. SPRUIT VAN DER BURG, A.: R. **69**, 1536 (1950).
26. RAUHUT, M. M., A. M. SEMSEL u. B. G. ROBERTS: J. org. Chem. **31**, 2431 (1966).
27. PONOMARENKO, A. A., N. A. MARKAR'YAN u. A. I. KOMLEV: Doklady Akad. S.S.S.R. **89**, 1061 (1953).
28. GUNDERMANN, K.-D., u. M. DRAWERT, B. **95**, 2018 (1962).

29. WHITE, E. H., u. M. M. BURSEY: J. org. Chem. **31**, 1912 (1966).
30. CROSS, B. E., u. H. D. K. DREW: Soc. **1949**, 1532.
31. GUNDERMANN, K.-D., W. HORSTMANN u. G. BERGMANN, A. **684**, 127 (1965).
32. —, G. WELLHAUSEN u. D. SCHEDLITZKI: unveröffentlicht.
33. WIZINGER, R.: Chimia **15**, 89 (1961).
34. YALE, H. L., u. Mitarb.: Am. Soc. **75**, 1933 (1953).
35. WHITE, E. H., O. ZAFIRIOU, H. M. KÄGI u. J. H. M. HILL: Am. Soc. **86**, 940 (1964).
36. WEBER, K.: B. **75**, 565 (1942).
37. HARRIS, L., u. A. J. PARKER: Am. Soc. **57**, 1939 (1935).
38. SCHALES, O.: B. **72**, 167 (1939).
39. WEBER, K., A. REZEK u. V. VOUK: B. **75**, 1141 (1942).
40. — u. M. KRAJCINOVIC: B. **75**, 2051 (1942).
41. SVESHNIKOV, B. YA.: Doklady Akad. S.S.S.R. **35**, 278 (1942); C. A. **1943**, 1931.
42. SELIGER, H. H.: In: W. D. McELROY und B. GLASS: A Symposium on Light and Life, S. 204. Baltimore 1961.
43. ERDEY, L., W. F. PICKERING u. C. L. WILSON: Talanta **9**, 653 (1962).
44. TOTTER, J. R., u. G. E. PHILBROOK, Photochem. Photobiol. **5**, 177 (1966).
45. SPECHT, W.: Ang. Ch. **50**, 155 (1937).
46. STROSS, F. H., u. G. E. K. BRANCH: J. org. Chem. **3**, 385 (1939).
47. WEBER, K.: Arh. Kemiju **23**, 173 (1951); C. A. **1953**, 11993.
48. —, u. K. F. SCHULTZ: Arh. Kemiju **26**, 173 (1954); C. A. **1955**, 12970.
49. —, Z. PROCHAZKA u. J. SPOLJARIC: Croat. Chem. Acta **28**, 25 (1956).
50. DORABIALSKA, A., u. A. KALINOWSKA: Roczniki Chem. **38**, 457 (1964).
51. OJIMA, H.: J. chem. Soc. Japan, pure Chem. Sect. **80**, 1371 (1959).
52. BABKO, A. K., u. L. I. DUBOVENKO: Z. anal. Chem. **200**, 428 (1964).
53. WEBER, K., W. LAHM u. E. HIEBER: B. **76**, 366 (1943).
54. GOUDOT, A.: C. r. **241**, 1944 (1955).
55. LINSCHITZ, H.: In W. D. McELROY u. B. GLASS, A Symposium on Light and Life, S. 173. Baltimore 1961.
56. TOTTER, J. R., W. STEVENSON u. G. E. PHILBROOK: J. phys. Chem. **68**, 752 (1964).
57. ZELLNER, C. N., u. G. DOUGHERTY: Am. Soc. **59**, 2580 (1937).
58. DREW, H. D. K., u. R. F. GARWOOD: Soc. **1938**, 791.
59. TAMAMUSHI, B., u. H. AKIYAMA: Z. physik. Chem. (B) **38**, 403 (1938).
60. VASSERMANN, V. S.: Doklady Akad. S.S.S.R. **24**, 704 (1938); C. A. **1940**, 1916.
61. DREW, H. D. K.: Trans. Faraday Soc. **35**, 207 (1939).
62. WEISS, J.: Trans. Faraday Soc. **35**, 219 (1939).
63. BREMER, T.: Bl. Soc. chim. Belg. **62**, 569 (1953).
64. BEHRMANN, E. J.: Am. Soc. **85**, 3478 (1963).
65. TAMAMUSHI, B.: Scient. Pap. Inst. phys. chem. Res. **41**, 166 (1943); C. A. **1947**, 6157 [h].
66. ERDEY, L.: Acta chim. hung. **3**, 95 (1953).
67. HARVEY, N.: J. phys. Chem. **33**, 1456 (1929).
68. BERNANOSE, A., T. BREMER u. P. GOLDFINGER: Bl. Soc. chim. Belg. **56**, 269 (1947).
69. VOJIR, V.: Collect. **19**, 862 (1954).
70. HODSON, W. D., u. D. L. MARICLE: Abstr. Nr. 148 Meeting Electrochemical Soc. San Francisco 1965.
71. WILHELMSEN, P. S., R. LUMRY u. H. EYRING: In F. H. JOHNSON, The Luminescence of Biological Systems, S. 75. Washington 1955.
72. STAUFF, J., u. G. HARTMANN: Ber. Bunsenges. physik. Chem. **69**, 145 (1965).

73. KAUTSKY, H., u. K. H. KAISER: a) Naturwiss. **30**, 148 (1942); b) Naturwiss. **31**, 505 (1943); c) Z. Naturf. **5b**, 353 (1950).
74. HÜNIG, S., H. R. MÜLLER u. W. THIER: Ang. Ch. **77**, 368 (1965).
75. CLEMENT, R. A.: J. org. Chem. **25**, 1724 (1960).
76. KEALY, T. J.: Am. Soc. **84**, 966 (1962).
77. FOERSTER, T.: Z. El. Ch. **54**, 42 (1950).
78. BOWEN, E. J., N. J. HALDER u. G. B. WOODGER: J. phys. Chem. **66**, 2491 (1962).
79. KHAN, A. U., u. M. KASHA: Am. Soc. **88**, 1574 (1966).
80. WHITE, E. H., u. K. MATSUO: J. org. Chem. **32**, 1921 (1967).
81. GUNDERMANN, K.-D.: Angew. Chem. **80**, 494, (1968).
82. GUNDERMANN, K.-D., u. D. SCHEDLITZKI: unveröffentlichte Ergebnisse.
83. WHITE, E. H., u. D. F. ROSWELL: Am. Soc. **89**, 3944 (1967).
84. OMOTE, Y., S. OHMORI u. N. SUGIYAMA, Bl. chem. Soc. Japan **40**, 1693 (1967).
85. GUNDERMANN, K.-D., u. H. FIEGE: unveröffentlicht; H. FIEGE, Diplomarbeit TU Clausthal 1967.
86. OMOTE, Y., T. MIYAKE u. N. SUGIYAMA: Bl. chem. Soc. Japan **40**, 2446 (1967).

## 10. Lucigenin

K. GLEU und W. PETSCH [1] beschrieben als erste die starke blaugrüne Chemilumineszenz, die bei der Oxydation des „Lucigenins" (N,N'-Bismethyl-acridinium-dinitrat (*64*)) in alkalischer Lösung mit $H_2O_2$ auftritt. Das Lucigenin ist nächst dem Luminol wohl die am besten untersuchte chemilumineszenzfähige Substanz.

(*64*): R = $CH_3$
(*64a*): R = $C_2H_5$
(*65*): R = $C_6H_5$
(*66*): R = o-$C_6H_4Cl$
(*67*): R = m-$C_6H_4Cl$
(*68*): R = p-$C_6H_4Cl$

Das Emissionsspektrum der Lucigenin-Chemilumineszenz (Abb. 21) stimmt mit dem Fluoreszenzspektrum des N-Methylacridons (*71*) überein. Dieses ist auch das Hauptreaktionsprodukt [2] (vgl. auch K. MAEDA u. T. HAYASHI [40]).

(*69*)  (*70*)  (*71*)

In Abb. 21 sind auch die Chemilumineszenzspektren der Verbindungen (*69*) und (*70*) aufgenommen, denn diese Biacriden-Derivate treten dann auf, wenn mit höheren Lucigenin-Konzentrationen gearbeitet wird. TOTTER [3] nimmt an, daß sie in Nebenreaktionen entstehen oder tatsächlich Zwischenprodukte der Lucigenin-Chemilumineszenzreaktion sind, die sich ansammeln. Durch diese Produkte und durch nicht umgesetztes Lucigenin kann das Spektrum der Lucigenin-Chemilumineszenz nach längeren Wellen

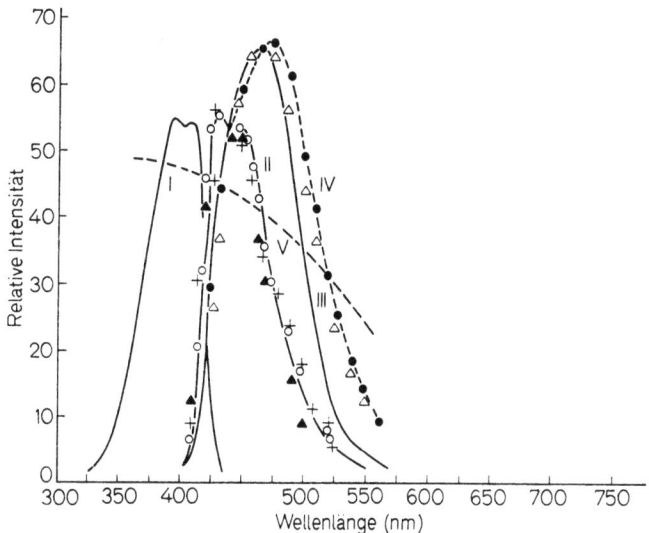

Abb. 21. Chemilumineszenz-Emissionsspektrum von Lucigenin (64), Dimethylbiacriden (69) und Dimethylbiacridenoxyd (70) in verschiedenen Lösungsmitteln. Dazu die Anregungs- und Emissionsspektren von N-Methylacridon (71).

Kurve I: Anregungsspektrum von N-Methylacridon bei einer Absorption < 0,2 bei 390 nm.

Kurve II: Emissionsspektrum von N-Methylacridon und Chemilumineszenzspektrum von Lucigenin ($2,8 \times 10^{-5}$ M) in einer Mischung von Äthanol, Pyridin und 0,01 N KOH (1:1:2) 20 mM in $H_2O$.

Kurve III: Chemilumineszenz-Emissionsspektrum von Lucigenin, bewirkt durch Xanthinoxydase-Hypoxanthin in 0,01 M $Na_2CO_3$.

Kurve IV: Chemilumineszenz-Emissionsspektrum von Lucigenin und $H_2O_2$ in 0,01 M $Na_2CO_3$.

Kurve V: Abhängigkeit der Empfindlichkeit des Photomultipliers von der Wellenlänge.

▲–▲: Chemilumineszenzemissionsspektrum von Dimethylbiacriden (69) und $H_2O_2$ in 50%igem Äthanol.

+–+: Chemilumineszenzemissionsspektrum von Lucigenin, bewirkt durch Xanthinoxydase-Hypoxanthin in 50% wäßrigem Pyridin·

o–o: Chemilumineszenzemissionsspektrum von Dimethyl-biacridenoxyd (70) in 50% Äthanol.

△–△: Chemilumineszenzemissionsspektrum von Dimethyl-biacridenoxyd (70) und $H_2O_2$ in 0,01 M $Na_2CO_3$.

[Jeweils gesättigte Lösungen von (69) und (70)]. Nach J. R. TOTTER [3] hin verbreitert werden, indem Energieübertragung von dem primär angeregten Molekül, dem N-Methylacridon, auf diese anderen fluoreszenzfähigen Substanzen erfolgt. Dies ist bezüglich früherer spektroskopischer Untersuchungen zu berücksichtigen und hat zu Unklarheiten über die Natur des primär emittierenden Reaktionsproduktes geführt [4—11].

H. KAUTSKY und H. KAISER [12] hatten bereits postuliert, daß die *grüne* Emission bei der Oxydation des Lucigenins eine sekundäre Fluoreszenz ist. Werden nämlich stark verdünnte Lucigenin-Lösungen oxydiert, so tritt nur die blaue Emission des angeregten N-Methylacridons auf. Dieses besitzt die kurzwelligste und damit energiereichste Emission — und damit ist (*71*) als Energieüberträger am wahrscheinlichsten.

Wie weiter aus Abb. 21 ersichtlich, entsteht unter geeigneten Reaktionsbedingungen aus (*69*) und aus (*70*) ebenfalls ein angeregtes Endprodukt, dessen Emissionsspektrum mit dem des N-Methylacridons übereinstimmt.

Über die Natur der emittierenden Spezies in rein wäßrigen Lösungen (Kurven III und IV in Abb. 21) ist noch keine sichere Aussage möglich. Es könnte ein sehr kurzlebiges Hydrat des N-Methylacridons sein [3].

Ein weiterer Beweis dafür, daß N-Methylacridon das primär angeregte Teilchen ist, kann in folgender Tatsache gesehen werden: die Quantenausbeuten der Lucigenin-Chemilumineszenz, bezogen auf die Menge des gebildeten N-Methylacridons, stimmen relativ gut überein ungeachtet großer Unterschiede in der jeweils erhaltenen N-Methylacridonmenge (die im übrigen von den Versuchsbedingungen abhängt). Dies trifft sowohl für die nichtenzymatische Lucigenin-Chemilumineszenz im System Lucigenin-$H_2O/Na_2CO_3/H_2O_2$ (Quantenausbeute 0,011—0,019) als auch für die durch Xanthinoxidase-Hypoxanthin induzierte Lucigenin-Chemilumineszenz (Quantenausbeute: 0,011—0,026) zu [3].

*a) Konstitution und Chemilumineszenz bei Acridiniumsalzen*

Eine größere Anzahl abgewandelter Lucigenine ist dargestellt worden [13—15]; z. B. das N,N'-Diäthyl- (*64a*) und das N,N'-Diphenyl-Derivat (*65*).

Die Chemilumineszenz-Emission der N-phenylierten Lucigenine erscheint nach kürzeren Wellenlängen verschoben: von (*65*) wird blaue Chemilumineszenz berichtet [15, 16].

Die Chemilumineszenzquantenausbeuten sind nach A. BRAUN u. Mitarb. [17] bei den N,N-Diarylderivaten (*65*)—(*68*) im System $H_2O/NaOH/H_2O_2$ etwa um eine Größenordnung höher als beim Lucigenin, am höchsten beim m-Chlorphenyl-Derivat (*67*). Dies dürfte mit der im Vergleich zum N-Methylacridon höheren Fluoreszenzfähigkeit der N-Aryl-acridone zusammenhängen; quantitative Untersuchungen hierüber liegen noch nicht vor.

Wie kürzlich unabhängig von F. McCapra u. Mitarb. [18, 19] sowie von M. M. Rauhut u. Mitarb. [20] gefunden wurde, verläuft auch die Umsetzung relativ einfacher N-Methylacridiniumsalze mit alkalischer $H_2O_2$-

(72) R = COCl
(73) R = CN
(74) R = $COC_6H_5$
(75) R = $CO_2CH_3$

Lösung unter Chemilumineszenz. Im Gegensatz zur Lucigenin-Reaktion entsteht hier N-Methylacridon als einziges fluoreszenzfähiges Reaktionsprodukt.

### b) Milieueinflüsse, Katalysatoren

#### α) Lösungsmittel

Aliphatische Alkohole wie Methanol, Äthanol, Propanol-1, Butanol-1 oder tert. Butanol katalysieren die Lucigenin-Chemilumineszenz in neutraler oder alkalischer wäßriger Lösung in Gegenwart von $H_2O_2$ [21, 22].

Nach K. Weber [21] besteht in niedrigen Konzentrationsbereichen von zugesetztem Alkohol eine lineare Beziehung zwischen Anfangslichtintensität und Alkoholkonzentration.

Bei der bakteriell bzw. durch Bakterienextrakte induzierten Lucigenin-Chemilumineszenz (angewandt wurde *Serratia marescens* [23]), die ohne $H_2O_2$- und Basenzusatz erfolgt, beobachtete man in 90proz. Methanol die höchsten Lichtintensitäten.

Die Chemilumineszenz der Acridiniumsalze (72)—(75) in wasserfreiem Äthanol oder Aceton ist sehr schwach; sie kommt erst bei Zugabe von 10—15% Wasser nennenswert in Gang [19]. Dies wird vorwiegend auf die Solvatisierung des Übergangszustandes zurückgeführt. Denn die Erhöhung der Lichtintensität mit zunehmender Wasserkonzentration ist kinetisch nicht deutbar. DMSO wirkt löschend auf die N-Methylacridon-Fluoreszenz [19].

Über Lösungsmittelkombinationen bei der bakteriell induzierten Lucigenin-Reaktion vgl. [23].

#### β) Katalysatoren

Die Anfangsintensität der Lucigenin-Chemilumineszenz wird in wäßrig-alkalischen Systemen besonders durch $OsO_4$ [1] auf Kosten der Emissionsdauer verstärkt.

B. Tamamushi und H. Akiyama [24] schrieben die Wirksamkeit des $OsO_4$ wenigstens teilweise einem rein thermischen Effekt zu, da die Umsetzung von $OsO_4$ mit $H_2O_2$ in Alkali unter beträchtlicher Wärmetönung verläuft.

Bei 50—70 °C wurde starke Lichtemission schon beim bloßen Durchleiten von Sauerstoff durch eine alkalische Lucigeninlösung beobachtet.

Andere als Katalysatoren beschriebene Verbindungen wirken entweder durch Solvatisierung oder Wasserstoffbrückenbindung des angeregten Reaktionsproduktes N-Methylacridon: Glycerin, Äthylenglykol, Harnstoff, *kleine* Mengen aliphatischer Alkohole [21, 25]. Oder sie greifen als Reduktionsmittel in die Chemilumineszenzreaktion selbst ein: $HSO_3^-$-, Hydroxostannit-Ionen [1], Ascorbinsäure, Thiosinamin [25], Hydrazin, Hydrochinon, aktiver Wasserstoff, kolloides Arsensulfid [24] — alle diese Katalysatoren wirken jedoch nur in Gegenwart von Sauerstoff bzw. $H_2O_2$ [1, 24].

Als reduzierendes Agens ist auch das enzymatische System Hypoxanthin/Xanthinoxydase anzusehen, das von J. R. TOTTER u. Mitarb [3, 26—28]; sowie von L. GREENLEE u. Mitarb. [29] eingehend untersucht wurde. Auch hier ist die Anwesenheit von Sauerstoff für die Chemilumineszenz notwendig, ebenso anscheinend für die durch intakte Zellen von Serratia marescens-Bakterien induzierte Lucigenin-Chemilumineszenz [23].

Elektrolyse alkalischer Lucigenin-Lösungen ergibt Chemilumineszenz an der Kathode [24].

### γ) Inhibitoren

Salicylsäure, Nicotinsalicylat und Pyrogallol wirken löschend auf die Chemilumineszenz des Lucigenins, ebenso KCl, KBr, KJ und KCNS. Dies dürfte im wesentlichen auf Effekten beruhen, die die Fluoreszenz löschen. Hydrochinon, das in kleinen Mengen eine positiv katalytische Wirkung hat, hemmt in größeren Konzentrationen. Denn das aus ihm gebildete Chinon löscht ebenfalls die Fluoreszenz der Lucigenin-Reaktionsprodukte [21, 24].

### δ) Alkalikonzentration

Die Chemilumineszenz des Lucigenins sowohl als auch die der Acridiniumsalze vom Typ (72) findet nur in Gegenwart von Hydroxylionen statt, mit Ausnahme der kürzlich beschriebenen durch Bakterienzellen ausgelösten [23] Lucigenin-Chemilumineszenz.

Außer wäßrigen Natriumhydroxydlösungen leuchten vor allem auch konzentrierte Ammoniaklösungen von Lucigenin und $H_2O_2$ stark [1]. Mit wachsender NaOH-Konzentration nimmt die Anfangshelligkeit der Lucigeninreaktion im System Lucigenin/$H_2O$/NaOH/$H_2O_2$ stark zu; da die Abklingzeiten entsprechend kleiner werden, bleibt die Gesamt-Lichtemission etwa gleich [25, 30].

In basischem Milieu liegen Acridiniumverbindungen und somit auch das Lucigenin im Gleichgewicht mit den jeweiligen Pseudobasen vor [31].

Wenn beim Mechanismus der Lucigeninreaktion die Pseudobase (76) (S. 97) eine wesentliche Rolle spielt, dann ist der Einfluß der Basenkonzentration zunächst bezüglich der Wirkung auf die Pseudobasen-Konzentration zu suchen (vgl. weiter unten).

Nach Untersuchungen von J. R. TOTTER und G. PHILBROOK [32] spielt der $p_H$-Wert aber vor allem eine wesentliche Rolle hinsichtlich des Potentials der Redox-Paare $H_2O_2/O_2$ bzw. $NH_3/H_2NNH_2$. Im System Lucigenin/ $H_2O/K_2S_2O_8/O_2$ zeigte sich — ganz analog den Verhältnissen beim Luminol (S. 75) —, daß die Maximalintensität der Chemilumineszenz direkt proportional der $OH^-$-Ionen-Konzentration ist.

Nach TOTTER [3] erfordert die zu angeregtem N-Methylacridon führende Chemilumineszenz des Lucigenins formal die Aufnahme von 2 Elektronen und von einem Molekül Sauerstoff. Der Befund, daß in Gegenwart von Sauerstoff die Maximalintensität der Emission direkt der $OH^-$-Ionenkonzentration proportional ist, weist nach TOTTER und PHILBROOK [32] auf das Gleichgewicht

$$\text{Lucigenin}^{2\oplus} \text{ (Di-Kation)} + HO_2^{\ominus} \underset{k_{-2}}{\overset{k_2}{\rightleftarrows}} \text{Lucigenin-}H^{\oplus} + O_2$$
$$\text{(Monokation oder Triplett)}$$

als für die Lichtemission bestimmend hin, also auf eine 2-Elektronen-Reduktion. Diese Reduktionsreaktion umfaßt das Redox-Paar $H_2O_2/O_2$. Der $p_H$-Wert ist nun insofern entscheidend, als er die Höhe des Redoxpotentials und den Dissoziationsgrad des $H_2O_2$ festlegt.

Lucigenin-Dikation     Lucigenin-H     Lucigenin-$H^{\oplus}$-Triplett

Folgende Tatsachen belegen die Richtigkeit der Annahme, daß die Reduktionsgeschwindigkeit des Lucigenins die Lichtemissionsgeschwindigkeit bestimmt:

Kennt man die Redoxpotentiale Lucigenin$^{2+}$/Lucigenin-H$^+$ und $O_2/H_2O_2$, so kann man bestimmen, ob genug Lucigenin reduziert wird, um die Lichtproduktion durch $H_2O_2$ zu bewirken.

Das $O_2/H_2O_2$-Redoxpotential $E_0'$ beträgt $+0,68$ V mit einer Änderung von $-0,069$ V pro $p_H$-Einheit [33]. Damit ist bei einem $p_H$-Wert von 10,4 der $E_0'$-Wert für das $O_2/H_2O_2$-Paar etwa $+0,066$ V.

An der Quecksilber-Tropfelektrode erfolgt Reduktion des Lucigenins bei einem Halbwellenpotential von $-0,093 \pm 0,002$ V bei $p_H$-Werten von 3,6; 10,4 und 11,7 im Vergleich zur Wasserstoff-Normalelektrode.

Als Gleichgewichtskonstante $K_E$ für die Redoxgleichung (I) bei 25° ergibt sich dann:

(I) $$\log K_E = -\frac{0{,}066 + 0{,}093}{0{,}029} = -5{,}5$$

(II) $$K_E \simeq 3 \cdot 10^{-6}$$

Bei einer Anfangskonzentration z. B. von $H_2O_2 = 8{,}3 \cdot 10^{-2}$ M, von Lucigenin $= 1{,}9 \cdot 10^{-7}$ M und von $O_2 = 2{,}5 \cdot 10^{-4}$ M errechnet sich somit eine Konzentration an Reduktionsprodukt (Lucigenin-H+) von $0{,}2 \cdot 10^{-9}$ M.

Unter diesen Reaktionsbedingungen wird N-Methylacridon mit einer Geschwindigkeit von $8 \cdot 10^{-12}$ Mol $l^{-1}$ $sec^{-1}$ gebildet (bestimmt aus der Abklinggeschwindigkeit der Lichtemission).

Somit ist eine genügend hohe stationäre Konzentration an reduziertem Lucigenin vorhanden, auf das die Lichtemission zurückgeführt werden kann, ohne daß man unvernünftig große Geschwindigkeitskonstanten 2. Ordnung für die der Reduktion folgenden Reaktionen annehmen müßte. Dieses Ergebnis wurde auch unter anderen Versuchsbedingungen erzielt.

Wird Ammoniak als Base (abgekürzt $NH_4OH$) verwandt, so kommt für die Lucigenin-Reduktion die Gleichgewichtsreaktion (III)

(III) $\text{Lucigenin}^{2\oplus} + 2\,NH_4OH + OH^\ominus \rightleftharpoons$

$\text{Lucigenin-H}^\oplus + H_2NNH_2 + 3\,H_2O$

und hieraus:

(IV) $$[\text{Lucigenin-H}^\oplus] = \frac{K_E[\text{Lucigenin}^{2\oplus}][NH_4OH]^2[OH^\ominus]}{[N_2H_4]}$$

($K_E$ enthält die $[H_2O]$)

in Betracht — neben der Reduktion durch $HO_2^\ominus$.

Im Anfangsstadium der Reaktion ist die $NH_4OH$-Konzentration groß im Vergleich zu der von Hydrazin. Da die Hydrazinkonzentration gleich der Lucigenin-H$^\oplus$-Konzentration ist, wird Gleichung (IV) zu

(V) $$[\text{Lucigenin-H}^\oplus]^2 = K_E[\text{Lucigenin}^{2\oplus}][NH_4OH]^2[OH^\ominus]$$

und die Lucigenin-H$^\oplus$-Konzentration somit gleich der Wurzel aus diesem Ausdruck. Das Redoxpotential des Paares Ammoniumhydroxyd/Hydrazin [34] beträgt $+0.1$ V. Somit ist

(VI) $$\log K_r = -\frac{0{,}1 + 0{,}093}{0{,}029} = -6{,}6$$

(VII) $$K_E \simeq 2{,}5 \times 10^{-7}$$

Bei einer Ammoniumhydroxyd-Konzentration von 1,8 M und einer Lucigenin-Konzentration von $1{,}9 \times 10^{-7}$ M wird dann

(VIII) $$[\text{Lucigenin-H}^\oplus] = 2{,}4 \times 10^{-8}\,M,$$

und dies ist etwa dreimal soviel wie die Konzentration an reduziertem Lucigenin, die bei einem $p_H = 10{,}4$ und relativ hohen $H_2O_2$-Konzentrationen erhalten wird. Somit kann unter üblichen Versuchsbedingungen Ammoniak ein wirksameres Reduktionsmittel sein als $H_2O_2$, obgleich dessen Redoxpotential höher als das des $H_2O_2$ beim angewandten $p_H$ ist. Der Befund, daß die Chemilumineszenz der Lucigeninreaktion in Ammoniak eine größere Intensität zeigt, findet hier eine quantitative Begründung. Ob auch die beobachtete Katalyse der Lucigeninreaktion durch Pyridin oder Piperidin [21] analog erklärt werden kann, ist experimentell noch nicht untersucht.

TOTTER und PHILBROOK [32] weisen darauf hin, daß ihre Versuche nicht schlüssig dafür sind, daß $O_2/H_2O_2$ völlig durch das Redoxpaar $NH_4OH/H_2NNH_2$ ersetzt werden kann — die Experimente wurden nicht unter völligem Ausschluß von Sauerstoff (und damit $H_2O_2$) durchgeführt.

### c) *Hypothesen zum Mechanismus der Lucigenin-Chemilumineszenz*

Alle vorliegenden experimentellen Tatsachen weisen die Lucigenin-Reaktion als eine von einer Oxydationsreaktion gefolgte Reduktionsreaktion aus.

GLEU und PETSCH [1], die dies aus der chemilumineszenzfördernden Wirkung sowohl oxydierender als auch reduzierender Agentien schlossen, schlugen folgenden Mechanismus vor:

Somit würde die Anregungsenergie durch die Umsetzung von 2 Mol $H_2O_2$ zu Wasser und $O_2$ erzeugt. Das Lucigenin wäre nur „Zersetzungskatalysator".

Beim Oxydationsschritt sollte angeregtes Lucigenin zurückgebildet werden. TAMAMUSHI und AKIYAMA [24] modifizierten diesen Mechanismus durch die Annahme, daß das Peroxyd (77) nicht direkt aus der Pseudobase (76) entsteht, sondern erst über das Biradikal (78), dessen Bildung den geschwindigkeitsbestimmenden Schritt darstellt. Lucigenin liegt nach ESR-spektroskopischen Untersuchungen von K. MAEDA und T. HAYASHI [40] bereits in festem Zustand z. Tl. als Diradikal vor.

7 Gundermann, Chemilumineszenz

Eine andere Variante stellt der Mechanismusvorschlag von ERDEY u. Mitarb. [35, 36] dar:

(vgl. auch [17]).

Diese Hypothesen sind sowohl aus energetischen Gründen (die Reaktion: $2H_2O_2 \rightarrow 2H_2O + O_2$ liefert nur 45 kcal/Mol, die zur Anregung des grünblauen Chemilumineszenzlichtes nicht ausreichen) als auch deshalb nicht haltbar, weil N-Methylacridon das primär in angeregtem Zustand erzeugte Reaktionsprodukt ist (S. 91). Außerdem fluoresziert Lucigenin nicht in alkalischer Lösung [25].

Dagegen wird die erforderliche Energie sowie die Bildung von angeregtem N-Methylacridon bei den Vorschlägen von MCCAPRA u. Mitarb. [18] sowie RAUHUT u. Mitarb. [20] berücksichtigt:

RAUHUT u. Mitarb. [37] sehen die simultane Spaltung von 3 Bindungen im Hydroperoxyd (79) zu 1 Mol Wasser und 2 Mol N-Methylacridon als die die Anregungsenergie liefernde Reaktion an. MCCAPRA und RICHARDSON [18] halten neben diesem auch den Weg über das Vierring-Peroxyd (77) für möglich.

Die Anregungsenergie wird in letzterem Falle also durch den Zerfall des Vierring-Peroxydes (77), nicht durch dessen Reduktion, wie bei GLEU und PETSCH [1], geliefert.

Diese Konzeption wurde vor allem aufgrund der experimentellen Befunde bei den einfacheren N-Methylacridiniumsalzen (72)—(75) abgeleitet [18—20]:

Die Pseudobase (81) ist für die Chemilumineszenzreaktion wesentlich. Das zeigt sich daran, daß die Umsetzung des Säurechlorids (72) in wasserfreiem Tetrahydrofuran mit Hydrogenperoxyd nur sehr schwach chemilumineszirt. Nach Zusatz von Wasser tritt starke Chemilumineszenz auf, die $p_H$-abhängig ist [20].

Auch die Acridiniumsalze (73)—(75) dürften über die Persäure (80) angeregtes N-Methylacridon bilden [18]. Die Reihenfolge bezüglich der Lichtintensitäten entspricht nämlich recht genau den Umsetzungsgeschwindigkeiten dieser Acridiniumsalze mit $H_2O_2$. Somit leuchtet das Carbonsäurechlorid (72) am stärksten bei der Reaktion mit alkalischem $H_2O_2$.

Im Falle der Lucigeninreaktion spricht für den relativ leichten Übergang der Pseudobase (76) in das Hydroperoxyd (79) die Tatsache, daß heterocyclische Pseudobasen sich ganz allgemein mit dem viel nucleophileren $O_2H^-$-Anion ins Gleichgewicht setzen können [38]. Allerdings bleibt beim derzeitigen Stand des Tatsachenmaterials das Problem, welche Struktur das primäre Reduktionsprodukt der Lucigenin-Chemilumineszenz hat. Die Befunde von TOTTER und PHILBROOK [32] sprechen für die Richtigkeit der Annahme, daß die Bildung dieses Reduktionsproduktes geschwindigkeitsbestimmend für die Entstehung des angeregten N-Methylacridons ist (vgl. S. 95). Formal stellt das Peroxyd (79) ein „Reduktionsprodukt" des Lucigenins dar, denn bei seiner Bildung haben das $OH^-$- und das $O_2H^-$-Ion je ein Elektron an das Lucigenin-Dikation abgegeben. Somit könnte die Bildung von (79) geschwindigkeitsbestimmend sein; seine Bildungsgeschwindigkeit würde einmal vom Dissoziationsgrad des

Wasserstoffperoxyds (der $p_H$-abhängig ist), zum anderen vom Redoxpotential des Systems Lucigenin-Dikation-Lucigenin-Monokation abhängen.

J. R. TOTTER [39] schlägt folgenden Mechanismus vor:

Sollte das Biradikal *(78)* tatsächlich als Zwischenprodukt auftreten, so ist dessen direkte Umsetzung mit Sauerstoff zu einem Peroxyd allerdings wahrscheinlicher als der Umweg über das Biacridan-Derivat *(82)*.

Literatur: *Lucigenin*

1. GLEU, K., u. W. PETSCH: Ang. Ch. **48**, 57 (1935).
2. DECKER, H., u. W. PETSCH: J. pr. N. F. **143**, 211 (1935).
3. TOTTER, J. R.: Photochem. Photobiol. **3**, 231 (1964).
4. ERMOLAEV, V. L.: Optika i Spektroskopija **1**, 523 (1956).
5. KARYAKIN, A. V.: Optika i Spektroskopija **7**, 122 (1959).
6. — Ž. fiz. Chim. **26**, 96 (1952).
7. KROH, J., Roczniki Chem. **31**, 915 (1957).
8. RYZHIKOV, B. D.: Izv. Akad. S.S.S.R., Ser fiz. **20**, 487 (1956).
9. SPRUIT, C. J. u. A. SPRUIT VAN DER BURG: In F. H. JOHNSON, The Luminescence of Biological Systems S. 99. Washington 1955.

10. SPRUIT VAN DER BURG, A.: R. **69**, 1525 (1950).
11. SVESHNIKOV, B. YA.: Izv. Akad. S.S.S.R., Ser. fiz. **9**, 341 (1945).
12. KAUTSKY, H., u. H. KAISER: Naturwiss. **31**, 505 (1943).
13. GLEU, K., u. S. NITZSCHE, J. pr. **153**, 200 (1939).
14. —, u. A. SCHUBERT: B. **73B**, 805 (1940).
15. —, u. R. SCHAARSCHMIDT: B. **73B**, 909 (1940).
16. CHRZASZCZEWSKA, A., A. BRAUN u. M. NOWACZYK: Soc. Sci. Lodziensis, Acta Chim., **3**, 93 (1958), C. A. **53**, 13148 (1959).
17. BRAUN, A., A. DORABIALSKA u. W. REIMSCHÜSSEL: Roczniki Chem. **49**, 247 (1966).
18. MCCAPRA, F., u. D. G. RICHARDSON: Tetrahedron Letters **1964**, 3167.
19. — — u.Y. C. CHANG: Photochem.Photobiol. **4**, 1111 (1965).
20. RAUHUT, M. M., D. SHEEHAN, R. A. CLARKE, B. G. ROBERTS u. A. M. SEMSEL: J. org. Chem. **30**, 3587 (1965).
21. WEBER, K.: Z. physik. Chem. **B 50**, 100 (1941).
22. ERDEY, L., J. TACKACS u. I. BUZAS: Acta chim. hung. **39**, 295 (1963).
23. OLENIACZ, W. S., M. A. PISANO u. R. V. INSOLERA: Photochem. Photobiol. **6**, 613 (1967).
24. TAMAMUSHI, B., u. H. AKIYAMA: Trans. Faraday Soc. **35**, 491 (1939).
25. WEBER, K., u. W. OCHSENFELD: Z. physik. Chem. **51**, 63 (1942).
26. TOTTER, J. R., V. J. MEDINA u. J. L. SCOSERIA: J. biol. Chem. **235**, 238 (1960).
27. —, E. CASTRO DE DUGROS u. C. RIVEIRO: J. biol. Chem. **235**, 1839 (1960).
28. DE ANGELIS, W. J., u. J. R. TOTTER: J. biol. Chem. **239**, 1012 (1964).
29. GREENLEE, L., I. FRIDOVICH u. P. HANDLER: Biochemistry **1**, 779 (1962).
30. SCHALES, O.: B. **72**, 1157 (1939).
31. SPRUIT VAN DER BURG, A.: R. **69**, 1536 (1950).
32. TOTTER, J. R., u. G. PHILBROOK: Photochem. Photobiol. **5**, 177 (1966).
33. LATIMER, W., u. HILDEBRAND: Reference Book of Inorganic Chemistry. London: Macmillan 1940; SEEL, F.: Grundlagen der analytischen Chemie, S. 336. Weinheim: Verlag Chemie 1963.
34. MOELLER, T.: Inorganic Chemistry. New York: Wiley and Sons 1952.
35. ERDEY, L.: Acta chim. hung. **3**, 95 (1953).
36. —, u. I. INCZEDEY: Acta chim. hung. **7**, 93 (1955).
37. RAUHUT, M. M., u. Mitarb.: Photochem. Photobiol. **4**, 1097 (1965).
38. RIECHE, A., E. SCHMITZ u. P. DIETRICH: B. **92**, 2239 (1959).
39. TOTTER, J. R.: In F. H. JOHNSON u. Y. HANEDA, Bioluminescence in Progress, S. 25. Princeton University Press 1965.
40. MAEDA, K., u. T. HAYASHI: Bl. chem. Soc. Japan **40**, 169 (1967).

## 11. Lophin (2,4,5-Triphenyl-imidazol)

1877 entdeckte B. RADZISZEWSKI [1], daß 2,4,5-Triphenyl-imidazol (*83*) — Lophin — in basischer Lösung bei Zugabe von Oxydationsmitteln grünlich chemiluminesziert. Er fand auch, daß bei dieser Reaktion Benzaldehyd gebildet wird.

Als stabile Reaktionsendprodukte wurden Benzoesäure und Ammoniak nachgewiesen. H. KAUTSKY und K. H. KAISER [2] beobachteten bei milden Oxydationsbedingungen das Auftreten eines purpurroten instabilen Zwischenproduktes, das als Radikal angesehen wurde. Die Chemilumineszenz sollte durch Reaktion dieses Radikals mit einer Base hervorgerufen werden. T. HAYASHI und K. MAEDA [3] wiesen jedoch nach, daß für die Lophin-Chemilumineszenz Sauerstoff erforderlich und daß ein Lophinperoxyd die Ursache der Chemilumineszenz ist.

Das Emissionsmaximum der Lophin-Chemilumineszenz wurde bei 530 nm [4—6], bei 545 nm [7] bzw. bei 580 nm [8] — jeweils unter etwas verschiedenen Reaktionsbedingungen — gemessen.

(83)

Die Struktur des emittierenden Moleküls ist im Falle der Chemilumineszenz des Lophins selbst noch nicht bekannt. Angeregtes Lophin kommt nicht in Betracht, denn sein Fluoreszenzmaximum liegt etwa 100 nm nach kürzeren Wellen verschoben [7—9]. Zwar wurde von J. SONNENBERG und D. M. WHITE [10] bei —196° in äthanolischer KOH-Lösung starke Phosphoreszenz des Lophins mit einem Emissionsmaximum bei 523 nm berichtet. Diesem Befund ist jedoch widersprochen worden [6]. Außerdem ist die Existenz von Tripletts in Lösung in Anwesenheit des sehr stark löschenden Sauerstoffs bei Raumtemperatur nur unter der zusätzlichen Annahme [10] denkbar, daß diese Tripletts durch eine sehr schnelle chemische Reaktion gebildet werden.

Bei einigen substituierten Lophinen, z. B. (85) und (86), wurde jedoch gute Übereinstimmung des Chemilumineszenzspektrums mit dem Fluoreszenzspektrum der entsprechenden substituierten Dibenzoylbenzamidine in alkalischer Lösung festgestellt [11, 6].

(und Mesomere)

(84), (91): $R_1 = R_2 = 4\text{-}CH_3OC_6H_4$
(85), (92): $R_1 = 4\text{-}(CH_3)_2NC_6H_4$, $R_2 = C_6H_5$
(86), (93): $R_1 = 4\text{-}(CH_3)_2NC_6H_4$, $R_2 = 4\text{-}CH_3OC_6H_4$
(87), (94): $R_1 = $ 9-Anthryl $(C_{14}H_9)$, $R_2 = C_6H_5$
(88), (95): $R_1 = C_6H_5$, $R_2 = $ 1-Naphthyl $(C_{10}H_7)$
(89), (96): $R_1 = 4\text{-}(CH_3)_2NC_6H_4$, $R_2 = CH_3$
(90), (97): $R_1 = C_6H_5$, $R_2 = $ 3-Pyridyl $(C_5H_4N)$
(98): $R_1 = R_2 = C_6H_5$

(84)—(90)

(UND MESOMERE)
(91)—(98)

Amidinderivate vom Typ (91) sind die primären Reaktionsprodukte der Chemilumineszenzreaktion; unter den gewöhnlich angewandten Bedingungen (äthanolisches KOH + Sauerstoff) unterliegen sie allerdings im Laufe der relativ langen Reaktionszeit weiterem solvolytischen Abbau, der über Monoaroyl-benzamidine bis zu Ammoniak und subst. Benzoesäure führt [6]. Dagegen können insbesondere die Diaroyl-benzamidine (92) und (93) in Ausbeuten von 70%—80% durch die rasch verlaufende alkalische Hydrolyse der weiter unten erwähnten Lophin-peroxyde erhalten werden. Dabei tritt starke Chemilumineszenz mit dem jeweils gleichen Emissionsmaximum auf wie bei der Oxydation der Lophine. Die Lophinperoxyde sind daher mit größter Wahrscheinlichkeit als Zwischenprodukte der Lophin-Chemilumineszenz anzusehen und damit in der Tat die Diaroylbenzamidine als primäre Reaktionsprodukte.

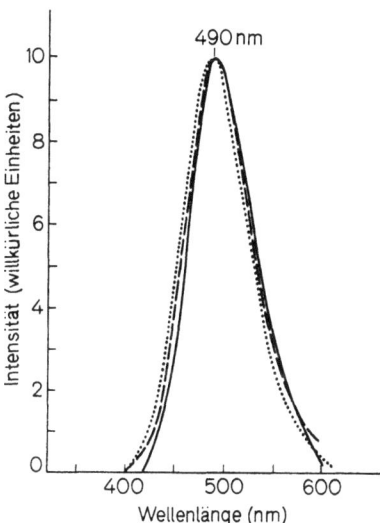

Abb. 22. Chemilumineszenz- und Fluoreszenz-Emissionsspektren von (85). – – – Chemiluminenszenz; ——— Fluoreszenz des Gesamtreaktionsproduktes; ······· Fluoreszenz von Dibenzoyl-p-dimethylaminobenzamidin-Anion (92). Nach E. H. White und M. J. C. Harding [6]

Das aus Lophin selbst entstehende Dibenzoyl-benzamidin (98) fluoresziert weder in basischer noch in neutraler Lösung [6]. Daher kommt es kaum als emittierende Spezies bei der Chemilumineszenz des Lophins selbst in Betracht.

Die Chemilumineszenzquantenausbeute des Lophins (System Lophin/ Äthanol/$KO_2$) liegt bei etwa $10^{-7}$ bis $10^{-6}$; die bisher am stärksten leuchtende Verbindung aus der Lophin-Reihe, (86), erreicht $10^{-4}$ bis $10^{-3}$.

### a) Konstitution und Chemilumineszenz bei Lophin-Derivaten

Werden in die p-Stellungen der Phenylreste des Lophins elektronenabgebende Substituenten eingebaut, so steigt die Chemilumineszenzfähigkeit an. Dies ist aus Tabelle 9 ersichtlich, in der einige von E. H. White und M. C. J. Harding [11] dargestellte Lophinderivat verglichen werden:

Tabelle 9. *Relative Quantenausbeuten von substituierten Lophinen (System: Lophin Äthanol/KO₂)*. Nach E. H. WHITE und HARDING [6, 11]

| Verbindung: | Lophin | 2-(4'-Methoxy-phenyl) | (*84*) | (*85*) | (*86*) |
|---|---|---|---|---|---|
| Relat. Gesamt-lichtmenge | 1 | 5 | 20 | 180 | 500 |
| Quantenausbeute (verglichen mit Luminol = $10^{-2}$) | $10^{-6}$ –$10^{-7}$ | — | — | — | $10^{-3}$ –$10^{-4}$ |

Daß die Phenylgruppen in den Stellungen 4 und 5 für die Chemilumineszenzfähigkeit wesentlich sind, zeigt die Verbindung (*89*), 2-Dimethylaminophenyl-4,5-dimethyl-imidazol, die viel schwächer leuchtet als die entsprechende 4,5-Diphenyl-Verbindung (*85*). Auch 2-Phenyl-4,5-dipyridylimidazol (*90*) chemilumineszierт viel schwächer als Lophin.

Ersatz der 2-ständigen Phenylgruppe im Lophin durch einen Naphthylrest ergibt Lophin-Analoga, die 95% (beim 2'-Naphthyl-) bzw. 69% (beim 1'-Naphthylderivat) der Chemilumineszenz-Intensität des Lophins aufweisen [12]. Dagegen liefert der Einbau von einem 9'-Anthrylrest in die 2-Stellung (*87*) oder von 2 Naphthylresten (*88*) in die 4- und 5-Stellung anstelle der Phenylgruppen des Lophins nur sehr schwach leuchtende Lophin-Analoga [6]. (*87*) zeigt z. B. nur etwa 2% der Chemilumineszenzemission des Lophins [12]. Dies wird auf sterische Hinderungen zurückzuführen sein: weder 2 Naphthyl-Reste noch ein Anthracen-Rest können sich koplanar zum Imidazolring einstellen. Weiterhin wird der Angriff des Sauerstoffs am C-Atom 4 bzw. an den N-Atomen durch die sperrigen Reste behindert. Die Verbindungen (*99*)—(*101*) zeigen überhaupt keine Chemilumineszenz bei der Oxydation mit $H_2O_2$ + NaClO in äthanolischer Kalilauge [6]. Sie leuchten schwach bei der Oxydation mit $H_2O_2/K_3Fe(CN)_6$ [12].

(*99*)    (*100*)    (*101*)

Diejenigen Lophinanaloga, die keine oder nur sehr geringe Chemilumineszenz zeigten, wiesen auch eine sehr große Oxydationsstabilität gegen Sauerstoff in alkalischer Lösung auf.

G. E. PHILBROOK u. Mitarb. [5, 13] untersuchten die Chemilumineszenz einer Reihe von substituierten Lophinen im System wäßr. DMSO/NaOH/

$O_2$. Diese Lophinderivate waren lediglich im 2-ständigen Phenyl-rest substituiert, und zwar in dessen m- oder p-Stellung. Die hierbei erhaltene Chemilumineszenz-Abklingkurve des Lophins ist in Abb. 23 dargestellt:

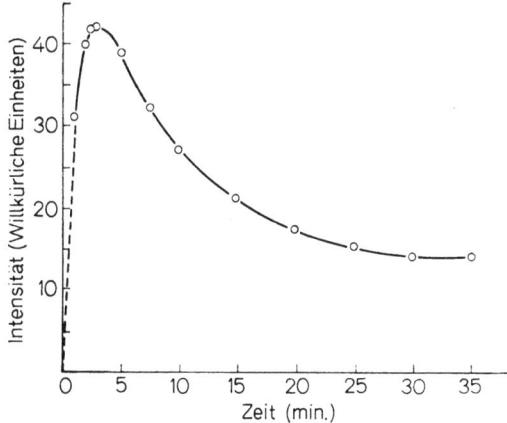

Abb. 23. Intensität der Chemilumineszenz-Emission von Lophin als Funktion der Zeit. Konzentrationen: Lophin = $1,5 \cdot 10^{-3}$ M; NaOH: 0,33 N: Lösungsmittel: DMSO/Wasser 70:30%. Während der Messung wurde Sauerstoff durch die Lösung geblasen. Nach PHILBROOK et al. [5]

Auch die Intensitäts-Zeit-Kurven der anderen Lophinderivate haben eine ähnliche Form — die Zeit bis zum Erreichen des Maximums variiert zwischen 1 und 45 min in Abhängigkeit von der Struktur der untersuchten Verbindung. Im allgemeinen ist die Zeit bis zum Erreichen des Maximums um so kürzer, je intensiver die Emission war. Die Intensität fällt dann über einen Zeitraum ab, der von 2 min für die aktivsten Verbindungen bis zu einer Std bei den am schwächsten leuchtenden dauert. Sie wird dann nahezu konstant und fällt nur noch sehr langsam ab. Es bildet sich also eine Art „Sättigungs-Emission" aus, die manchmal bis zu 24 Std und länger andauert. Einzige Ausnahme ist die 4-Hydroxy-Verbindung; bei dieser fällt die Emission nach Erreichen des Maximums stetig ab, gleichzeitig verfärbt sich die Lösung durch Zersetzungsprodukte. Für alle Lophinderivate werden somit 2 charakteristische Intensitäten gefunden: die Maximalintensität $I_{max}$ und die „Plateauintensität" $I_{Plateau}$.

Das Verhältnis von $I_{max}$ eines substituierten Lophins zu $I_{0\,max}$ des Lophins folgt nach PHILBROOK und Maxwell der Hammett-Beziehung

$$\log \frac{I}{I_0} = \varrho \cdot \sigma$$

Als $\varrho$-Wert ergab sich $-1,96 \pm 0,06$. Wird eine ähnliche Kurve für die $I_{Plateau}$-Werte aufgestellt, so ist der $\varrho$-Wert $-1,87 \pm 0,06$. Diese nahe beieinanderliegenden ϱ-Werte mit dem bemerkenswert kleinen Fehler von 3,1% zeigen an, daß die beiden Bereiche der jeweiligen Emissionskurven, der mit dem Maximum und der Plateaubereich, eng miteinander zusammenhängen und von identischen Faktoren bestimmt werden. Auch wenn man statt der σ- die σ⁺-Werte nach H. C. BROWN und Y. OKAMOTO [14] verwandte, ließen sich ähnliche Geraden für die Lophinderivate angeben.

Zur direkten Messung der Chemilumineszenzspektren genügte nur beim 4-Dimethylamino- und beim 4-Hydroxy-Derivat die Emissionsintensität, die mit Sauerstoff als Oxydationsmittel unter den bei Abb. 24

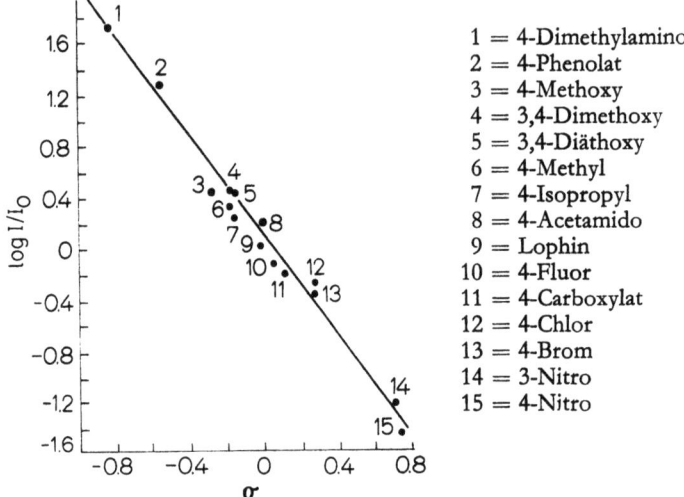

Abb. 24. Hammett-Darstellung der Intensität substituierter Lophine. I: Maximalintensität der Chemilumineszenzemission des subst. Lophins; $I_0$: Maximalintensität des Lophins. Konzentrationen: (subst.) Lophin = $1,5 \cdot 10^{-3}$ M, NaOH = 0,33 N; Lösungsmittel: DMSO/$H_2O$ 70:30%; durch die Lösung wird Sauerstoff geleitet

angegebenen Bedingungen auftrat. Bei den anderen Lophinderivaten mußte $H_2O_2$ zugegeben werden, um ausreichende Intensitäten zu erhalten — mit Ausnahme der 3- und 4-Nitro-Derivate, die auch dann noch zu schwach leuchteten. Der $H_2O_2$-Zusatz hatte auf die Lage des Emissionsmaximums beim 4-Dimethylamino-Derivat keinen Einfluß.

PHILBROOK u. Mitarb. [5] fanden, daß sämtliche untersuchten Lophinderivate wie der Grundkörper ihr Chemilumineszenz-Emissionsmaximum bei 530 nm hatten. Dieser Befund steht im Widerspruch zu den Ergebnissen von E. H. WHITE und M. C. J. HARDING [6] bei der Chemilumineszenz von Lophinderivaten im System Äthanol/KOH/$O_2$. Dort wurde nämlich für das p-Dimethylamino-Derivat (92) das Chemilumineszenzmaximum bei 492 nm, in 50proz. Äthanol bei 505 nm gefunden. Nach den gleichen

Autoren liegt das Chemilumineszenzmaximum von (92) im Lösungsmittel DMSO/$H_2O$ (70 : 30) bei 500 nm.

Diese Diskrepanz ist von erheblicher Bedeutung: PHILBROOK u. Mitarb. [5] ziehen nämlich aus der von ihnen berichteten gleichen Lage des Emissionsmaximums bei den verschiedenen subst. Lophinen den Schluß, daß im System DMSO-Wasser alle subst. Lophine zum gleichen emittierenden Produkt führen — im Gegensatz zu den in Äthanol stattfindenden Chemilumineszenzreaktionen von Lophin und seinen Derivaten. Da ferner die Dauer der Emission bei den verschiedenen Lophinderivaten bei gleichen Reaktionsbedingungen stark variiert, wird geschlossen, daß der Substituent sehr wahrscheinlich einen Einfluß auf die Reaktionsgeschwindigkeit hat. Elektronenabgebende Substituenten (negative σ-Werte) beschleunigen die Reaktion bezogen auf H als Substituent, während elektronenanziehende Substituenten die Reaktionsgeschwindigkeit vermindern. Für die Bildung der angeregten Spezies kann nur *ein* Mechanismus wirksam sein, denn wenn zwei Mechanismen in Betracht kämen, so würden entweder zwei Hammett-Geraden erhalten werden (wenn beide Mechanismen der Hammett-Beziehung folgten) oder eine Gerade und einige stark streuende Punkte.

Es erscheint jedoch unwahrscheinlich, daß sich Substituenteneinflüsse ausschließlich auf die Reaktionsgeschwindigkeit und gar nicht auf die Lage und Intensität der Emission des Reaktionsproduktes auswirken sollen.

*b) Milieueinflüsse*

Die Lichtintensität der Lophinreaktion nimmt mit wachsender Basenkonzentration im Bereich von 0,01 N bis 2,0 N NaOH linear zu. Intensitätserhöhend wirken auch zunehmende DMSO-Zusätze im Bereich von 40—80% DMSO [5].

Halogene und $Fe^{III}$-Salze wirken positiv katalytisch [9, 15].

*c) Zwischenprodukte der Lophin-Reaktion*
**α) Lophin-hydroperoxyd**

Im Unterschied zum Luminol und zum Lucigenin sind vom Lophin und seinen Analoga definierte Peroxyde bekannt. Da sie, wie erwähnt, sich mit Basen in schneller Reaktion unter starker Chemilumineszenz umsetzen und dabei die gleichen Chemilumineszenzmaxima aufweisen wie Lophin bzw. die Lophinderivate, von denen sie sich ableiten (Tabelle 10), ist es als sicher anzunehmen, daß sie notwendige Zwischenprodukte der Lophin-Chemilumineszenz sind.

Lophinperoxyd war erstmals von C. DUFRAISSE u. Mitarb. [16] durch Photooxydation von Lophin dargestellt worden. Als Struktur wurde die eines Endo-peroxyds (108) angenommen. Die bei alkalischer Hydrolyse auftretende Chemilumineszenz hatten die französischen Autoren offenbar nicht bemerkt.

Tabelle 10. *Chemilumineszenz-Maxima (nm) der Lophine (83)—(86) und ihrer Hydroperoxyde (102)* (nach [6])

| Verbindung | | $\lambda_{max}$ | Verbindung | $\lambda_{max}$ |
|---|---|---|---|---|
| | (83) | 530 | (102) | 530 |
| $R_1 = \text{p-CH}_3\text{OC}_6\text{H}_4$; $R_2 = C_6H_5$ | | 527 | (103) | 530 |
| | (84) | 524 | (104) | 525 |
| | (85) | 492 | (105) | 490 |
| | (86) | 485 | (106) | 485 |

(102)—(106)
(107): $R_1 = R_2 = C_6H_5$

J. SONNENBERG und D. M. WHITE [10] sowie E. H. WHITE und M. J. C. HARDING [11] bewiesen jedoch, daß das DUFRAISSEsche Peroxyd die Struktur (107) besitzt. Vor allem wird dies durch das NMR-Spektrum und die starke IR-Absorption bei 2820 cm$^{-1}$ belegt, die auf eine starke intramolekulare Wasserstoffbrücke N...H—O— hinweist. Weiterhin gibt die

(108)

Umsetzung von Lophylradikal (vgl. weiter unten) statt mit Hydrogenperoxyd mit einem anderen Hydroperoxyd, wie Cumyl-hydroperoxyd oder t-Butyl-hydroperoxyd, jeweils die entsprechenden „gemischten" Peroxyde, wie etwa

Da schließlich Behandlung mit Base oder Erhitzen auf über 110° unter Chemilumineszenz zu N,N'-Dibenzoylbenzamidin (98) führt, ist auf die 4-Stellung der Peroxygruppe zu schließen.

Bei der alkalischen Hydrolyse des Hydroperoxyds (107) entsteht neben dem Hauptprodukt (98) zu 18—23% Lophin und Sauerstoff. Wie auf S. 102 begründet, kommt jedoch Lophin nicht als emittierende Spezies der Chemilumineszenz in Betracht.

### β) Das Lophylradikal

Das von KAUTSKY und KAISER [2] beschriebene farbige Produkt, welches bei vorsichtiger Oxydation von Lophin unter Sauerstoffausschluß entsteht und als Radikal angesprochen wurde, ist von T. HAYASHI u. Mitarb. [17,

18, 3] u. a. mittels der ESR-Spektroskopie als solches bewiesen und eingehend studiert worden. Das Lophin-Radikal (*109*) steht in Lösung mit seinen Dimeren im Gleichgewicht:

(*109*)

Lophin + OH$^{(-)}$ ⇌ [Struktur]$^{(-)}$ $\underset{+e^-}{\overset{-e^-}{\rightleftharpoons}}$ [Struktur] ⇌ Dimere

Reaktion von (*109*) mit Sauerstoff in alkalischer Lösung führt zur Chemilumineszenz.

Als Struktur des im Gleichgewicht mit dem Lophylradikal stehenden Dimeren wurde von T. HAYASHI u. Mitarb. [17] die eines Hydrazinderivates

(*110*)

(*110*) angegeben, ebenso von H. ZIMMERMANN u. Mitarb. [19] sowie H. BAUMGÄRTEL und H. ZIMMERMANN [20], die ein Dimeres durch Oxydation von Lophin mit PbO$_2$ erhielten.

D. M. WHITE und S. SONNENBERG [10] wiesen jedoch nach, daß das von HAYASHI u. Mitarb. sowie von ZIMMERMANN u. Mitarb. isolierte Dimere die isomere Struktur (*112*) aufweist.

(*111*)                    (*112*)

(*112*) zeigt Photochromie: es geht bei Bestrahlung über ein Gleichgewicht mit Lophylradikalen in das energiereichere Isomere (*111*) über. Dieses entsteht bei der Oxydation von Lophin in wäßrig-äthanolischer KOH-Lösung mit K$_3$Fe(CN)$_6$. Das Dimere (*111*) ist in festem Zustand blaßviolett gefärbt und gibt nur ein sehr schwaches ESR-Signal, welches sich kaum beim Bestrahlen verstärkt. Wird (*111*) jedoch in einem organischen Lösungsmittel gelöst oder wird es mechanischem Druck ausgesetzt (Piezochromie!), so entsteht eine intensiv violette Färbung. Ein starkes ESR-Signal tritt auf. Es stimmt mit dem überein, welches HAYASHI u. Mitarb. [18] für Lophyl-Radikale gefunden haben.

Beim Stehen dieser Lösungen verschwindet die violette Farbe, und auch das ESR-Signal wird sehr viel schwächer. Aus solchen „gealterten" Lösungen konnten WHITE und SONNENBERG das Dimere der Struktur *(112)* isolieren.

Das piezochrome Dimere *(111)* liefert bei Behandlung mit Hydrogenperoxyd Lophin-hydroperoxyd *(107)* [10].

### d) Kinetik und Mechanismus der Lophin-Chemilumineszenz

Die Intensität der Lophin-Chemilumineszenz zeigt eine Abhängigkeit erster Ordnung von der Lophin-Konzentration [6]. Damit ist die Möglichkeit ausgeschlossen, daß die Chemilumineszenz auf dem Zusammenstoß von zwei angeregten Lophinmolekülen (Lophin-Excimeren) beruht. Auch Lophin-hydroperoxyd reagiert mit Base unter Lichtemission nach einem Zeitgesetz 1. Ordnung.

Die Chemilumineszenz der Lophinderivate *(85)* und *(86)* in Gegenwart eines Sauerstoff-Überschusses verlief viel langsamer; die Reaktion des Sauerstoffs mit dem Lophin-Anion ist offensichtlich der geschwindigkeitsbestimmende Schritt [6].

Die aufgrund der vorliegenden präparativen und kinetischen Befunde formulierten Mechanismen der Lophinreaktion [6, 17, 21] enthalten als wesentlichen Schritt die Bildung eines Hydroperoxyds *(113)*.

Ob dies über Lophyl-Radikale erfolgt, ist zur Zeit nicht sicher zu beweisen (E. H. WHITE und HARDING beobachteten kein ESR-Signal bei der Chemilumineszenzreaktion [6]), erscheint aber nach dem oben Ausgeführten durchaus wahrscheinlich. Das Hydroperoxyd-Anion *(113)* zerfällt dann schnell unter Bildung des Amidinderivates *(91)* usw. im angeregten Singulettzustand. Dabei halten E. H. WHITE und M. J. C. HARDING [6] das intermediäre Auftreten des Vierring-Peroxyds *(114)* und des Diradikals *(115)* für möglich:

Der nucleophile Angriff des Hydroperoxyd-Sauerstoffs am Kohlenstoff-Atom 5 wird erleichtert durch Wasserstoff-Brückenbindung am Stickstoff.

Für den Zerfall von *(113)* wird — analog dem des Luminolperoxyds (S. 85) und des Lucigeninperoxyds (S. 98) — die simultane Spaltung mehrerer Bindungen diskutiert, den McCapra [22] über das Vierringperoxyd *(114)*, dagegen M. M. Rauhut u. Mitarb. [23] über das Hydroxy-Hydroperoxyd *(116)* formulieren:

Letztere Möglichkeit erscheint E. H. White und M. J. C. Harding [6] jedoch nicht gegeben, weil sie auch in absolut wasserfreiem DMSO, Äthanol oder tert.-Butanol Chemilumineszenz von Lophinderivaten beobachteten.

*(116)*

Literatur: *Lophin(2,4,5-Triphenyl-imidazol)*

1. Radziszewski, B.: B. **10**, 70 (1877); B. **10**, 321 (1877); A. **203**, 305 (1880).
2. Kautsky, H., u. K. H. Kaiser: Naturwiss. **31**, 505 (1943).
3. Hayashi, T., u. K. Maeda: Bl. chem. Soc. Japan **35**, 2057 (1962).
4. Cottman, E. W., R. B. Moffet u. S. M. Moffet: Pr. Indiana Acad. **47**, 133 (1938); C. A. **1938**, 9081.
5. Philbrook, G. E., M. A. Maxwell, R. E. Taylor u. J. R. Totter: Photochem. Photobiol. **4**, 1175 (1965).
6. White, E. H., u. M. J. C. Harding: Photochem. Photobiol. **4**, 1129 (1965).
7. Maeda, K., H. Ojima u. T. Hayashi: Bl. chem. Soc. Japan **38**, 76 (1965).
8. Nicholson, I., u. R. Poretz: Soc. **1965**, 3667.
9. Neunhoeffer, O., u. B. Krieg: Z. Naturf. **21b**, 421 (1966).
10. Sonnenberg, J., u. D. M. White: Am. Soc. **86**, 5685 (1964).
11. White, E. H., u. M. J. C. Harding: Am. Soc. **86**, 5686 (1964).
12. Neunhoeffer, O., u. B. Krieg: Z. Naturf. **21b**, 536 (1966).
13. Philbrook, G. E., u. M. A. Maxwell: Tetrahedron Letters **1964**, 1111.
14. Brown, H. C., u. Y. Okamoto: Am. Soc. **80**, 4979 (1958).
15. Hoffmann, K.: Imidazole and its Derivatives. In E. Weissberger, The Chemistry of Heterocyclic Compounds, S. 11. New York: Interscience Verlag 1953.
16. Dufraisse, C., A. Etienne u. J. Martell: C. r. **244**, 970 (1957).
17. Hayashi, T., u. K. Maeda: Bl. chem. Soc. Japan **33**, 565 (1960).
18. — —, S. Shida u. K. Nakada: J. chem. Physics **32**, 1568 (1960).
19. Zimmermann, H., H. Baumgärtel u. F. Bakke: Ang. Ch. **73**, 808 (1961).
20. Baumgärtel, H., u. H. Zimmermann: Z. Naturf. **18b**, 406 (1963).
21. McCapra, F., D. G. Richardson u. Y. C. Chang: Photochem. Photobiol. **4**, 1111 (1965).
22. — Quart. Rev. **1966**, 485, dort S. 495.
23. Rauhut, M. M., D. Sheehan, R. A. Clarke u. A. M. Semsel: Photochem. Photobiol. **4**, 1097 (1965).

### 12. Pyrrol-, Indol- und Carbazol-Derivate

*a) 2,3,4,5-Tetraphenyl-pyrrol (117)*

(117) ergibt bei Einwirkung von Sauerstoff auf seine Lösung in äthanolischer Kalilauge eine grünliche Chemilumineszenz [1], die erheblich schwächer ist als die von Lophin (83) unter gleichen Bedingungen. Wird (117) in

(117)

äthanolischer Kalilauge unter Stickstoff mit $K_3Fe(CN)_6$ behandelt, so entsteht das freie Radikal (118) [1]; auch ein Peroxyd des Tetraphenylpyrrols

(118)            (119)

wurde isoliert, das sehr wahrscheinlich die Struktur (119) besitzt. Es chemilumineszert — ebenso wie das Lophin-hydroperoxyd — bei Einwirkung von Alkali.

*b) Indolderivate*

Die Chemilumineszenz verschiedener Indolderivate wurde erst während der letzten Jahre in unabhängigen Untersuchungen mehrerer Arbeitskreise entdeckt [3—7]. Einerseits weckte ihr Zusammenhang mit der Biolumineszenz der *Cypridina hilgendorfii* (vgl. S. 144) und der *Renilla reniformis* (S. 149) das Interesse an den Indolderivaten, denn die Substrate dieser biologischen Leuchtreaktionen wurden als Abkömmlinge des Indols erkannt. Andererseits führten grundsätzliche Überlegungen im Zusammenhang mit dem Mechanismus der Lophin-Chemilumineszenz zum Indolsystem: der Zerfall des Lophin-hydroperoxyds (S. 110) stellt nämlich, von der Struktur her gesehen, ein besonderes Beispiel der Zersetzung von Imin-hydroperoxyden dar [4, 6].

Für diesen wurde von B. WITKOP u. Mitarb. [8, 9, 10] der im Prinzip nach dem obigen Schema ablaufende Mechanismus vorgeschlagen (s. auch [11] sowie [12]).

Wie die Chemilumineszenz des Lophins und seiner Derivate zeigt, reicht offensichtlich die bei diesem Zerfallmechanismus freiwerdende Energie zur Erzeugung sichtbaren Lichtes aus. Hydroperoxyde von Indol und Indolderivaten vom allgemeinen Strukturtyp (*120*) sollten also ebenfalls bei ihrem Zerfall chemilumineszieren, denn sie stellen — in der Indoleninform — Imin-hydroperoxyde dar:

(*120*)

Tatsächlich zeigt Indol im System $NaOH/H_2O/K_2S_2O_8$ oder DMSO/KOH schwache Chemilumineszenz mit einem Emissionsmaximum bei 485 nm [5] und einer Quantenausbeute in der Größenordnung von 0,005. Bei der Chemilumineszenzreaktion erfolgt in wäßrigem System weitgehender oxydativer Abbau. Es gelang, neben mehreren fluoreszierenden Substanzen unbekannter Struktur geringe Mengen von Anthranilsäure als Reaktionsprodukt zu isolieren. Diese kommt jedoch — mit ihrem Fluoreszenzmaximum bei 405 nm — ebensowenig als emittierende Spezies in Betracht wie das ebenfalls in geringer Menge bei partieller Oxydation des Indols erhaltene Isatin oder Indol selbst, deren Fluoreszenzmaxima um oder unter 400 nm liegen [5].

Von den zahlreichen Indolderivaten, die meist im System DMSO/KOH/ $O_2$ oder DMSO/K-tert. Butylat/$O_2$ hinsichtlich ihrer Chemilumineszenz untersucht wurden, erwies sich 3-Methylindol (Skatol) (*121*) als weitaus am stärksten leuchtend, und zwar um mindestens 2 Größenordnungen stärker als Indol [5].

(*121*)    $R_1 = H, R_2 = CH_3$
(*122*)    $R_1 = R_2 = CH_3$
(*123*)    $R_1 = CH_3; R_2 = H$

Stärker als Indol, aber etwa eine Größenordnung schwächer als Skatol leuchten 2,3-Dimethyl-indol (*122*)* und 2-Methylindol (*123*) [5]. Alle anderen substituierten Indole, z. B. Tryptophan, chemilumineszieren etwa mit der Intensität des Indols oder viel schwächer. Das Emissionsmaximum liegt auch beim Skatol (*121*) etwa bei 485 nm [5].

Auch bezüglich der Chemilumineszenz der Derivate des Indols ist zur Zeit eine Aussage über das jeweils in angeregtem Zustand gebildete Reaktionsprodukt nicht möglich [13]; tiefgreifende Abbaureaktionen führen häufig zu gefärbten Lösungen, die eine spektroskopische Zuordnung äußerst erschweren.

---

*) SUGIYAMA u. Mitarb. [14b] geben höhere Werte an, die sich allerdings nicht auf die Quantenausbeute, sondern auf die Maximalintensität der Chemilumineszenz beziehen.

Wie im Falle des Lophins sind die Verhältnisse bei den bisher dargestellten Indol-hydroperoxyden vom Typ (120) weitaus übersichtlicher [15]: (124) bzw. (125) liefern bei Einwirkung von K-tert. Butylat in DMSO in sehr hoher Ausbeute die entsprechenden Acylamidoketone (126) bzw. (127):

(124): R = CH$_3$  (126)
(125): R = C$_6$H$_4$OCH$_3$(p)  (127)

(vgl. auch [14, 32]).

Daß deren Anionen in angeregtem Singulettzustand die Chemilumineszenz verursachen, geht aus der Übereinstimmung des jeweiligen Fluoreszenzmaximums mit dem Chemilumineszenzmaximum hervor (bei (126): 518 nm, bei (127): 495 nm).

Es ist durchaus wahrscheinlich, daß auch die Indol-Chemilumineszenz über derartige Hydroperoxyde als Zwischenstufen verläuft. Über die Chemilumineszenz des Cypridina-Luciferins im System DMSO/KOH/O$_2$ vgl. S. 145.

### c) 11-Hydroperoxy-tetrahydrocarbazolenin

J. S. BEER, L. McGRATH und A. ROBERTSON [16] beobachteten, daß Tetrahydro-carbazolylhydroperoxyd (128) beim Schmelzen einen blauen Lichtblitz abgibt.

(128)

Diese Thermo-Chemilumineszenz zeigen auch Lophin-hydroperoxyd (107) [2, 17, 18] sowie die Indolderivate (124) und (125).

(128) leuchtet auch in Xylol beim Erhitzen auf 120°. Dabei entsteht eine sehr komplexe Mischung von Reaktionsprodukten, in der (129—133) als Hauptkomponenten nachgewiesen werden konnten [4]. Alle diese Verbindungen sind fluoreszenzfähig, jedoch nur (130) und (133) in stärkerem Ausmaß. In anderen Lösungsmitteln trat ebenfalls Thermochemilumineszenz auf, die in DMSO und DMF erheblich schwächer war als in Xylol.

Angesichts der Vielzahl an fluoreszenten Reaktionsprodukten ist die Frage, welche die primär in angeregtem Zustand gebildete Spezies ist, schwer zu klären.

(*128*) chemilumineszziert schwach im System DMSO/Base, gar nicht im System Äthanol/Base [4]. Dies ist insofern bemerkenswert, als dabei die Verbindungen (*131*) und (*132*) entstehen [4, 16, 19].

Bei Behandlung mit sorgfältig getrocknetem K-tert. Butylat dagegen leuchtet (*128*) hell auf.

Hier ist Tetrahydrocarbazol mit über 50% Ausbeute das Haupt-Reaktionsprodukt.

Beim derzeitigen Stand der experimentellen Ergebnisse ist die Annahme [4, 6], daß die Chemilumineszenzreaktionen des Lophins und seiner Derivate, der Indolderivate und der Verbindungen vom Typ (*128*) sich unter einem allgemeinen Reaktionsschema (allgemeine Gleichung, S. 112) zusammenfassen lassen, sicher ein fruchtbarer Gedanke. Er bedarf jedoch zu seiner endgültigen Bestätigung angesichts der sehr komplexen Verhältnisse noch umfangreicher weiterer Untersuchungen.

## 13. Schwache Chemilumineszenzreaktionen verschiedener Verbindungstypen

Daß eine große Anzahl organischer Verbindungen bei der Behandlung mit Sauerstoff in alkalischer Lösung Licht emittiert, ist seit den Untersuchungen von B. RADZISZEWSKI [23] sowie von M. TRAUTZ [24] bekannt. Die meisten dieser älteren Beobachtungen sind weder bezüglich des in angeregtem Zustand gebildeten Reaktionsproduktes noch des hierzu führenden Mechanismus bekannt.

Die Chemilumineszenz des Pyrogallols in alkalischer Formaldehyd-Lösung (Trautz-Schorigin-Reaktion) ist auf die Bildung von Singulett-Sauerstoff zurückzuführen [25], der sich vermutlich durch Rekombination von Pyrogallol-peroxy-radikalen bildet. Das Pyrogallol wird schließlich vollkommen zu einfachen aliphatischen Carbonsäuren abgebaut [26].

Allerdings ergibt auch die Oxydation von Formaldehyd allein mit verschiedenen Oxydationsmitteln, z. B. $H_2O_2$, eine äußerst schwache Chemilumineszenz, deren Spektrum auf Emission durch Singulett-Sauerstoff hinweist [27]. Huminsäuren sind sehr wahrscheinlich hochmolekulare Polyphenole. Dementsprechend tritt bei ihrer Oxydation mit $H_2O_2$ in wäßriger $Na_2CO_3$-Lösung Chemilumineszenz auf [28].

V. Ya. Shlyapintokh u. Mitarb. [29] sowie Ss. G. Enteliss u. Mitarb. [30] beobachteten bei der Umsetzung von Adipinsäurechlorid oder Benzoylchlorid mit Hexamethylendiamin oder Anilin sehr schwache Chemilumineszenz. Die Quantenausbeuten betrugen $10^{-15}$ bis $10^{-12}$. Abgesehen davon, daß die Frage nicht geklärt ist, ob hier nicht äußerst geringe Spuren fluoreszenzfähiger Verunreinigungen in den untersuchten Reaktionslösungen vorhanden waren (vgl. [31]), die weder analytisch festzustellen noch zu entfernen sind, ist ein genügend energiereicher Mechanismus für eine solche Chemilumineszenz bei einfacher Amidbildung nicht aufstellbar. Vielleicht sind auch hier Spuren peroxydischer Substanzen beteiligt. Bowen [31] erwähnt, daß z. B. die Chemilumineszenz bei der thermischen Zersetzung sauerstoff-freier benzolischer Lösungen von Dibenzoyl-peroxyd von einer basenkatalysierten Oberflächenreaktion herrührt und nicht von der Zersetzung in der homogenen Lösung. Diese Oberflächenreaktion setzt Sauerstoff in Freiheit; die Chemilumineszenz wird wiederum durch Singulett-Sauerstoff (S. 12) hervorgerufen.

Dies dürfte auch bei den sehr schwach chemilumineszenten Umsetzungen von Harnstoff, Guanidin oder Gelatine mit Hypohalogeniten der Fall sein [20].

Im Hinblick darauf, daß sich DMSO als ein besonders geeignetes Lösungsmittel für oxydative Chemilumineszenzreaktionen in basischem Milieu erwiesen hat (vgl. S. 75), ist der Befund von J. Stauff [21] von großem Interesse, daß Lösungen von KOH in DMSO mit Sauerstoff bereits eine schwache Chemilumineszenz zeigen.

Dies wurde von A. W. Berger u. Mitarb. [22] bestätigt. Basisches Milieu ist notwendig: mit basenfreiem reinem DMSO gibt Sauerstoff keine Chemilumineszenz. Wenn zu dem System $DMSO/O_2$ K-tert.-butylatlösung gegeben wird, so tritt ein kurzer Lichtblitz auf [22]. Bereits minimale Spuren fluoreszenzfähiger Verunreinigungen verstärken diese Emission beträchtlich.

Nach J. Stauff [21] wirkt das DMSO als Elektronendonator, der das Sauerstoffmolekül gemäß

$$\cdot O-O\cdot + e^- \longrightarrow \cdot O-O^{\ominus}$$

in das Sauerstoff-Radikalanion bzw. (je nach dem $p_H$-Wert) in das $\cdot O_2H$-Radikal überführt. Durch Rekombination dieser Sauerstoff-Radikale soll Singulett-Sauerstoff (vgl. S. 15) entstehen.

Auch gegenüber geeigneten organischen Molekülen kann DMSO als Elektronendonator fungieren, z. B. bei Chinonen. So bildet sich bei Einwirkung von Sauerstoff-freiem DMSO und Alkali auf Anthrachinon das an seinem ESR-Signal erkennbare Semichinon. In Gegenwart von Sauerstoff führt diese Umsetzung zur Chemilumineszenz.

DMSO wirkt auf die Chemilumineszenz bei der Reaktion von Benzoin, 4,4'-Dimethoxybenzoin, Fluoranthen, Indol oder Indolderivaten mit Sauerstoff in Gegenwart von K-tert.-butylat verstärkend [22]. Die Quantenausbeuten erreichen bei Indol und den Indol-Derivaten den Höchstwert (s. auch S. 112). Bei den Acyloinen wird auf Grund der beobachteten Substituenteneinflüsse auf die Chemilumineszenz geschlossen, daß die entsprechenden Radikal-anionen *(134)* als Zwischenstufen durchlaufen werden.

$$\overset{\ominus|\overline{O}|}{\underset{|}{Ar-C}}=\overset{|\overset{\cdot}{O}|}{\underset{|}{C-Ar}} \qquad (134)$$

Literatur: *Pyrrol-, Indol- und Carbazol-Derivate. Schwache Chemilumineszenz anderer Verbindungen*

1. HAYASHI, T., u. K. MAEDA: Bl. chem. Soc. Japan **35**, 2058 (1962).
2. WHITE, E. H., u. M. J. C. HARDING: Am. Soc. **86**, 5686 (1964).
3. CORMIER, M. J., u. C. B. ECKROADE: Biochim. biophys. Acta **64**, 340 (1962).
4. MCCAPRA, F., D. G. RICHARDSON u. Y. C. CHANG: Photochem. Photobiol. **4**, 1111 (1965).
5. PHILBROOK, G. E., J. B. AYERS, J. F. GARST u. J. R. TOTTER: Photochem. Photobiol. **4**, 869 (1965).
6. WHITE, E. H., u. M. J. C. HARDING: Photochem. Photobiol. **4**, 1129 (1965).
7. BERGER, A. W., J. N. DRISCOLL u. J. A. PIROG: Photochem. Photobiol. **4**, 1123 (1965).
8. WITKOP, B., u. J. B. PATRICK: Am. Soc. **73**, 2196 (1951).
9. COHEN, L. A., u. B. WITKOP: Am. Soc. **77**, 6595 (1955).
10. WITKOP, B.: Am. Soc. **78**, 2873 (1956).
11. LUNDSFORD, C. D., R. E. LUTZ u. E. E. BOWDEN: J. org. Chem. **20**, 1513 (1955).
12. MENTZER, C., u. Y. BERGUER: Bl. **1952**, 218.
13. JOHNSON, F. H., H.-D. STACHEL, E. C. TAYLOR u. O. SHIMOMURA: In F. H. JOHNSON u. Y. HANEDA, Bioluminescence in Progress, S. 67. Princeton University Press 1966.
14. a) SUGIYAMA, N., M. AKUTAGAWA, T. GASHA u. Y. SAIGA, Bioluminescence in Progress, S. 83;
    b) SUGIYAMA, N., M. AKUTAGAWA, T. GASHA, Y. SAIGA u. H. YAMAMOTO: Bl. chem. Soc. Japan **40**, 347 (1967).
15. MCCAPRA, F., u. Y. C. CHANG: Chem. Commun. **1966**, 522.
16. BEER, J. S., L. MCGRATH u. A. ROBERTSON: Soc. **1950**, 2118, 3283.
17. SONNENBERG, J., u. D. M. WHITE: Am. Soc. **86**, 5685 (1964).
18. MCCAPRA, F., u. D. G. RICHARDSON: Tetrahedron Letters **43**, 3167 (1964).
19. WITKOP, B.: Am. Soc. **72**, 614 (1950).
20. STAUFF, J., u. G. RÜMMLER: Z. physik. Chem. N. F. **34**, 67 (1962).
21. — In: Symposium on Chemiluminescence, Preprints S. 389. Durham: 1965; Photochem. Photobiol. **4**, 1199 (1965).

22. BERGER, A. W., J. N. DRISCOLL u. J. A. BERGER: Photochem. Photobiol. **4**, 1123 (1965).
23. RADZISZEWSKI, B.: A. **203**, 305 (1880).
24. TRAUTZ, M.: Z. physik. Chem. **53**, 1 (1905).
25. BOWEN, E. J., u. R. A. LLOYD: Pr. chem. Soc. **1963**, 305 (1963).
26. — International Symposium on Organic Photochemistry Strasbourg 1964, Plenary Lectures, S. 473. London: Butterworths 1964.
27. STAUFF, J., u. F. LOHMANN: Z. physik. Chem. N. F. **40**, 123 (1964).
28. SLAWINSKA, D., u. J. SLAWINSKI: Nature **213**, 902 (1967).
29. SHLYAPINTOKH, V. Y., R. F. VASIL'EV, O. N. KARPUKHIN, L. M. POSTNIKOV u. L. A. KIBALKO: J. Chim. phys. **57**, 1113 (1960).
30. ENTELISS, Ss. G., V. YA. SHLAYPINTOKH, O. N. KARPUKHIN u. O. V. NESSTEROV: Ž. fiz. Chim. **34**, 1651 (1960).
31. BOWEN, E. J.: Chemistry in Britain **2**, 255 (1966).
32. SUGIYAMA, N., u. M. AKUTAGAWA: Bl. chem. Soc. Japan **40**, 240 (1967).

## 14. Grignard-Verbindungen

Die schwache Chemilumineszenz, die bei der Autoxydation von Grignard-Verbindungen auftritt, wurde schon 1906 von E. WEDEKIND [1] entdeckt. Es liegen jedoch kaum neuere Untersuchungen über dieses Gebiet vor.

Die relativ hellste Emission ergibt p-Chlorphenyl-magnesiumbromid mit einem Emissionsmaximum bei 475 nm [2]. Ein ähnliches Emissionsmaximum wird von der Autoxydation von p-Bromphenylmagnesiumbromid berichtet [2].

Die Quantenausbeuten liegen nach C. D. THOMAS und R. T. DUFFORD [3] in der Größenordnung von $10^{-9}$.

Aus den bandenreichen Fluoreszenzspektren der Reaktionsprodukte [4] ist eine Aussage über das emittierende Produkt kaum möglich. Die Oxydation von Arylmagnesiumverbindungen in Äther führt ja auch zu einem sehr komplexen Gemisch von Oxydationsprodukten:

$$\text{ArMgX} \xrightarrow[\text{Äther}]{O_2} \text{ArOH} + \text{Ar}-\text{Ar} + \text{ArH} + \text{ArOAr} + \underset{\underset{CH_3}{|}}{\text{ArCHOH}}$$

und weitere Produkte

(vgl. die Übersichten von H. HOCK, H. KROPF und F. ERNST [5], G. SOSNOVSKY und I. H. BROWN [6]).

Bezüglich des Einflusses der Konstitution auf die Chemilumineszenz der Grignard-Verbindungen [2, 4] wurde z. B. ermittelt, daß p-substituierte Phenylmagnesiumhalogenide am stärksten leuchteten; weit weniger wirksam waren die entsprechenden m- und o-Isomeren.

T. BREMER und H. FRIEDMANN [7] befaßten sich mit dem Einfluß der Temperatur auf die Chemilumineszenz bei der Autoxydation von Phenylmagnesiumbromid in Di-n-butyläther. Die Geschwindigkeit der Autoxydation wurde an Hand der Sauerstoffaufnahme gemessen. Innerhalb eines

Temperaturbereiches von —40° bis +17 °C ist die Geschwindigkeit der Sauerstoffaufnahme in den ersten Augenblicken der Reaktion (entsprechend etwa 30% des Sauerstoff-Gesamtverbrauchs) innerhalb der Fehlergrenzen gleich. Pro Mol $C_6H_5MgBr$ wird insgesamt 0,5 Mol $O_2$ aufgenommen. In einem Gemisch von Benzol/Äther ist die Chemilumineszenzintensität höher als in Äther allein bei jeweils gleicher Konzentration an Grignard-Verbindungen.

Elektrolyse von ätherischen Grignard-Lösungen [8, 7] führt zur Chemilumineszenz an der Anode. Diese ist in Sauerstoff-freien Lösungen nur sehr schwach [7].

Auch in Abwesenheit von Sauerstoff ergibt $C_6H_5MgBr$ mit Chlorpikrin $Cl_3CNO_2$ schwache Chemilumineszenz [1, 7].

Da die Isolierung von Peroxyden des Typs ArOOMgX aus autoxydierten Grignard-Lösungen gelang [9], ist ein über Radikalketten laufender Peroxyd-Zerfallsmechanismus für die Grignard-Chemilumineszenz oder eine Elektronenübergangsreaktion wie beim Tetralinperoxyd (S. 33) denkbar.

Eine umfassende Neubearbeitung muß jedoch erst weitere experimentelle Daten liefern.

Literatur: *Grignard-Verbindungen*

1. WEDEKIND, E.: Z. wiss. Phot. **5**, 29 (1907).
2. DUFFORD, R. T., S. CALVERT u. D. NIGHTINGALE: Am. Soc. **45**, 2058 (1923); Am. Soc. **47**, 95 (1925).
3. THOMAS, C. D., u. R. T. DUFFORD: J. opt. Soc. Am. **23**, 251 (1933).
4. EVANS, W. V., u. E. M. DIEPENHORST: Am. Soc. **48**, 715 (1926).
5. HOCK, H., H. KROPF u. F. ERNST: Ang. Ch. **71**, 541 (1959).
6. SOSNOVSKY, G., u. J. H. BROWN: Chem. Reviews **66**, 529 (1966).
7. BREMER, T., u. H. FRIEDMANN: Bl. Soc. Chim. Belg. **63**, 415 (1954).
8. DUFFORD, R. T., D. NIGHTINGALE u. L. W. GADDUM: Am. Soc. **49**, 1858 (1927).
9. WALLING, C., u. S. A. BUCKLER: Am. Soc. **77**, 6032 (1955).

# II. Chemilumineszenz von Radikalionen-Reaktionen

## 15. Chemilumineszenz bei Reaktionen von Radikal-Anionen mit Radikal-Kationen

Einen neuen Typ organischer Chemilumineszenzreaktionen fanden erstmals G. J. Hojtink [1], E. A. Chandross und F. I. Sonntag [2], D. M. Hercules [3] sowie M. M. Rauhut u. Mitarb. [9] in unabhängigen Untersuchungen. Die angeregte Spezies wird hier durch Ein-Elektronen-Übergänge zwischen Radikal-Anionen und Radikal-Kationen fluoreszenzfähiger Verbindungen erzeugt. Die Radikal-Anionen und -Kationen können sowohl durch Elektrolyse als auch mittels chemischer Umsetzungen erzeugt werden.

$$Ar^{-}_{\bullet} + Ar^{+} \longrightarrow Ar^{*} + Ar\bullet$$

Derartige Ein-Elektronen-Übergangsreaktionen sollten besonders leicht zur Chemilumineszenz führen. Denn eine große Energie wird in einem kleinen Volumen freigesetzt in sehr kurzer Zeit, verglichen mit der Diffusionszeit der Wärme aus dem Lösungsmittelkäfig. In diesem Falle kann damit gerechnet werden, daß eines der Reaktionsprodukte einen angeregten Elektronenzustand erreicht, während sonst die Reaktionsenergie in Wärme verwandelt bzw. zur Anregung von photochemischen Reaktionen verbraucht wird. Zudem kann man bei diesem Reaktionstyp hoch-fluoreszenzfähige Bindungssysteme auswählen.

E. A. Chandross und F. I. Sonntag [4] weisen auf die Verwandtschaft dieses Chemilumineszenz-Typs mit den zuerst von G. N. Lewis u. Mitarb. [5, 6] sowie H. Linschitz u. Mitarb. [7] aufgefundenen Phänomenen der Rekombinations-Lumineszenz hin. (Vgl. Einleitung, S. 5). Die chemilumineszente Umsetzung eines Radikal-Anions unter Ein-Elektronen-Übergang auf das entsprechende Radikal-Kation ist bereits ein Sonderfall. Dieser ist vor allem bei der weiter unten dargestellten Elektro-Chemilumineszenz gegeben. Es zeigte sich, daß ganz allgemein die Abspaltung eines Elektrons aus einem Radikal-Anion oder die Anlagerung eines Elektrons an ein Radikal-Kation unter geeigneten Umständen zur Chemilumineszenz führen kann.

a) *Elektronen-Abspaltungsreaktionen aus Radikal-Anionen*

### α) 9,10-Diphenyl-anthracenide

Das Anion-radikal des 9,10-Diphenylanthracens (DPA) ist für chemilumineszente Elektronen-Übergangsreaktionen von vornherein besonders gut geeignet. Es ist relativ stabil (vgl. auch S. 128) wegen der beiden Phenylgruppen in der 9,10-Stellung — diese verursachen eine starke sterische Behinderung, so daß die Knüpfung neuer Bindungen in den 9,10-Stellungen erschwert wird. Außerdem fluoresziert DPA sehr stark. (Fluoreszenzquantenausbeute in Benzol: 0,84 [8]).

Die tief blaue Lösung von Kalium-diphenylanthracen *(135)*, hergestellt durch Erwärmen von Kalium in einer siedenden Lösung von DPA in Tetrahydrofuran, gibt mit einer Lösung von 9,10-Dichlor-9,10-dihydro-DPA *(136)* eine helle Chemilumineszenz, die mit der Fluoreszenz-Emission des DPA übereinstimmt:

$$2\ (135) + (136) \longrightarrow 2\ DPA + DPA^* + 2\ Cl^{\ominus}$$

Die Aufarbeitung der Reaktionslösung liefert als einzige organische Produkte DPA und wenig DPACl$_2$ [9, 4].

Der Ein-Elektronen-Übergang erfolgt hier vom Radikal-Anion *(137)* auf das potentielle Radikal-Kation *(136)*. Als Zwischenstufe tritt nach E. A. CHANDROSS und F. I. SONNTAG [10] das Radikal *(138)* auf:

$$(137) + (136) \longrightarrow DPA + Cl^{\ominus} + (138)$$
$$DPA^* + DPA + Cl^{\ominus} \longleftarrow$$

*(138)* übernimmt von einem 2. DPA-Radikalanion ein weiteres Elektron unter gleichzeitiger Abspaltung eines Cl$^-$-Anions.

Nach CHANDROSS und SONNTAG wird bei diesem zweiten Schritt das angeregte DPA-Molekül gebildet. Dies kommt dadurch zustande, daß das in das DPACl-Radikal *(138)* eintretende Elektron das niedrigste antibindende Orbital besetzt — wobei zur Zeit noch nicht sicher geklärt ist, ob dabei ein angeregter Singulett- oder ein Triplett-Zustand gebildet wird.

Die unmittelbar anschließende oder gleichzeitige Abdissoziation des Cl$^{(-)}$, die den Übergang des mittleren Ringes des Dihydroanthracenderivates in einen benzoiden Zustand bewirkt, könnte zusätzliche Energie zur Anregung liefern. In einem vereinfachten MO-Diagramm läßt sich der Anregungsschritt so darstellen [10]:

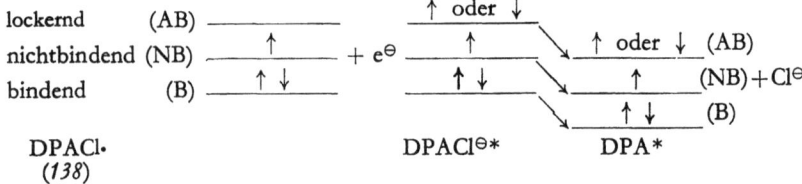

Die andere Möglichkeit, daß DPACl· zuerst ein $Cl^\ominus$-Ion abspaltet und dadurch ein $DPA^{+}_{\cdot}$-Radikal-Kation bildet, erscheint CHANDROSS und SONNTAG angesichts der geringen Polarität des Lösungsmittels unwahrscheinlich. DPA-Radikal-Anionen können mit einer großen Zahl anderer Elektronenakzeptoren — Oxydationsmitteln im engeren und im weiteren Sinne — unter Chemilumineszenz reagieren.

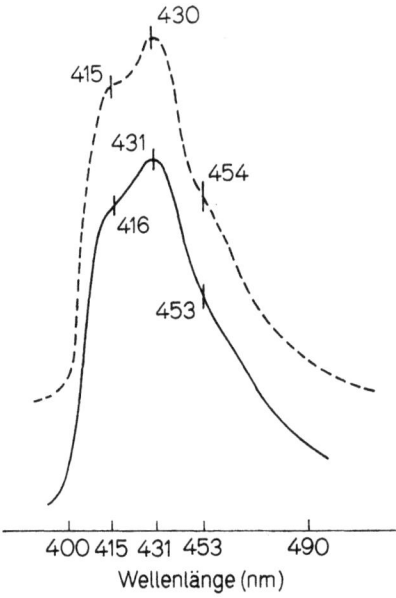

Abb. 25. Fluoreszenzspektrum (———) des DPA und Chemilumineszenzspektrum (------) der Reaktion von $DPA^{-}_{\cdot}$ mit Benzoylperoxyd. Nach CHANDROSS und SONNTAG [10]

$Cl_2$, $Br_2$, $HgCl_2$, Oxaloylchlorid, Benzoylperoxyd, $NO_2$, $Ce^{IV}$-Ionen sowie Bleitetraacetat führen bei der Umsetzung mit $DPA^{-}_{\cdot}$ zu Chemilumineszenz [9], aber auch p-Toluolsulfonsäurechlorid, p-Toluolsulfonsäureanhydrid und Methansulfonylchlorid [10]. Die Chemilumineszenzreaktionen von DPA$\bar{\cdot}$ mit Chlor, Oxalylchlorid und HgCl$_2$ lassen sich in das obige Schema einfügen, wenn man die plausible Annahme macht, daß diese Substanzen zunächst als chlorierende Agentien wirken, die das DPACl·-Radikal (*138*) liefern. Die erwähnten Sulfonylchloride können ebenfalls chlorierend wirken. Es wird aber noch ein anderer Mechanismus diskutiert, der dem der chemilumineszenten Umsetzung von DPA$\bar{\cdot}$ mit Benzoylperoxyd analog ist.

Bei letzterer entsteht als einziges nicht-saures Reaktionsprodukt DPA. Das Chemilumineszenzspektrum stimmt mit dem DPA-Fluoreszenzspektrum überein (Abb. 25).

Folgender Mechanismus wird vorgeschlagen (BPO = Benzoylperoxyd):

1. DPA$\bar{\cdot}$ + BPO $\longrightarrow$ DPA + BPO$\bar{\cdot}$
2. BPO$\bar{\cdot}$ $\longrightarrow$ C$_6$H$_5$CO$_2^-$ + C$_6$H$_5$CO$_2$·
3. DPA$\bar{\cdot}$ + C$_6$H$_5$CO$_2$· $\longrightarrow$ DPA* + C$_6$H$_5$CO$_2^-$

Die elektrochemische Reduktion von Benzoylperoxyd erfolgt bei etwa —1 V, die von DPA bei —1,9 V. Somit kann Schritt 1. nicht mehr als 0,9 eV (21 kcal) liefern — viel zu wenig für die Anregung der DPA-Fluoreszenz, die mit ihren Maxima bei 435 nm (2,9 eV) und 410 nm (3,1 eV) liegt. Außerdem wäre es möglich, daß ein Radikalion wie BPO$\bar{\cdot}$ fluoreszenzlöschend wirkt.

Daher nehmen CHANDROSS und SONNTAG [10] an, daß das Benzoylperoxyd-Radikalion instabil ist und rasch in Benzoat-Ion und Benzoat-Radikal fragmentiert, wie Schritt 2. anzeigt. Daran schließt sich ein Ein-Elektronen-Übergang vom DPA-Radikalanion auf das Benzoat-Radikal an, und dieser Schritt liefert das angeregte DPA. Qualitative Elektrolyseversuche am Benzoat-Ion zeigen, daß dessen Oxydationspotential mindestens +1,5 V beträgt. Das liefert eine Minimalenergie von 3,4 eV für den Schritt 3., die ausreichend ist, um ihn energetisch möglich erscheinen zu lassen. Die elektronische Anregung des DPA könnte beim 3. Schritt durch Übertragung der Anregungsenergie vom Benzoat-Ion erfolgen, das durch den Ein-Elektronen-Übergang auf das Benzoat-Radikal entstanden ist. Dabei wurde dessen niedrigstes antibindendes Orbital von dem aufgenommenen Elektron besetzt.

Die Energieübertragung von angeregtem Benzoat-Ion C$_6$H$_5$CO$_2^{\ominus *}$ auf DPA wird dieses aber wieder in einen angeregten Singulett- oder

Triplett-Zustand überführen. Im Endeffekt kann man daher die Reaktion 3. als Übertragung eines Elektrons aus dem höchsten Bindungsorbital des DPA⁻· auf das Benzoat-Radikal ansehen unter Bildung von DPA*. So daß also nicht nur, wie auf S. 121 ausgeführt, das Molekül für die Emission entscheidend ist, das das Elektron aufnimmt, sondern auch dasjenige, welches es abgegeben hat.

Die Chemilumineszenz von DPA⁻· und den Sulfonsäurechloriden könnte in ähnlicher Weise wie die BPO-Reaktion ablaufen. Nur treten Arylsulfonyl-Radikale, z. B. H₃C-C₆H₄-SO₂·, an die Stelle der Benzoat-Radikale.

### β) Naphthalin-Natrium (139)

(139)

(139) setzt sich mit DPACl₂ unter Chemilumineszenz um, die der Fluoreszenz von DPA entspricht. Nach CHANDROSS und SONNTAG [10] kann das Naphthalin-Radikalanion dabei analog dem DPA-Radikalanion reagieren (S. 122). Die exotherme Reaktion

$$C_{10}H_8^{-\cdot} + DPA \longrightarrow C_{10}H_8 + DPA^{-\cdot}$$

kommt allerdings ebenfalls als Quelle für die Anregungsenergie in Betracht.

Aber auch die Umsetzung von Naphthalin-natrium mit aliphatischen Halogeniden führt zur Chemilumineszenz, hervorgerufen durch Naphthalinmoleküle in angeregtem Singulettzustand. Der Ein-Elektronen-Übergang erfolgt vom Naphthalin-radikalanion auf Alkylkationen gemäß

$$RCH_2CH_2X + Na^+C_{10}H_8^{-\cdot} \longrightarrow RCH_2CH_2\cdot + C_{10}H_8^* + Na^+X^-$$
$$X = F, Cl, Br \text{ oder } J. \quad [11]$$

Außer durch diesen Elektronenübergang kann zusätzliche Anregungsenergie aus den Radikal-Rekombinations- und -disproportionierungsreaktionen mittels Energieübertragung erhalten werden.

### γ) N-Phenylcarbazol-Natrium (140) und N-Methylacridon-Natrium (141)

(140)     (141)

Aus N-Phenylcarbazol und Natrium in 1,2-Dimethoxy-äthan entsteht eine tiefblaue Lösung, die unzweifelhaft das N-Phenylcarbazol-Radikalanion enthält. Diese Lösung gibt mit allen üblichen Oxydationsmitteln eine helle blaue Chemilumineszenz. Diese kann nicht auf in angeregtem Singulettzustand gebildetes N-Phenylcarbazol zurückgehen. Denn letzteres fluoresziert fast ausschließlich im UV ($\lambda_{max}$ 365 nm). Das Chemilumineszenzspektrum der Reaktion mit Benzoylperoxyd zeigt Abb. 26:

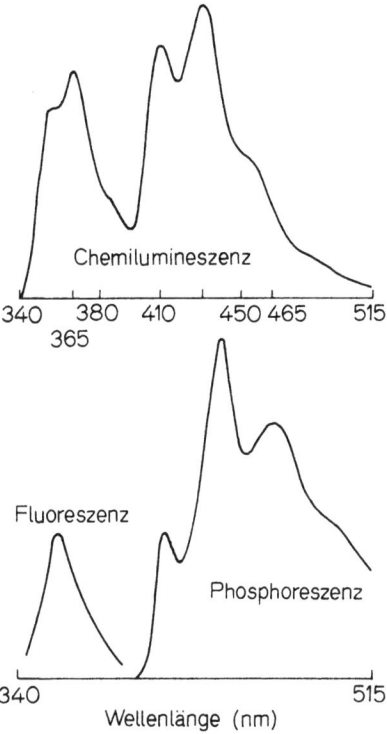

Abb. 26. Chemilumineszenzspektrum der Reaktion zwischen Na—N-Phenylcarbazol und Dibenzoylperoxyd. Darunter das Photolumineszenzspektrum von N-Phenylcarbazol. Nach CHANDROSS und SONNTAG [10]

Als Reaktionsprodukt der Chemilumineszenzreaktion wurde N-Phenylcarbazol isoliert, das offensichtlich kaum mit bei 430 nm fluoreszierenden Substanzen verunreinigt war.

CHANDROSS und SONNTAG [10] bemerken, daß das von ihnen benutzte N-Phenylcarbazol eine sehr schwache Fluoreszenz bei 430 nm zeigte, die aber ihrer Stärke nach keineswegs für die helle Chemilumineszenz in Betracht kommt. Auffallend ist die große Ähnlichkeit des Chemilumineszenzspektrums der Benzoylperoxyd-N-Phenylcarbazol-Radikalanion-Reaktion mit dem Phosphoreszenzspektrum des N-Phenylcarbazols, das dieses bei 77 °K in fester Lösung zeigt, wenn auch in letzterer um 10 nm nach längeren Wellen verschoben. Der Gedanke, daß hier in einer Lösung bei

25° Phosphoreszenz auftreten soll, ist recht ungewöhnlich. Andererseits ist auf die Untersuchungen von VASIL'EV u. Mitarb. über die Autoxydation von Kohlenwasserstoffen hinzuweisen, bei denen Ketone in angeregten Triplettzuständen gebildet werden (S. 21).

C. A. PARKER [12] beobachtete Phosphoreszenz von Phenanthrenlösungen. Es kommt offenbar vor allem darauf an, daß eine genügend hohe Konzentration an Tripletts vorhanden ist.

Besonders im Hinblick auf die ausgeprägte Struktur der 430 nm-Bande halten CHANDROSS und SONNTAG [10] es für unwahrscheinlich, daß N-Phenylcarbazol-Excimere Ursache der Chemilumineszenz sind. Denn Excimere weisen nach allen Erfahrungen breite, unstrukturierte Fluoreszenzspektren auf (vgl. S. 128). Außerdem ist die Dimerenbildung beim N-Phenylcarbazol sterisch behindert, denn die N-Phenylgruppe liegt nicht koplanar mit dem übrigen heteroaromatischen System. Es tritt keine Änderung des Fluoreszenzspektrums des N-Phenylcarbazols mit wachsender Konzentration (von $10^{-3}$ bis 1 M) auf, die zu erwarten wäre, wenn sich angeregte Dimere bilden würden.

Somit ist beim derzeitigen Stand der experimentellen Befunde Phosphoreszenz-Emission die plausibelste Erklärung.

Dagegen führt die Umsetzung von N-Methylacridon-Natrium mit Dibenzoylperoxyd oder mit p-Toluolsulfochlorid zu Chemilumineszenz, die der Fluoreszenz des N-Methylacridons entspricht.

### b) *Organische Metallkomplexsalze, Arylamine*

D. M. HERCULES und F. E. LYTTLE [13] beobachteten Chemilumineszenz, wenn bestimmte organische Metallkomplexsalze oder aromatische Amine zunächst mittels eines Ein-Elektronen-Oxydationsmittels in die um eine Ladungseinheit höher positive Oxydationsstufe übergeführt und anschließend mit einem geeigneten Reduktionsmittel wieder in den Ausgangszustand reduziert wurden. Bei den Metallkomplexen kann die zur Emission führende Reduktion durch folgende allgemeine Gleichung dargestellt werden:

$$ML_x^{n+1\oplus} + \text{Reduktionsmittel} \longrightarrow ML_x^{n\oplus} + h\nu$$

Hierbei bedeutet $M$ ein Metallion und $L$ einen passenden Liganden. Man untersuchte Rutheniumkomplexe (n = 2) mit den Liganden 2,2'-Bipyridyl, 5-Methyl-o-phenanthrolin, 5,6-Dimethyl-o-phenanthrolin und 3,5,6,8-Tetramethyl-o-phenanthrolin (x = 3). Die Oxydation der Rutheniumkomplexe wurde mit Bleidioxyd durchgeführt. Die so entstehenden Ru-III-Komplexe sind nur in wäßrig-saurer Lösung beständig. Umsetzung dieser sauren Lösungen mit Basen (NaOH, Hydrazin) erfolgt unter Chemilumineszenz. Dabei wird nach spektroskopischem Befund der ursprüngliche Ru-II-Komplex zurückgebildet (Abb. 27).

Die Intensität des emittierten Lichtes hängt ab von der Stärke der Säure, deren Anion dem Ru-Komplex zugehört, und der Stärke der Base. (S. auch die Chemilumineszenz von Tetraphenylporphin-Derivaten (S. 33)).

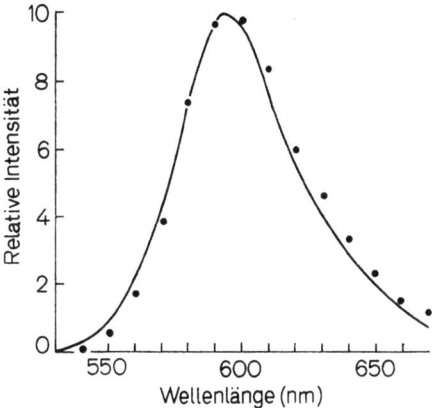

Abb. 27. Chemilumineszenzspektrum der Ru(Dipyridyl)$_3^{3+}$/H$_2$NNH$_2$-Reaktion (······). Fluoreszenzspektrum von Ru(Dipyridyl)$_3^{2+}$ in wäßriger Lösung. Nach HERCULES und LYTTLE [13]

Bei der Chemilumineszenz, die nach partieller Oxydation von aromatischen Aminen während der anschließenden Reduktion auftritt, gilt die allgemeine Gleichung:

$$\text{RNH}_2^{m+} + \text{Reduktionsmittel} \longrightarrow \text{RNH}_2 + h\nu$$

1,6-Diaminopyren z. B. kann entweder mit Bleidioxyd oder Chlor zunächst oxydiert werden; dann setzt man die oxydierte Lösung mit Hydrazin um. Oder man behandelt die Lösung seines Radikalkations (m = 1; vgl. [14]) mit Hydrazin. Die recht starke blaue Chemilumineszenz stimmt in ihrem Spektrum nicht ganz mit dem Fluoreszenzspektrum des 1,6-Diaminopyrens überein. Offenbar entsteht eine Komponente mit längerwelliger Emission, über deren Natur noch nichts bekannt ist.

## 16. Elektro-Chemilumineszenz

Formal noch einfacher als die eben beschriebenen chemilumineszenten Oxydations- und Reduktionsreaktionen sind die Verhältnisse bei der Elektro-Chemilumineszenz, die bei vielen aromatischen Kohlenwasserstoffen wie Anthracen, Chrysen, Pyren, Naphthacen, Perylen, Coronen, Rubren, Decacyclen oder 1,2,5,6-Dibenzanthracen, während der Elektrolyse ihrer Lösungen in einem geeigneten Elektrolyten, z. B. Lösungen von Tetraalkyl-ammoniumsalzen in DMF oder Acetonitril, auftritt [1, 3, 9, 15—17].

Das Spektrum der Elektro-Chemilumineszenz entspricht der Fluoreszenz des betreffenden Kohlenwasserstoffs, jedoch nur in den Fällen, bei denen infolge sterischer Hinderung die Bildung von angeregten Dimeren (Excimeren) nicht möglich ist, z. B. beim 9,10-Diphenyl-anthracen, Rubren oder Naphthacen [16]. Bei Anthracen, Phenanthren oder Perylen entspricht die Emission der Überlagerung der Monomeren- und der Excimeren-Fluoreszenz (Abb. 28).

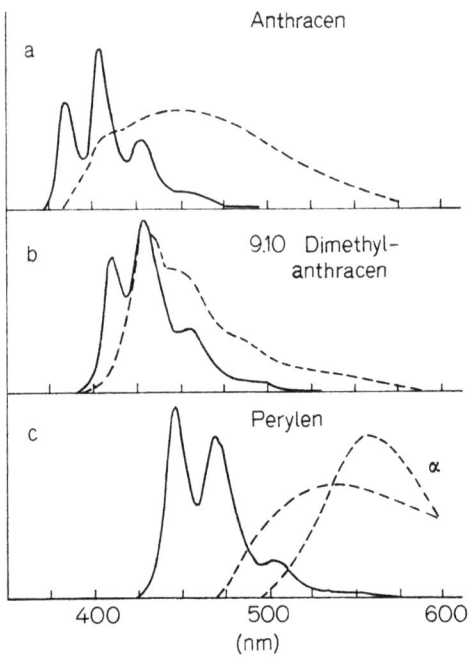

Abb. 28. Fluoreszenz- (———) und Elektro-Chemilumineszenzspektren (------) von Anthracen (a), 9,10-Dimethylanthracen (b) und Perylen (c); α: Fluoreszenzspektrum von kristallinem Perylen-Excimer. Nach CHANDROSS, LONGWORTH und VISCO [16]

A. ZWEIG u. Mitarb. [18] fanden, daß auch Isobenzofurane und Isoindole Elektro-Chemilumineszenz ergeben. Das Emissionsspektrum ist identisch mit dem Fluoreszenzspektrum des entsprechenden Heterocyclus, wie beim 1,3,4,7-Tetraphenyl-isobenzofuran und ebenso beim N-Methyl-1,3,4,7-tetraphenyl-isoindol beobachtet wurde.

*a) Vorgänge an den Elektroden*

An der Kathode erfolgt Reduktion des Kohlenwasserstoffs zum Radikal-Anion, das häufig an seiner tiefen Färbung erkannt werden kann und relativ stabil ist [9, 15, 19, 20—23].

$$Ar + e^{\ominus} \longrightarrow Ar^{\overline{\cdot}}$$

An der Anode werden zunächst Radikal-Kationen erzeugt:

$$Ar \longrightarrow Ar^+_{\cdot} + e^{\ominus}$$

Diese sind erheblich instabiler als die entsprechenden Radikal-Anionen, besonders im Lösungsmittel DMF. Dies zeigt sich z. B. bei der polarographischen Untersuchung darin, daß rasch weiterer Elektronenentzug erfolgt. Durch Substituenten in den Positionen größter Elektronendichte (beim Anthracen z. B. in den 9,10-Stellungen) wird die Stabilität der aromatischen Radikal-Kationen erhöht [44]. So gelang es z. B., ESR-Spektren elektrochemisch erzeugter Radikal-Kationen des 9,10-Diphenylanthracens zu messen [24].

Auch die Radikal-Kationen von Rubren und 1,3,6,8-Tetraphenylpyren sind relativ stabil, besonders wenn sie durch anodische Oxydation der Kohlenwasserstoffe im Lösungsmittel Dichlormethan hergestellt wurden. J. PHELPS u. Mitarb. [25] fanden, daß Lösungen dieser Radikal-Kationen bei ca. —200° unter Sauerstoffausschluß tagelang haltbar sind.

Anthracen- und Tetracen-Radikalkationen sind dagegen besonders instabil; die Elektro-Oxydation führt schnell zum Di-kation und zu weiteren Elektronenabspaltungen.

### b) Zur Elektrochemilumineszenz führende Reaktionen

Wird die Elektrolyse aromatischer Kohlenwasserstoffe mittels Gleichstrom durchgeführt, so findet die Lichtemission in der Nähe der Kathode, jedoch nicht an der Elektrodenoberfläche statt [3]. Wird die Stromrichtung schnell umgekehrt, so tritt eine gewisse Verzögerung der Lichtemission auf. Auch spielt es für die Lichtemission eine Rolle, ob die Lösungen sich in Ruhe befinden oder gerührt werden. Aus diesen Effekten ist zu schließen, daß sich die Elektro-Chemilumineszenz nicht an der Elektrodenoberfläche abspielt, etwa durch Ein-Elektron-Übergang von der Kathode auf ein Radikal-Kation, sondern daß Reaktion mit einem Partner in der Lösung erforderlich ist.

Die Tatsache, daß bei der Elektrochemilumineszenz Excimeren-Emission beobachtet wird (S. 128), legt den Schluß nahe, daß die wichtigste Anregungsreaktion der Ein-Elektronen-Übergang zwischen Radikal-Anion und Radikal-Kation ist nach

$$Ar^-_{\cdot} + Ar^+_{\cdot} \longrightarrow Ar^* + Ar \text{ bzw. } (Ar_2)^*$$

Dies wird ferner erhärtet durch die Ergebnisse der durch Wechselstrom-Elektrolyse erzeugten Chemilumineszenz. Hier werden die Radikal-Anionen und Radikal-Kationen in der *Nernst*schen Diffusionsschicht um die Elektrode erzeugt [15, 23]. Ein typisches Beispiel ist die in Abb. 29 dargestellte Elektrochemilumineszenz des Rubrens:

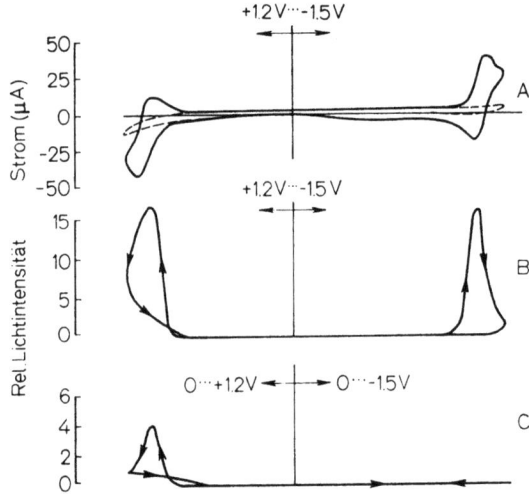

Abb. 29. Strom-Spannungs- und Lichtintensitäts-Spannungskurven der Elektrochemilumineszenz des Rubrens in DMF. Konzentrationen: Rubren $1,0 \cdot 10^{-3}$ M; Tetrabutylammoniumperchlorat (Trägerelektrolyt): $1,0 \cdot 10^{-2}$ M; Bezugselektrode Ag/AgBr in $10^{-2}$ M Tetraäthylammoniumbromid. Wechselstrom: 0,1 Periode/sec, A: Strom-Spannungskurve; ausgezogene Linie: Lösung mit Rubren, gestrichelte Kurve: Lösung ohne Rubren.
B-Lichtintensität-Spannungskurve: Bereich von +1,2—1,5 V Lichtemission im anodischen und kathodischen Cyclus.
C: Lichtntensität-Spannungskurve: 1. Bereich 0 bis —1,5 V (nur kathodischer Cyclus): keine Lichtemission; 2. Bereich 0 bis +1,2 V (nur anodischer Cyclus): Lichtemission tritt auf. Nach HERCULES u. Mitarb. [23]

Unter den der Abb. 29 zugrunde liegenden Versuchsbedingungen beträgt das Potential der Ein-Elektronen-Oxydation des Rubrens +1,07 V, das der Ein-Elektronen-Reduktion —1,37 V (beide gegen Ag/AgBr-Bezugselektrode gemessen). Aus Kurve B der Abb. 29 ist ersichtlich, daß sowohl im anodischen als auch im kathodischen Cyclus Lichtemission auftritt. Die Maximalintensität der Elektrochemilumineszenz hängt von der Cyclusfrequenz ab: dies ist durch die Instabilität des Radikal-Kations bedingt. Die Radikal-anion-Radikal-kation-Reaktion ist aber offensichtlich nicht die einzige Ursache der Elektrochemilumineszenz. Sie sollte es auch nicht sein, denn wie im vorangehenden Abschnitt (S. 122) ausgeführt, können geeignete Elektronendonatoren ein Elektron in ein lockerndes Orbital eines Radikal-Kations abgeben und so elektronisch angeregte Spezies entstehen.

Diese Möglichkeit ist in Kurve C der Abb. 29 angedeutet. Hier tritt Elektrochemilumineszenz in einem Potentialbereich auf, in welchem nur das Radikal-Kation des Rubrens entsteht. Der zur Lichtemission führende

Elektronenübergang erfolgt hier vom Lösungsmittel (DMF). Das Emissionsspektrum entspricht dem der Fluoreszenz des Rubrens. Welche quantitativen Effekte verschiedene Donatoren auf die Chemilumineszenz des Rubren-Radikalkations haben, zeigt die Tabelle 11:

Tabelle 11. *Relative Intensitäten der Chemilumineszenz, die durch Reduktion des Rubrenradikalkations erzeugt wird.* Nach HERCULES, LANSBURY und ROE [23]

| Donator für Rubren-Radikalkation$^+$ | Lösungsmittel | Relat. Intensität |
|---|---|---|
| Rubren-Radikalanion | DMF | $4 \times 10^4$ |
| Rubren-Radikalanion | $CH_3CN$ | $10^4$ |
| Dimethylformamid | DMF | $10^3$ |
| Dimethylformamid | $CH_3CN$ | 300 |
| Triäthylamin | $CH_3CN$ | $4 \times 10^3$ |
| n-Butylamin | $CH_3CN$ | $10^3$ |
| Wasser | $CH_3CN$ | 50 |
| n-Butylamin ohne Rubren | $CH_3CN$ | 5 |

Die relativen Intensitäten sind auf gleiche Donatorkonzentrationen bezogen. Die Lichtemission des n-Butylamins wurde ohne Rubren nur bei etwa $+2,0$ V beobachtet.

Wie ersichtlich, ist die Stärke der Emission am stärksten bei der $Ar^{\overline{\cdot}}$—$Ar^+_{\cdot}$-Rekombination. Ähnliche Ergebnisse wurden beim 9,10-Diphenylanthracen, Perylen und 3,5,8,10-Tetraphenylpyren erzielt.

Bei den elektrochemisch erzeugten aromatischen Radikal-Anionen kommen ganz analog auch andere Partner als die entsprechenden Radikal-Kationen zur Erzeugung der Elektrochemilumineszenz in Betracht, z. B. das bei Verwendung von quartären Ammoniumbromiden als Elektrolyten an der Anode freiwerdende Brom oder Lösungsmittel-Oxydationsprodukte [17].

Schließlich ist auf ein von D. L. MARICLE und A. MAURER [26] näher studiertes Phänomen hinzuweisen: bei bestimmten aromatischen Kohlenwasserstoffen kann Licht beobachtet werden, wenn das Anion oxydiert oder das Kation reduziert wird bei Potentialen, die anodisch bzw. kathodisch zu niedrig sind, um das entgegengesetzt geladene Radikalion zu erzeugen.

So wurde das Rubren-Anionradikal bei $-1,37$ V (gegen die Kalomelelektrode gemessen) hergestellt, das anschließend oxydiert wurde: man hielt das Potential zuerst einige sec bei $-1,6$ V, dann wurde es langsam in positiver Richtung verändert. Analog wurde bei dem weniger stabilen Radikal-Kation verfahren: Darstellung bei $+0,95$ V, kurzes Verweilen bei $+1,0$ V, dann langsame Änderung des Potentials bis zu negativen Werten hin. Licht wurde während der Oxydation des Anions bei Spannungen beobachtet, die positiver als $-0,2$ V waren, und während der Reduktion des Kations bei Spannungen negativer als $-0,95$ V. Die

Intensität dieser „Pre-annihilation"-Chemilumineszenz war nur 1—2 Größenordnungen geringer als die des bei der direkten $Ar^{-}_{\cdot}/Ar^{+}_{\cdot}$-Reaktion beobachteten Lichtes.

Die beiden eben genannten Potentiale sind jeweils viel zu niedrig, um die entgegengesetzt geladenen Radikalionen zu erzeugen und somit die $Ar^{-}_{\cdot}/Ar^{+}_{\cdot}$-Reaktion zu ermöglichen. Die Lichterzeugung erfolgt während der Oxydation des Anions und der Reduktion des Kations bei Überspannungen, die weit unter der Energie des Rubren(O—O)-Übergangs (2,3 eV) liegen. Trotzdem ist nur dessen Fluoreszenz, also Singulett-Emission, zu beobachten.

Es ließ sich zeigen, daß Verunreinigungen der Lösung oxydiert bzw. reduziert werden, worauf dann durch homogene Elektronen-Übertragungsprozesse Chemilumineszenz resultiert. MARICLE und MAURER [26] sind jedoch der Ansicht, daß durch solche Vorgänge nicht direkt angeregte Singulettzustände entstehen können, die der beobachteten Emission entsprechen. Sie halten einen Energieverdoppelungsprozeß für notwendig, wie er etwa durch Triplett-Triplett-Annihilierung (vgl. hierzu [27]) möglich wäre — ein Gedanke, der in diesem Zusammenhang von G. J. HOIJTINK [28] vorgeschlagen wurde. A. WELLER und K. ZACHARIASE [43] erklären die von ihnen beobachtete Chemilumineszenz bei der Reaktion von aromatischen Radikal-Anionen mit Wursters Blau-Kationen ebenfalls über T-T-Annihilierung.

Mit dem Problem, ob bei der Elektrochemilumineszenz direkte Singulett-Anregung oder Triplett-Triplett-Annihilierung zu der emittierenden Spezies führt, befassen sich die Theorien von R. A. MARCUS [29] und von S. W. FELDBERG [30]. FELDBERG [31] beschreibt eine Möglichkeit, bei der elektrochemisch erzeugten Chemilumineszenz zwischen T-T-Annihilierung und direkter Singulett-Bildung zu unterscheiden.

Die größte experimentelle Schwierigkeit besteht zur Zeit noch darin, einen passenden Triplett-Löscher zu finden. Dieser müßte nämlich elektrochemisch so inaktiv sein, daß er weder an der Elektrodenoberfläche oxydiert oder reduziert wird noch mit den Radikalionen reagiert.

### 17. Photoperoxyde. Strahleninduzierte Chemilumineszenz

*a) Photoperoxyde*

Aromatische Kohlenwasserstoffe vom Acen-Typ, z. B.

(142)      (143)      (144)

unterliegen leicht der Photooxydation. Dabei bilden sich Endoperoxyde vom Typ (144) [32, 33]. Beim Erwärmen geben die Endoperoxyde den

Sauerstoff unter Chemilumineszenz wieder ab — der aromatische Kohlenwasserstoff wird dabei anscheinend im angeregten Singulettzustand zurückgebildet, denn die Emission entspricht der Fluoreszenz des Kohlenwasserstoffs.

Nach neueren Untersuchungen erfolgt die Bildung der Photoperoxyde dadurch, daß angeregter Singulett-Sauerstoff die aromatischen Kohlenwasserstoffe angreift [34—36]. Auch bei der umgekehrten Reaktion — der Spaltung der Peroxyde — wird Singulett-Sauerstoff freigesetzt. Die Chemilumineszenz, die diese Spaltung begleitet, wäre dann eine sensibilisierte Chemilumineszenz, indem die Anregungsenergie vom Sauerstoff auf den aromatischen Kohlenwasserstoff übertragen wird (vgl. S. 21). In der Tat gelang es, den bei der thermischen Zersetzung von 9,10-Diphenylanthracenperoxyd in Chloroform oder Benzol gebildeten Singulett-Sauerstoff durch Reaktion mit typischen Singulett-Sauerstoff-Akzeptoren nachzuweisen [37].

Die Quantenausbeute dieses Chemilumineszenztyps wird davon abhängen, in welchem Umfange die Zersetzung der Photoperoxyde tatsächlich im Sinne der Umkehr der Bildungsreaktion erfolgt und welchen Anteil andere Reaktionswege, z. B. bei Anthracenderivaten die Bildung des betreffenden Chinons, haben.

*b) Strahleninduzierte Chemilumineszenz*

Während bei der Bildung und Zersetzung der Photoperoxyde Singulett-Sauerstoff eine entscheidende Rolle spielt, also offensichtlich heterolytische Reaktionen ablaufen, liegt es bei den strahleninduzierten Chemilumineszenzreaktionen nahe, daß zumindest während der eigentlichen Induktionsperiode homolytische Reaktionen entscheidend sind.

H. KAUTSKY und G. O. MÜLLER [38] hatten erstmals einen grünen Lichtblitz beobachtet, wenn Sauerstoff im Dunkeln auf vorher bestrahltes Acriflavin einwirkte, welches auf Kieselgel adsorbiert war. Dieser Befund wurde von J. L. ROSENBERG und D. J. SHOMBERT [39] bestätigt. Nach ROSENBERG und HUMPHRIES [40] bildet sich bei Einwirkung von Sauerstoff auf die durch die Bestrahlung angeregten Farbstoffmoleküle (die im Triplettzustand vorliegen) wahrscheinlich schwingungsangeregter Sauerstoff im elektronischen Grundzustand (Singulettzustände sind auf Grund der experimentellen Tatsachen unwahrscheinlich). Dieser diffundiert zu anderen Farbstoffmolekülen und oxydiert sie irreversibel. Dabei tritt Chemilumineszenz auf.

Auch Biolumineszenz kann durch Lichteinwirkung hervorgerufen werden. Wird z. B. Luciferase von *Photobacterium fischeri* in Gegenwart von Sauerstoff bestrahlt, so beobachtet man anschließend Chemilumineszenz, die durch langkettige Aldehyde ebenso verstärkt wird wie die natürliche

Biolumineszenz, die im Gegensatz zu der lichtinduzierten Chemilumineszenz Flavinmononucleotid benötigt. Das Emissionsspektrum ist das gleiche wie in Gegenwart von Flavin [41, 42]. Über mögliche Energie-speichernde Zwischenprodukte bei der Biolumineszenz der Bakterien, die durch Licht gebildet werden, vgl. HASTINGS u. Mitarb. [42].

Literatur: *Chemilumineszenz von Radikalionen-Reaktionen. Photoperoxyde. Strahleninduzierte Chemilumineszenz*

1. HOIJTINK, G. J. (1963; persönl. Mitteilung an E. A. CHANDROSS; vgl. 2.).
2. CHANDROSS, E. A., u. F. I. SONNTAG: Am. Soc. **86**, 5350 (1964).
3. HERCULES, D. M.: Sci. **145**, 808 (1964).
4. CHANDROSS, E. A., u. F. I. SONNTAG: Am. Soc. **86**, 3179 (1964).
5. LEWIS, G. N., u. J. BIGELEISEN: Am. Soc. **65**, 2424 (1944).
6. —, u. M. KASHA, Am. Soc. **66**, 2100 (1944) (s. dort weitere Lit.)
7. LINSCHITZ, H., M. G. BERRY u. D. SCHWITZER: Am. Soc. **76**, 5833 (1954).
8. MELHUISH, W. H.: J. phys. Chem. **65**, 229 (1961).
9. RAUHUT, M. M., D. L. MARICLE, G. W. KENNEDY u. J. P. MOHNS: American Cyanamid Company, Chemiluminescent Materials, Technical Report No. 5, 1964.
10. CHANDROSS, E. A., u. F. I. SONNTAG: Am. Soc. **88**, 1089 (1966).
11. HAAS, J. W. jun., u. J. E. BAIRD: Nature **214**, 1006 (1967).
12. PARKER, C. A.: Advances in Photochem. **2**, 305 (1964).
13. HERCULES, D. M., u. F. E. LYTTLE: Am. Soc. **88**, 4745 (1966).
14. SCOTT, H., P. L. KRONICK, P. CHAIRGE u. M. M. LABES: J. phys. Chem. **69**, 1740 (1965).
15. VISCO, R. E., u. E. A. CHANDROSS: Am. Soc. **86**, 5350 (1964).
16. CHANDROSS, E. A., J. W. LONGWORTH u. R. E. VISCO: Am. Soc. **87**, 3260 (1965).
17. SANTHANAM, K. S. V., u. A. J. BARD: Am. Soc. **87**, 139 (1965).
18. ZWEIG, A., G. METZLER, A. MAURER u. B. G. ROBERTS: Am. Soc. **88**, 2864 (1966); **89**, 4091 (1967).
19. GIVEN, P. H.: Soc. **1958**, 2684.
20. HOIJTINK, G. J., J. VAN SCHOOTEN, E. DE BOER u. W. AALBERSBERG: R. **73**, 355 (1954).
21. LUND, H.: Acta chem. scand. **11**, 1323 (1957).
22. VOORHIES, J. D., u. N. H. FURMAN: Anal. Chem. **31**, 381 (1959).
23. HERCULES, D. M., R. C. LANSBURY u. D. K. ROE: Am. Soc. **88**, 4578 (1966).
24. SIODA, R. E., u. W. S. KOSKI: Am. Soc. **87**, 5573 (1965).
25. PHELPS, J., K. S. V. SANTHANAM u. A. J. BARD: Am. Soc. **89**, 1752 (1967).
26. MARICLE, D. L., u. A. MAURER: Am. Soc. **89**, 188 (1967).
27. LOWER, S. K., u. M. A. EL-SAYED: Chem. Reviews **65**, 199 (1965).
28. HOIJTINK, G. J.: Symposium on Chemiluminescence. Durham NC 1965.
29. MARCUS, R. A.: J. chem. Physics **43**, 2654 (1965).
30. FELDBERG, S. W.: Am. Soc. **88**, 390 (1966).
31. — J. phys. Chem. **70**, 3928 (1966).
32. BOWEN, E. J.: Adv. Photochemistry **1**, 23 (1963).
33. HOCHSTRASSER, R. M., u. G. B. PORTER: Quart. Rev. **14**, 146 (1960).
34. FOOTE, C. S., u. S. WEXLER: Am. Soc. **86**, 3880 (1964).
35. COREY, E. J., u. W. C. TAYLOR: Am. Soc. **86**, 3881 (1964).

36. WILSON, T.: Am. Soc. **88**, 2898 (1966).
37. WASSERMAN, H. H., u. J. R. SCHEFFER: Am. Soc. **89**, 3073 (1967).
38. KAUTSKY, H., u. G. O. MÜLLER: Z. Naturf. **2a**, 167 (1947).
39. ROSENBERG, J. L., u. D. J. SHOMBERT: Am. Soc. **82**, 3257 (1960).
40. —, u. F. S. HUMPHRIES: Photochem. Photobiol. **4**, 1185 (1965).
41. GIBSON, Q. H., J. W. HASTINGS u. C. GREENWOOD: Pr. nation. Acad. U.S.A. **53**, 187 (1965).
42. HASTINGS, J. W., Q. H. GIBSON u. C. GREENWOOD: Photochem. Photobiol. **4**, 1227 (1965).
43. WELLER, A., u. K. ZACHARIASE: J. chem. Physics **46**, 4984 (1967).
44. ZWEIG, A., A. H. MAURER u. B. G. ROBERTS: J. org. Chem. **32**, 1322 (1967).

## III. Biolumineszenz

Biolumineszenz, die Erzeugung von Licht durch lebende Organismen, ist ein Sonderfall der Chemilumineszenz insofern, als hier stets fermentative Vorgänge an der Lichterzeugung beteiligt sind. Dies bringt gegenüber den bisher beschriebenen Chemilumineszenzreaktionen einen großen Unterschied auch in quantitativer Hinsicht: Biolumineszenzreaktionen ergeben Quantenausbeuten, die bei den weitaus meisten (vgl. aber S. 48) nichtbiologischen Chemilumineszenzen noch bei weitem nicht beobachtet worden sind: bei der Biolumineszenz des amerikanischen Leuchtkäfers *Photinus pyralis* wurden von W. D. McElroy und H. H. Seliger [1] Quantenausbeuten bis zu 1 ermittelt.

Freilich liegen hier sehr viel komplexere Verhältnisse vor als bei den in den voranstehenden Kapiteln beschriebenen Chemilumineszenzreaktionen. Dementsprechend sind erst bei wenigen Biolumineszenzreaktionen auch die chemischen Vorgänge bis ins einzelne aufgeklärt; über diese Reaktionen wird im folgenden näheres ausgeführt werden.

Biolumineszenz ist seit dem Altertum bekannt. Robert Boyle beschrieb 1672 die Leuchterscheinungen von faulendem Holz und faulendem Fisch. Dabei fiel ihm vor allem auf, daß dieses Licht trotz seiner Intensität nicht die geringste Wärmeempfindung auslöste: es war „kaltes Licht". Boyle war sich nicht im klaren darüber, daß lebende Organismen dieses Licht erzeugten (bei faulendem Holz nämlich Leuchtpilze, bei faulendem Eiweiß Leuchtbakterien). Er beobachtete, daß das Leuchten durch bestimmte Stoffe gehemmt wurde und daß zu seiner Erzeugung Sauerstoff nötig war — also eine Reihe von allgemeinen Gesetzmäßigkeiten der Biolumineszenz.

Als Klassiker der Biolumineszenz muß E. N. Harvey bezeichnet werden, der sein ganzes wissenschaftliches Leben diesem Phänomen gewidmet hat und dessen Werke „Bioluminescence" [2] und „A History of Luminescence" [3] Standardwerke auf dem Gebiet der Biolumineszenz geworden sind.

Die Biolumineszenz soll hier nur in großen Zügen behandelt werden, zumal es eine Reihe von diesbezüglichen Werken gibt. Außerdem sind erst wenige Biolumineszenzphänomene so genau bekannt wie die in den voranstehenden Kapiteln beschriebenen Chemilumineszenzreaktionen. Verwiesen sei vor allem auf das Werk von F. H. Johnson und Y. Haneda: „Bioluminescence in Progress" [4], das den zur Zeit aktuellsten Überblick über die Probleme gibt. (Vgl. auch T. Goto [57]).

## 18. Die Begriffe „Luciferin" und „Luciferase". Ko-faktoren

R. DUBOIS [5] kann als Begründer der Biochemie lichterzeugender Systeme angesehen werden. Ihm gelang es, aus westindischen Leuchtkäfern und aus Bohrmuscheln (*Pholas*) rohe Extrakte zu erhalten, die beim Vermischen eine lichterzeugende Reaktion ergaben. Bei kalter Extraktion erhielt er eine Komponente, die gegen Erwärmen instabil war: sie wurde von ihm „Luciferase" genannt. Mit heißem Wasser konnte er aus den genannten Organismen eine thermisch stabile Komponente isolieren, die „Luciferin" genannt wurde. Licht trat auf, wenn bei Raumtemperatur Lösungen von Luciferin und Luciferase vermischt wurden. DUBOIS nahm an, daß alle Biolumineszenzreaktionen solche Luciferin-Luciferase-Reaktionen seien. Dabei stellte die jeweilige Luciferase das spezifische Enzym für die biolumineszente Oxydation des Luciferins des gleichen Organismus dar: denn mit der Bohrmuschel-Luciferase konnte das Luciferin des Leuchtkäfers Pyrophorus nicht zum Leuchten gebracht werden und umgekehrt.

Während später E. N. HARVEY [2, 3] noch eine Reihe weiterer Luciferin-Luciferase-Systeme auffand (z. B. *Photinus*, *Cypridina*), konnten doch aus einer sehr großen Anzahl von biolumineszenten Organismen keine Extrakte gewonnen werden, die irgendeinen Hinweis auf eine Luciferin-Luciferase-Reaktion gaben. Dadurch wurde zwar die Allgemeingültigkeit der *Dubois*schen Theorie widerlegt. Aber es ergab sich insofern noch eine Verfeinerung dieser Theorie, als sich herausstellte, daß die Luciferin-Luciferase-Reaktion nicht ganz streng spezifisch ist: bei nahe verwandten Organismen vermag man tatsächlich mit der Luciferase des einen Organismus das Luciferin des anderen zum Leuchten zu bringen, z. B. bei den verschiedenen Photinus-Arten.

Auch bezüglich der sogenannten Ko-faktoren ergibt sich kein einheitliches Bild. Als Ko-faktoren werden solche Stoffe bezeichnet, die außer dem Luciferin-Luciferase-System oder dem sonstigen eigentlichen Substrat der Biolumineszenz notwendig sind, damit Lichtemission auftritt. Spezifische Ko-faktoren sind z. B. beim amerikanischen Leuchtkäfer *Photinus pyralis* Adenosintriphosphorsäure (ATP) und $Mg^{2+}$-Ionen; bei Leuchtbakterien Flavinmononucleotid (reduzierte Form) und langkettige aliphatische Aldehyde.

Die Erforschung eines jeden biolumineszenten Systems erfordert nach F. H. JOHNSON [4] die Lösung folgender Aufgaben:

Vollständige Reindarstellung der Komponenten;
Untersuchung des Reaktionsmechanismus;
Bestimmung der Quantenausbeute;
Strukturermittlung der emittierenden Spezies und deren Synthese;
sowie schließlich: Feststellung der biochemischen Verwandtschaftsbeziehungen.

Erst von wenigen biolumineszenten Systemen kennt man bisher die Substrate
1. von amerikanischen Leuchtkäfern (*Photinus pyralis* und andere Arten),
2. vom japanischen Muschelkrebschen *Cypridina hilgendorfii*,
3. von einigen Bakterienarten.
4. von der Federkoralle *Renilla reniformis*

Auf diese Systeme soll im folgenden näher eingegangen werden.

Bei allen übrigen bisher untersuchten biolumineszenten Systemen ist die Reinigung der Komponenten — also die erste der Aufgaben in dem vorhin zitierten Katalog — noch nicht einmal vollständig durchgeführt. In vielen Fällen existieren gerade die ersten spektroskopisch interpretierbaren Befunde hinsichtlich wenigstens einer Komponente des Systems. Die Schwierigkeiten liegen nicht zuletzt darin, daß die zur Verfügung stehenden Mengen an biolumineszentem Material oft äußerst gering sind.

### 19. Amerikanische Leuchtkäfer (Photinus-Arten)

#### a) Konstitutionseinflüsse

Aus den getrockneten Leuchtorganen des amerikanischen Leuchtkäfers *Photinus pyralis* isolierten B. BITLER und W. D. MCELROY [6] das kristalline

(145)     (146)

*Photinus*-Luciferin (145), dessen Struktur mittels Abbau und Synthese durch Arbeiten von E. H. WHITE u. Mitarb. [7, 8] und von S. SETO u. Mitarb. [9] gesichert ist.

Analoga dieses Luciferins wurden synthetisiert, z. B.: 6-Methoxy- (147), 6-Amino- (148), 6-Deshydroxy- (149), das Pyridinderivat (151), Dimethyl-luciferin (150)

(147) R = $OCH_3$, R' = H
(148) R = $NH_2$, R' = H
(149) R = R' = H
(150) R = OH, R' = $CH_3$

(151)

(152)

und 4',6'-Dihydroxyluciferin (152), (E. H. WHITE, H. WÖRTHER, G. F. FIELD und W. D. MCELROY [10]; E. H. WHITE und H. WÖRTHER [11]).

Von diesen erwiesen sich im in-vitro-Test mit Photinus-Luciferase, ATP, $Mg^{++}$-Ionen und $O_2$ nur (148) und (152) als chemilumineszenzfähig, wobei die Emission jedoch rote ($\lambda_{max}$ 605 nm) statt der natürlichen gelbgrünen Farbe ($\lambda_{max}$ 562 nm) aufwies. Wird statt des D-Cystein-Restes ein L-Cystein-Rest in das Luciferin eingebaut, so tritt kein Licht bei der invitro-Reaktion in Gegenwart der eben genannten Stoffe auf.

Das Luciferin (145) liefert bei der Oxydation in basischer Lösung mit Sauerstoff oder mit $K_3Fe(CN)_6$ Dehydroluciferin (146). Dieses kann auch aus den Feuerfliegen selbst isoliert werden. Es ist, ebenso wie Luciferin, nur sehr schwer zu reinigen. Die Stabilität des Thiazolringes im Dehydroluciferin gegen saure Hydrolyse im Gegensatz zum Thiazolinring des Luciferins selbst lieferte bei der Strukturaufklärung wichtige Hinweise [8]. (145) kann auch ohne enzymatische Einwirkung zum Leuchten gebracht werden [12], allerdings ganz erheblich schwächer als bei der Biolumineszenz in vitro (Quantenausbeute ca. 0,2 [55]). Man kondensierte (145) mit Adenylsäure (AMP) und setzte die Luciferin-AMP-Verbindung in DMSO mit Basen (KOH, NaOH oder tert. Butylat) um: dabei trat Chemilumineszenz auf. Eine starke $p_H$-Abhängigkeit der Chemilumineszenzfarbe war zu beobachten, ganz analog zu der enzymatischen Reaktion. In stark basischem DMSO lag das Maximum der Emission bei 626 nm — also etwas langwelliger als bei der enzymatischen Reaktion. Das kann jedoch an dem allgemein beobachteten bathochromen Effekt in DMSO liegen, der z. B. auch beim Luminol in DMSO auftritt (vgl. S. 64).

*b) Die emittierende Spezies bei der Photinus-Biolumineszenz*

Das Emissionsspektrum der Photinus-pyralis-Biolumineszenz in vitro ist in Abb. 30 dargestellt:

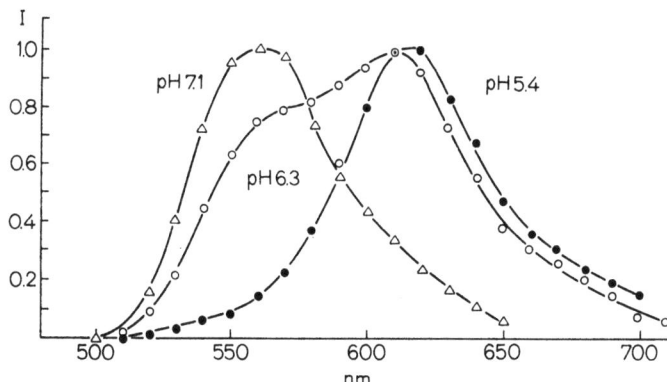

Abb. 30. Emissionsspektrum der Photinus-Biolumineszenz bei verschiedenen $p_H$-Werten in Glycylglycin-Pufferlösungen. Nach W. D. MCELROY und H. H. SELIGER [1], S. 21

Wie ersichtlich, ist die Emission stark $p_H$-abhängig. Die unter biologischen Verhältnissen ($p_H$ ~7) auftretende Emission mit einem Maximum bei 562 nm kann weder vom Luciferin *(145)* noch vom Dehydroluciferin *(146)* herrühren. Diese haben nämlich Fluoreszenzmaxima bei 535 bzw. 544 nm. Ist aber das Luciferin (abgekürzt $LH_2$) an Adenylsäure (AMP) gebunden, so stimmt die Fluoreszenz des $LH_2$-AMP recht gut mit der Biolumineszenz-Emission bei schwach saurem $p_H$ (5,4) überein. Das entsprechende Dehydroluciferin-Derivat (L-AMP) fluoresziert unter diesen Bedingungen dagegen mit einem Hauptmaximum bei 460 nm; allerdings ist noch ein kleineres Nebenmaximum bei 625 nm vorhanden.

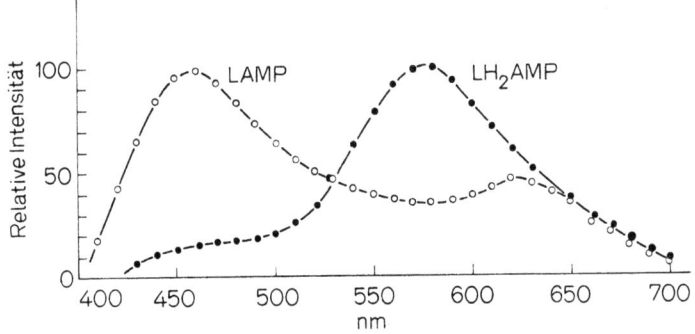

Abb. 31. Fluoreszenzspektren von synthetischem L-AMP und $LH_2$-AMP in saurer Lösung. (Diese ist wegen der leichten Hydrolysierbarkeit von L-AMP bzw. $LH_2$-AMP in neutralem und basischem Milieu nötig). Nach McElroy und Seliger [1]

Somit ist nicht ganz sicher, ob das Adenylderivat des Luciferins oder das des Dehydro-luciferins die primär in angeregtem Zustand gebildete Spezies ist.

E. H. White u. Mitarb. [13] untersuchten kürzlich eingehend die biologische Aktivität von Amino-analoga des Photinus-Luciferins.

*(148)* R = H
*(153)* R = $CH_3CO$
*(154)* R = $CF_3CO$

Auf Grund der auch hier beobachteten starken $p_H$-Abhängigkeit der Emissionsspektren wird geschlossen, daß es offenbar zwei emittierende Spezies gibt: die eine liefert die normale gelbgrüne Emission mit dem Maximum bei 562 nm. Diese findet in neutralen und alkalischen $p_H$-Bereichen statt und ist identisch mit der der Biolumineszenz der lebenden Feuerfliege. Die zweite Spezies gibt eine rote Emission bei saurem $p_H$, mit $\lambda_{max}$ 614 nm, die viel schwächer ist als die normale gelbgrüne. Im Hinblick auf die Tatsache, daß die Intensitäts-Abnahme der gelbgrünen Emission und die relative Intensitätszunahme der roten Emission auch bei Temperaturerhöhungen (allerdings beginnt oberhalb 23 °C die Inaktivierung des

Enzyms) sowie in Gegenwart von Harnstoff, $Zn^{2+}$, $Cd^{2+}$ oder $Hg^{2+}$-Ionen stattfindet, wurde auf eine Änderung der Enzymkonfiguration der Luciferase geschlossen. Auch von anderen enzymatischen Systemen ist bekannt, daß Temperaturerhöhungen oder Harnstoff solche Konfigurationsänderungen hervorrufen. Ein derartiges Phänomen könnte aber — abgesehen von Änderungen in der Reaktionsgeschwindigkeit — auch dazu führen, daß andere reaktive Zentren mit dem angeregten Reaktionsprodukt in Wechselwirkung treten und auf diese Weise verschiedene emittierende Spezies produzieren. Die spektrale Verteilung der in-vitro-Biolumineszenz des 6'-Amino-luciferins (*148*) [produziert durch Luciferase, ATP und $Mg^{2+}$-Ionen] ist in einem Bereich von $p_H$ 6 bis 10 $p_H$-unabhängig, während das natürliche Luciferin (*145*) mit der phenolischen OH-Gruppe in der 6'-Position gerade in diesem Bereich starke $p_H$-Abhängigkeit der Biolumineszenz aufweist.

Hieraus geht hervor, daß beim natürlichen Luciferin die phenolische OH-Gruppe in der Phenolat-Form für die Emission wesentlich ist, vor allem für die natürliche gelbgrüne Emission. Die Aminogruppe des 6'-Aminoluciferins kann aber in dem genannten $p_H$-Bereich noch nicht dissoziieren. Ihre Chromophor-Wirkung entspricht etwa der nicht-dissoziierten phenolischen OH-Gruppe — und daher liegt auch das Emissionsmaximum des 6'-Amino-luciferins etwa in dem Wellenlängenbereich (605 nm), in dem natürliches Luciferin im Sauren emittiert.

*c) Mechanismus der Photinus-Biolumineszenz; Rolle der Luciferase*

Nach W. D. McElroy und H. H. Seliger [14] läßt sich die derzeitige Kenntnis über den Mechanismus der *Photinus*-Biolumineszenz wie folgt zusammenfassen:

Als Startreaktion erfolgt nach:

$$LH_2 + ATP + E \xrightarrow{Mg^{++}} E-LH_2-AMP + PP$$

($LH_2$: Luciferin (*145*)
ATP: Adenosintriphosphat
E: Luciferase
AMP: Adenosinmonophosphat
PP: Pyrophosphorsäure)

Bildung des gemischten Anhydrids aus Adenylsäure und Luciferin: der Adenylrest wird dadurch an die Carboxylgruppe des Luciferins gebunden. Die Abspaltung von anorganischem Pyrophosphat und die Reversibilität der Reaktion sind von W. C. Rhodes und W. D. McElroy [15, 16] bewiesen worden.

Lichtemission erfolgt bei der Reaktion des Luciferase-Luciferinadenylat-Komplexes $E-LH_2-AMP$ mit Sauerstoff:

$$E-LH_2-AMP + O_2 \longrightarrow (E-\overset{O}{\underset{\|}{L}}-AMP)^* + H_2O$$
$$\downarrow$$
$$E-\overset{O}{\underset{\|}{L}}-AMP + \text{Licht}$$

Das Reaktionsprodukt der Lichtreaktion hat viele der Eigenschaften von Dehydroluciferin (146). Zur Zeit erscheint es jedoch am wahrscheinlichsten, daß das letztere *nicht* die emittierende Spezies ist, sondern eher ein Oxydations-Nebenprodukt, welches in einer Dunkelreaktion gebildet wird, oder sonst ein Folgeprodukt des eigentlichen Zwischenproduktes darstellt.

Es ist bis jetzt noch nicht gelungen, dieses eigentliche Zwischenprodukt zu isolieren. Seine Fluoreszenzquantenausbeute muß etwa 100% sein, weil nach den Untersuchungen von SELIGER und McELROY die Biolumineszenz-Quantenausbeute nahezu gleich 1 ist [17]. Der energieliefernde Schritt besteht wahrscheinlich in der Reaktion des $E-LH_2-AMP$-Komplexes mit molekularem Sauerstoff unter Bildung eines Dehydroluciferin-Derivates, wobei ein Hydroperoxyd als Zwischenstufe auftritt*); unter Fortlassung der Adenylreste und des Enzyms also:

$$LH_2 + O_2 \longrightarrow L\overset{H}{-}O\cdot OH$$
$$L\overset{H}{-}O\cdot OH \longrightarrow L=O^* + H_2O$$
$$L=O^* \longrightarrow L=O + \text{Licht}.$$

Diese Reaktion würde mehr als 100 kcal/Mol liefern (McELROY und SELIGER, [14]).

Zugabe von Pyrophosphat zum $LH_2$-AMP-Enzym-Komplex (der zum Leuchten nur noch Sauerstoff, kein ATP mehr benötigt) verlangsamt die Lichtemission, weil die Startreaktion zum Teil umgekehrt wird.

Das oxydierte Luciferyl-adenyl-Derivat ist sehr fest mit dem Enzym komplexiert und daher das Enzym in seiner katalytischen Aktivität gehemmt. Kleine Mengen Pyrophosphat reagieren mit dem Komplex, wobei freies Enzym, ATP und freies Dehydroluciferin entsteht. Das Enzym kann nun wieder in Anwesenheit von ATP die Oxydation von weiterem Luciferin katalysieren. (McELROY betrachtet die Existenz solcher inaktiven Enzym-Substrat-Komplexe als Grundlage der Kontrollmechanismen nicht nur bei der Feuerfliegen-Biolumineszenz, sondern ganz allgemein bei enzymatisch katalysierten Reaktionen [18]).

Interessant ist, daß der Inhibitor-Effekt von Dehydroluciferin oder Dehydroluciferin-adenylat durch Coenzym A aufgehoben werden kann.

---

* Der chemiluminescente Zerfall dieses Peroxyds dürfte eine große Ähnlichkeit mit dem Zerfall z. B. des Lophin-hydroperoxyds (S. 110) aufweisen [55].

Diese CoA-Wirkung ist spezifisch und kann nicht etwa durch Cystein ersetzt werden [19]. Wahrscheinlich wird hier der E-L-AMP-Komplex vom Coenzym A zu freiem Enzym, AMP und L-CoA zerlegt.

Unter anaeroben Bedingungen findet die Startreaktion (Bildung des E-LH$_2$-AMP-Komplexes) noch statt — wie an der Pyrophosphat-Freisetzung festgestellt werden kann. Jedoch wird kein Licht emittiert. Sauerstoff ist also unbedingt für die Biolumineszenz der Feuerfliegen erforderlich. Jedoch gelang es bisher auf experimentellem Wege nicht, durch Wahl geeigneter Sauerstoffkonzentrationen den Lichtblitz bezüglich Dauer und Intensität nachzuahmen, den die Feuerfliegen selbst erzeugen. Hieraus schließen McElroy und Seliger [14], daß die Steuerung des Lichtblitzes bei der intakten Feuerfliege nicht so sehr durch die Sauerstoffzufuhr, sondern durch Aufhebung der Enzymhemmung durch Pyrophosphat erfolgt.

Die *Photinus*-Luciferase (Darstellung höchstgereinigter Enzympräparate: [20]) hat zweierlei Funktionen bei der Biolumineszenzreaktion: 1. Bildung von LH$_2$-AMP und 2. katalytische Funktion bei der Reaktion des LH$_2$-AMP mit Sauerstoff [21, 22].

Außerdem hängt offenbar die Wellenlänge der Biolumineszenz-Emission von der Natur der Bindung des emittierenden Zwischenproduktes an das Enzym ab:

Ein Histidinrest des Enzyms soll an der Bindung der Luciferyl-adenylsäure an die Luciferase beteiligt sein; was wiederum den p$_K$ des angeregten Zustandes und damit die Wellenlänge des emittierten Lichtes beeinflussen könnte. Auf der Basis dieser Vorstellung haben McElroy und Seliger [20] die Wirkung von Zusätzen solcher Metallionen auf die Biolumineszenz des Feuerfliegen-Systems untersucht, die mit der Imidazolgruppe des Histidins in Reaktion treten können, z. B. $Zn^{2+}$, $Cd^{2+}$ und $Hg^{2+}$-Ionen. Durch Zinkionen ließ sich eine „Rotverschiebung" der Emission erreichen.

Außerdem spielt offensichtlich auch noch die Stereochemie der Bindung des Nucleotids an das Luciferin und die Luciferase für die Farbe der Lichtemission eine Rolle: Ersatz von ATP durch iso-ATP (Riboserest am Ringatom 3 des Adenins [23]) führt bereits bei p$_H$ 7,5 zu beträchtlicher roter Emission.

Für die Luciferase-Reaktion sind SH-Gruppen wesentlich [24]. Luciferase weist 6 reaktive SH-Gruppen pro Molekül auf. Im E-L-AMP-Komplex finden sich jedoch nur 3—4 solcher reaktiven SH-Gruppen (nachgewiesen durch die Reaktion mit p-Mercuribenzoat). Die verbleibenden SH-Gruppen werden für die katalytische Wirkung bei der Biolumineszenzreaktion offenbar nicht benötigt.

Die Luciferase ist nach Untersuchungen von H. H. Seliger und W. D. McElroy [25] ein Spezies-Enzym: es gibt zwar verschiedene Leuchtkäferarten (*Photinus pyralis*, *Photuris pennsylvanica*, *Pyrophorus plagiophthalamus*), deren in-vivo-Biolumineszenz in ihrer spektralen Verteilung verschieden sind. Aber wenn man das gleiche synthetisch hergestellte D-Photinus-Luciferin mit den Luciferasen aus den verschiedenen eben genannten Leuchtkäfern zusammenbringt, so ergibt sich ein in-vitro-Biolumineszenz-Spektrum, das genau mit dem jeweiligen in-vivo-Spektrum übereinstimmt. Wie am *Pyrophorus plagiophthalamus* gezeigt wurde, der zwei verschiedene Luciferasen besitzt (je eine in den ventralen und in den dorsalen Leuchtorganen), gibt die Reaktion dieser beiden Enzyme beim 6'-Amino-luciferin eine fast gleiche Verschiebung in der Emissionswellenlänge wie beim Luciferin selbst [13].

Die Lichtsignale, mit denen die Leuchtkäfer ihre Begattungsvorgänge einleiten, wurden von McElroy u. Mitarb. [26] untersucht. Die meisten Spezies haben charakteristische Signalfolgen. Bei *Photinus pyralis* antwortet z. B. das Weibchen auf den Lichtblitz des Männchens genau 2 sec später, unabhängig davon, wie lange der Lichtblitz des Männchens ausgesandt wurde. Die Steuerung erfolgt wahrscheinlich mittels Aufhebung der Enzymhemmung, die durch den E-L-AMP-Komplex gegeben ist, durch Pyrophosphat.

## 20. Cypridina hilgendorfii

Das 2 bis 3 mm große japanische Muschelkrebschen *Cypridina hilgendorfii* kann als das klassische Objekt der Biolumineszenzforschung betrachtet werden. E. N. Harvey hat ihm 43 Forscherjahre gewidmet [27]. Kristallines Cypridina-Luciferin wurde 1957 von O. Shimomura, T. Goto und Y. Hirata [28] isoliert. Die ersten Strukturvorschläge enthielten bereits die Annahme, daß im Cypridina-Luciferin ein Indolkern und eine monosubstituierte Guanidin-Gruppierung als Partialstrukturen vorliegen. Schon 1966 konnte nicht nur die vollständige Struktur [29, 30], sondern auch die Totalsynthese [31] berichtet werden.

Die Cypridina-Biolumineszenz erfordert nur das Luciferin, die Luciferase und Sauerstoff. Es wurde bereits von R. S. Anderson [32] gefunden, daß Cypridina-Luciferin verhältnismäßig leicht der Autoxydation unterliegt, die jedoch nicht lumineszent ist. Die Autoxydation kann durch Eisen(III)-cyanid und andere Stoffe induziert werden. Das Oxydationsprodukt wird durch Reduktionsmittel, z. B. Natriumdithionit, wieder in das aktive Cypridina-Luciferin zurückverwandelt; allerdings unterliegt das Oxydationsprodukt rasch weiterem Abbau. Die mit Luciferase katalysierte Oxydation ist dagegen chemisch nicht umkehrbar [33].

Das Spektrum der Cypridina-Biolumineszenz weist ein Maximum bei 460 nm auf [34]. Die Quantenausbeute unter optimalen Bedingungen betrug $0{,}28 \pm 15\%$ [35].

## a) Chemilumineszenz von Cypridina-Luciferin

Lösungen von Cypridina-Luciferin in DMSO chemilumineszieren bei Luftzutritt [36].
Das Emissionsspektrum zeigt Abb. 32.

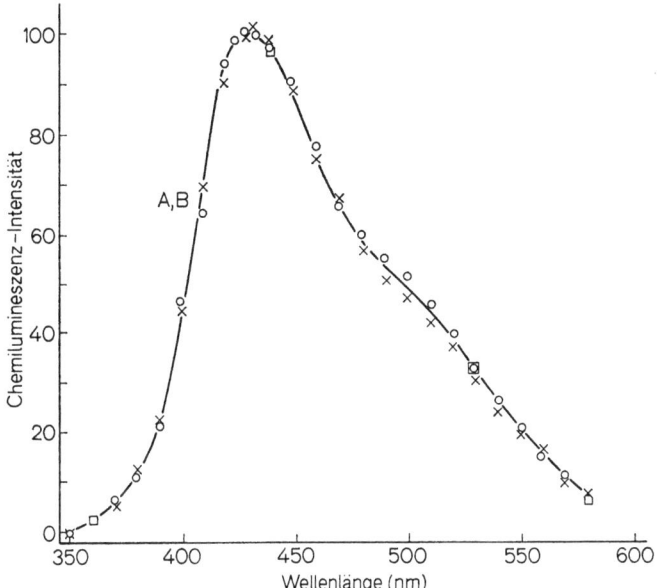

Abb. 32. Chemilumineszenzspektrum von Cypridina-Luciferin in DMSO unter $O_2$-Einwirkung. Nach JOHNSON, STACHEL, TAYLOR und SHIMOMURA [36]

Zugabe von $NaHCO_3$ oder KOH erhöht die Lichtintensität, führt jedoch zur Abnahme der Quantenausbeute, weil mit zunehmender Basizität die nicht-chemilumineszente Autoxydation immer mehr vorherrscht.

Im Vergleich zur Luciferase-katalysierten Oxydation ist die Lichtausbeute im System Cypridina-Luciferin/$NaHCO_3$/$O_2$ um den Faktor 670 geringer.

## b) Struktur des Cypridina-Luciferins

Die Behandlung von kristallinem Cypridina-Luciferin (*155*) mit Cypridina-Luciferase in Gegenwart von Sauerstoff gibt unter Lichtemission Cypridina-Oxyluciferin (*156*) und Cypridina-ätioluciferin (*157*). Die gleichen Produkte können aus (*155*) durch Ammoniak erhalten werden, jedoch ohne Lichtemission. Bei beiden Umsetzungen ist das Oxyluciferin (*156*) das Primärprodukt. Ätioluciferin (*157*) entsteht aus Oxyluciferin (*156*) durch Hydrolyse mit verdünnter Salzsäure. Wegen seiner relativ großen Stabilität gegen Säuren und Basen (im Vergleich zum Luciferin und Oxyluciferin) ist es für die Strukturaufklärung am besten geeignet.

Ätioluciferin hat folgende Struktur:

*(157)*

Diese wurde durch Totalsynthese bewiesen. Da Ätioluciferin *(157)* aus Cypridina-oxyluciferin neben α-Keto-β-methylvaleriansäure *(158)* erhalten wird, andererseits die energische Hydrolyse von Cypridina-Luciferin bzw. -hydroluciferin (Produkt der katalytischen Hydrierung des Luciferins) die Aminosäuren Glycin, Arginin, γ-Guanidobuttersäure, Prolin und Isoleucin lieferte, konnte geschlossen werden, daß *(158)* aus dem Isoleucin-Rest in einer bestimmten Gruppierung stammte. Dies ergab für die Oxyluciferin-Struktur die Formel *(156)*:

*(156)*

Cypridina-Luciferin *(155)* unterscheidet sich wiederum vom Oxyluciferin *(156)* durch 2 zusätzliche Wasserstoff-Atome und eine fehlende Hydroxylgruppe:

ORANGEROT    FARBLOS
A    $R = CH_2CH_2CH_2-NH-\underset{\underset{NH}{\|}}{C}-NH_2$    B

*(155)*

Auch die absolute Konfiguration am β-C-Atom des Isoleucinrestes konnte aufgeklärt werden — sie ist in der Formel *(155)* enthalten. In schwach saurem Milieu liegt das Cypridina-Luciferin in der Struktur *(155A)* vor — sie ist orangerot gefärbt; in stark saurer Lösung ist es farblos, was dem Vorliegen der Struktur *(155B)* zugeschrieben wird.

Da wie ersichtlich Cypridina-Luciferin aus drei Aminosäuren bzw. ihren Abwandlungsprodukten aufgebaut ist, nämlich Tryptamin-, Arginin- und Isoleucinresten, haben Kishi, Goto, Inoue, Sugiura und Kishimoto

## Struktur des Cypridina-Luciferins

[31] die Totalsynthese durch geeignete Kombination dieser Reste durchgeführt. Das Cypridina-Luciferin ist das komplizierteste der bisher bekannten Luciferine. Daher sei diese Synthese hier kurz skizziert: zunächst stellte man in Umkehrung der angewandten Abbaumethode das Ätioluciferin (*157*) dar:

Aus diesem wurde ohne Isolierung der Zwischenprodukte das Cypridina-Luciferin erhalten durch Kondensation mit der aus Isoleucin dargestellten Ketosäure (*158*) zur entsprechenden *Schiff*schen Base, vorsichtige katalytische Hydrierung des Pyrazin- zum Dihydro-pyrazin-Ringsystem und schließlich Verknüpfung der freien Carboxylgruppe mit dem Dihydropyrazinring unter Wasserabspaltung mit Dicyclohexylcarbodiimid:

10*

Die Ausbeute an Luciferin, bezogen auf das eingesetzte Ätioluciferin, ist nach dieser Methode geringer als 1%. Das synthetische Produkt war jedoch in jeder Hinsicht mit natürlichem Cypridina-Luciferin identisch, vor allem auch hinsichtlich der durch Cypridina-Luciferase und Sauerstoff erzeugten Biolumineszenz.

### c) Cypridina-Luciferase

Dieses Enzym ist noch nicht in kristalliner Form erhalten worden. Hochgereinigte Präparate wurden von O. SHIMOMURA, F. H. JOHNSON und Y. SAIGA [37], F. I. TSUJI und R. SOWINSKI [38] und F. I. TSUSI und Y. HANEDA [39] hergestellt.

Die Cypridina-Luciferase scheint ein bemerkenswert stabiles Enzym zu sein. Erst seitdem kristallines Cypridina-Luciferin zur Verfügung steht, können Aktivitätsmessungen relativ zuverlässig durchgeführt werden (vgl. A. M. CHASE [40]).

Das beste Maß für die Aktivität des Enzyms ist die Reaktionskonstante 1. Ordnung der Biolumineszenz-Reaktion, vorausgesetzt, daß Temperatur und $p_H$ kontrolliert werden und immer die gleiche Anfangskonzentration des Luciferins angewandt wird. Die Aktivität der Luciferase ist ausgesprochen $p_H$-abhängig mit einem Maximum bei etwa $p_H$ 7,2.

### d) Zum Mechanismus der Cypridina-Biolumineszenz

Die Struktur des Cypridina-Luciferins ist erst seit kurzem bekannt; außerdem kann noch keine eindeutige Aussage über das bei dieser Biolumineszenz emittierende Molekül gemacht werden. Auch steht absolut reine Luciferase noch nicht zur Verfügung. Ein Mechanismusvorschlag ist daher vorläufig nicht möglich.

F. McCAPRA und Y. C. CHANG [56] synthetisierten kürzlich ein Piperazin-Derivat, das strukturmäßig große Ähnlichkeit mit der Piperazingruppe in (155) hat. Dieses Cypridina-Luciferin-Analogon chemilumineszieren bei der Oxydation mit Sauerstoff in DMSO mit t-Butylat als Base. Ein Vierring-Peroxyd wird als entscheidende Zwischenstufe angenommen und auch für die Cypridina-Biolumineszenz selbst als wahrscheinlich angesehen.

## 21. Bakterien-Biolumineszenz

Für die bakteriellen Biolumineszenzreaktionen werden Dihydroflavinmononucleotid ($FMNH_2$), Sauerstoff, Bakterien-Luciferase und wahrscheinlich langkettige aliphatische Aldehyde benötigt [41].

Die in-vivo-Emissionsspektren zeigen Maxima im Bereich von 475 bis 505 nm [41] (Abb. 33).

Die Quantenausbeuten der biolumineszenten Oxydation von FMNH$_2$ betragen 0,28 bis 0,34. Sie hängen von der Kettenlänge des Aldehyds ab [42], natürlich auch von der Reinheit der angewandten Luciferase [43]. B. L. STREHLER und M. J. CORMIER [44] zeigten, daß bei der „Luciferin-Luciferase-Reaktion" der Bakterien reduziertes Diphosphopyridin-nucleotid (DPNH) biolumineszenzverstärkend wirkt. Dies kann einmal darauf beruhen, daß oxydiertes Flavin-mononucleotid durch das DPNH wieder zu FMNH$_2$ reduziert wird. Jedoch vermag DPNH auch Bakterien-Luciferase zu reduzieren [45].

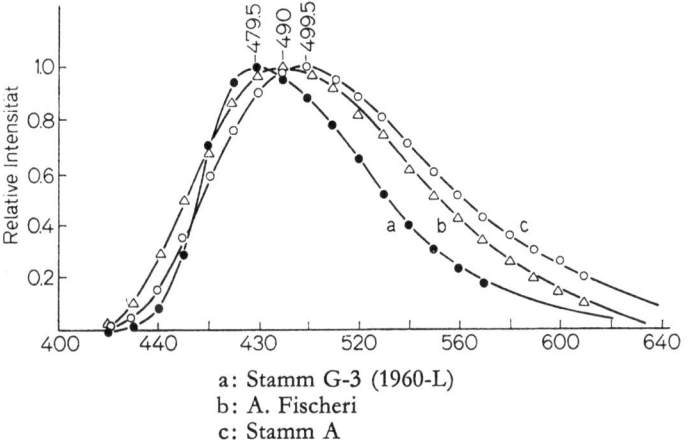

a: Stamm G-3 (1960-L)
b: A. Fischeri
c: Stamm A

Abb. 33. Emissionsspektren der Biolumineszenz von Meeres-Leuchtbakterien. Nach SELIGER und McELROY [41]

Dabei könnte — ebenso wie durch Einwirkung von FMNH$_2$ auf das Enzym — Angriff an einer Disulfidgruppierung erfolgen. Die so gebildeten SH-Gruppen sollen mit Sauerstoff ein Hydroperoxyd liefern, dessen Reaktion mit dem Aldehyd unter Lichtemission verläuft [46].

Die Rolle sowohl des Aldehyds als auch des FMN ist jedoch noch nicht sicher festgestellt. Vermutlich modifiziert der Aldehyd die Konformation des Enzymproteins [47]. FMN dürfte in Form eines Luciferase-Komplexes die emittierende Spezies sein.

Näheres über das sehr komplexe Gebiet der Bakterien-Biolumineszenz vgl. F. H. JOHNSON und Y. HANEDA [4]; F. H. JOHNSON, E. H. C. SIE und Y. HANEDA [48].

## 22. Renilla reniformis

Von den zahlreichen übrigen biolumineszenten Systemen ist das der Federkoralle *Renilla reniformis* noch relativ am besten aufgeklärt. Für diese Biolumineszenz mit einem Emissionsmaximum bei 485 nm sind die folgenden Komponenten notwendig: Renilla-Luciferin, Renilla-Luciferase, 3′,5′-Diphospho-adenosin, $Ca^{++}$-Ionen und $O_2$ [49, 50]. Es gelang K. HORI und M. J. CORMIER [51], durch Fällung mit Ammoniumsulfat und Chromatographie zunächst an $Al_2O_3$, dann an Diäthylaminoäthylcellulose 5 mg Renilla-Luciferin aus 30000 Federkorallen zu isolieren. Trotz der sehr geringen Menge konnten bereits einige Rückschlüsse auf die Struktur dieses Luciferins gezogen werden: so ist sein UV-Absorptionsspektrum dem des Indicans sehr ähnlich. 2-minütiges Erhitzen des Luciferins in 0,1 n Salzsäure auf 100° überführt dieses bei Luftabschluß in eine „aktivierte Form" auch ohne Anwesenheit von 3′,5′-Diphospho-adenosin, $Ca^{++}$ und Luciferase. Das „aktivierte" Renilla-Luciferin ist autoxydabel; bei der Autoxydation erfolgt Lichtemission. Der kinetische Ablauf dieser Emission ist genau der gleiche wie der der enzymkatalysierten Lichtreaktion. Eine der Behandlung mit Säure folgende Einwirkung von Alkali ergibt keine Aufhebung der Aktivierung des Renilla-Luciferins. Dieses kann auch — wenn auch merklich langsamer — durch Behandlung mit Alkali oder Erwärmen auf 130° beim $p_H$ 7 aktiviert werden. Aus diesen Befunden ist zu schließen, daß die Aktivierung ein hydrolytischer Prozeß ist. Bei der Aktivierung ändert sich das Fluoreszenzspektrum nicht nennenswert, ebensowenig die UV-Absorption [52]. Alkalische Hydrolyse des Autoxydationsproduktes Dehydro-Luciferin lieferte u. a. Tryptamin. Renilla-Luciferin enthält Sulfat-Schwefel. Somit scheint das Renilla-Luciferin ein N-substituiertes Tryptamin *(159)* zu sein.

*(159)*

Der Substituent R an der Aminogruppe trägt offensichtlich nicht zur Absorption im Sichtbaren und im UV bei. Da bei der Aktivierung Sulfat-Ionen freigesetzt werden, müssen diese so gebunden sein, daß eine zur Autoxydation befähigte Gruppe dadurch geschützt wird. Und da schließlich die Aktivierung unter sehr milden Bedingungen im sauren Milieu erfolgt, muß die Bindung dieses Sulfatrestes recht energiereich sein.

Die bisher vorliegenden Daten über den Reaktionsablauf, der zur Biolumineszenz des Renilla-Systems führt, zeigen, daß mindestens 2 Schritte vorliegen: der erste ist die Aktivierung des Luciferins, die in der Verknüpfung des Schwefelsäurerestes mit 3′,5′-Diphospho-adenosin besteht. Da diese letztere Verbindung nach Untersuchungen von J. D. GREGORY und F. LIPMANN [53] auch in einem Sulfokinase-System mitwirkt, kann auf Grund der eben dargelegten Befunde über die Renilla-Luciferin-Struktur die folgende Reaktion für die Aktivierung angenommen werden:

Luciferyl-sulfat + Adenosin-3′,5′-diphosphat $\xrightarrow[Ca^{++}]{Enzym}$ Luciferin + aktives Sulfat (Adenosin-3′-phosphat-5′-phosphorylsulfat).

Im 2. Schritt erfolgt die Oxydation des Luciferins unter Einwirkung der Luciferase. Dies ist die eigentliche Anregungsreaktion:

$$Luciferin + O_2 \xrightarrow{Luciferase} Licht + Reaktionsprodukte.$$

Hochgereinigte Renilla-Luciferase, erhalten durch kombinierte Chromatographie an Diäthylaminoäthyl-Cellulose und Bio-Gel sowie fraktionierte Ammoniumsulfat-Fällung enthält teilweise noch das aktivierende Enzym, das den ersten Biolumineszenzschritt katalysiert. Gerade diese Notwendigkeit, daß mindestens zwei Enzyme bei der Biolumineszenz der Renilla vorliegen müssen, unterscheidet diese von der der Feuerfliege [54].

### Literatur: *Biolumineszenz*

1. McElroy, W. D., u. H. H. Seliger: In W. D. McElroy u. B. Glass, A Symposium on Light and Life, S. 217, 219. Baltimore: The Johns Hopkins Press 1961.
2. Harvey, E. N.: Bioluminescence. New York: Academic Press 1952.
3. — A History of Luminescence. Philadelphia: American Philosophical Society 1957.
4. Johnson, F. H., u. Y. Haneda: Bioluminescence in Progress, S. 9. Princeton University Press 1966.
5. Dubois, R.: C. r. Soc. Biol. 37, 559 (1885); 39, 564 (1889).
6. Bitler, B., u. W. D. McElroy: Arch. Biochem. 72, 358 (1957).
7. White, E. H., F. McCapra, G. F. Field u. W. D. McElroy: Am. Soc. 83, 2402 (1961).
8. — — — Am. Soc. 85, 337 (1963).
9. Seto, S., K. Ogura u. Y. Nishiyama: Bl. chem. Soc. Japan 36, 332 (1963).
10. White, E. H., H. Wörther, G. F. Field u. W. D. McElroy: J. org. Chem. 30, 2344 (1965).
11. — — J. org. Chem. 31, 1484 (1966).
12. Seliger, H. H., u. W. D. McElroy: Sci. 138, 683 (1962).
13. White, E. H., H. Wörther, H. H. Seliger u. W. D. McElroy: Am. Soc. 88, 2015 (1966).
14. McElroy, W. D., u. H. H. Seliger: In: F. H. Johnson und Y. Haneda, Bioluminescence in Progress, S. 427. Princeton University Press 1966.
15. Rhodes, W. C., u. W. D. McElroy: Sci. 128, 253 (1958).
16. — — J. biol. Chem. 233, 1528 (1958).
17. Seliger, H. H., u. W. D. McElroy: Biochem. Biophys. Res. Comm. 1, 21 (1959); Arch. Biochem. 88, 136 (1960).
18. McElroy, W. D.: In: The Harvey-Lectures. Academic Press 1957.
19. Airth, R. L., W. C. Rhodes u. W. D. McElroy: Biochim. biophys. Acta 27, 519 (1958).
20. McElroy, W. D., u. H. H. Seliger: Adv. Enzymology 25, 119 (1963).
21. Hastings, J. W., W. D. McElroy u. J. Coulombre: J. cellular compar. Physiol. 42, 137 (1963).
22. McElroy, W. D., J. W. Hastings, J. Coulombre u. V. Sonnenfeld: Arch. Biochem. 46, 399 (1953).

23. LEONARD, N. J., u. B. A. LAURSEN: Biochemistry **4**, 365 (1965).
24. DE LUCA, M., G. WIRTZ u. W. D. MCELROY: Biochemistry **3**, 935 (1964).
25. SELIGER, H. H., u. W. D. MCELROY: Pr. nation. Acad. USA **52**, 75 (1964),
26. —, J. B. BUCK, W. G. FASTIE u. W. D. MCELROY: Biol. Bl. **127**. 159 (1964).
27. TSUJI, F. I., A. M. CHASE u. E. N. HARVEY: In F. H. JOHNSON, The Luminescence of Biological Systems, Amer. Assoc. Adv. Science, S. 127. Washington, 1955.
28. SHIMOMURA, O., T. GOTO u. Y. HIRATA: Bl. chem. Soc. Japan **30**, 929 (1957).
29. KISHI, Y., T. GOTO, Y. HIRATA, O. SHIMOMURA u. F. H. JOHNSON: Tetrahedron Letters **1966**, 3427.
30. — —, S. EGUCHI, Y. HIRATA, E. WATANABE u. Z. AOYAMA: Tetrahedron Letters **1966**, 3437.
31. — —, S. INOUE, S. SUGIURA u. H. KISHIMOTO: Tetrahedron Letters **1966**, 3445.
32. ANDERSON, R. S.: J. cellular compar. Physiol. **8**, 261 (1936).
33. CHASE, A. M., u. P. B. LORENZ: J. cellular compar. Physiol. **25**, 53 (1945).
34. SIE, E. H. C., W. D. MCELROY, F. H. JOHNSON u. Y. HANEDA: Arch. Biochem. **93**, 286 (1961).
35. JOHNSON, F. H., O. SHIMOMURA, Y. SAIGA, L. GERSHMAN, G. T. REYNOLDS u. I. R. WATERS: J. cellular compar. Physiol. **60**, 85 (1962).
36. —, H. D. STACHEL, E. C. TAYLOR u. O. SHIMOMURA: In F. H. JOHNSON u. Y. HANEDA, Bioluminescence in Progress, S. 67. 1965.
37. SHIMOMURA, O., F. H. JOHNSON u. Y. SAIGA: J. cellular compar. Physiol. **58**, 113 (1961).
38. TSUJI, F. I., u. R. SOWINSKI: J. cellular compar. Physiol. **58**, 125 (1961).
39. —, u. Y. HANEDA: In F. H. JOHNSON, Bioluminescence in Progress, S. 137. Princeton University Press 1966.
40. CHASE, A. M.: In: F. H. JOHNSON u. Y. HANEDA, Bioluminescence in Progress, S. 115. Princeton University Press 1966.
41. SELIGER, H. H., u. W. D. MCELROY: Light: Physical and biological Action, S. 189. Academic Press 1965.
42. HASTINGS, J. W., J. SPUDICH u. G. MALNIC: J. biol. Chem. **238**, 3100 (1963).
43. —, W. H. RILEY u. J. MASSA: J. biol. Chem. **240**, 1473 (1965).
44. STREHLER, B.. u. M. J. CORMIER: Arch. Biochem. **47**, 16 (1953); Am. Soc. **75**, 1264 (1953).
45. MCELROY, W. D., u. A. A. GREEN: Arch. Biochem. **56**, 240 (1955).
46. HASTINGS, J. W., u. Q. H. GIBSON: J. biol. Chem. **238**, 2537 (1963).
47. —, J. FRIEDLAND u. J. SPUDICH: In F. H. JOHNSON und Y. HANEDA, Bioluminescence in Progress, S. 151. Princeton University Press 1966.
48. JOHNSON, F. H., E. H. C. SIE u. Y. HANEDA: In: W. D. MCELROY u. B. GLASS, A Symposium on Light and Life, S. 206. Baltimore: The Johns Hopkins Press 1961.
49. CORMIER, M. J.: J. biol. Chem. **237**, 2032 (1962).
50. — u. C. B. ECKROADE: Biochim. Biophys. Acta **64**, 340 (1962).
51. HORI, K., u. M. J. CORMIER: Biochim. biophys. Acta **102**, 306 (1965).
52. CORMIER, M. J., u. K. HORI: Biochim. biophys. Acta **64**, 340 (1964).
53. GREGORY, J. D., u. F. LIPMANN: J. biol. Chem. **229**, 1081 (1957).
54. CORMIER, M. J., K. HORI u. P. KREISS: In F. H. JOHNSON u. Y. HANEDA, Bioluminescence in Progress, S. 349. Princeton University Press 1966.
55. HOPKINS, T. A., H. H. SELIGER, E. H. WHITE u. M. W. CASS: Am. Soc. **89**, 7148 (1967).
56. MCCAPRA, F., u. Y. C. CHANG: Chem. Commun. **1967**, 1011.
57. GOTO, T., Angew. Chem. **80**, 417 (1968).

## IV. Chemilumineszenz-Meßmethoden

Im Rahmen dieses Buches ist es nicht beabsichtigt, eingehend die physikalischen Grundlagen der für Chemilumineszenz- und Biolumineszenzmessungen notwendigen Methoden sowie Einzelheiten der apparativen Erfordernisse zu behandeln (vgl. [1]). Vielmehr sollen die Besonderheiten von Chemilumineszenz- und Biolumineszenzmessungen kurz herausgestellt, einige Apparaturen (die auch ohne großen Aufwand erstellt werden können) beschrieben und im übrigen modernere Arbeiten angeführt werden, die sich mit Meßproblemen dieser Art befassen.

Die meisten Arbeiten, die vor dem 2. Weltkrieg über Chemilumineszenz und Biolumineszenz veröffentlicht wurden, sind für eine genauere Analyse der chemischen und physikalischen Vorgänge oder das Studium von Zusammenhängen zwischen Chemilumineszenz und Konstitution nicht auszuwerten, weil sie keine quantitativen Meßwerte der Lichtemission enthalten, und zwar weder bezüglich der Gesamtquantenausbeuten noch der spektralen Verteilung der Emission. Zum Teil liegt dies daran, daß erst durch die Entwicklung empfindlicher Photomultiplier in der Zeit nach 1945 und ihre Anwendung auf die Chemilumineszenzprobleme eine quantitative Behandlung möglich wurde. Freilich sind auch heute noch beträchtliche Probleme zu lösen, so vor allem die Ermittlung von Feinstrukturen der Chemilumineszenzspektren, deren Kenntnis es wahrscheinlich erst ermöglichen wird, die oft noch strittigen Fragen über die Natur des jeweiligen strahlenden Teilchens endgültig zu klären.

Für die Ermittlung der Reaktionsmechanismen von Chemilumineszenz- und Biolumineszenzreaktionen ist vor allem die Bestimmung der absoluten Quantenausbeuten dieser Reaktionen entscheidend. Dies ist eine sehr aufwendige und schwierige Aufgabe, da die Quantenausbeute keine einfache Materialkonstante darstellt, also nicht nur von der Molekülstruktur abhängt, sondern eine Systemkonstante ist: bei Chemilumineszenzreaktionen in Lösung hängt sie stets auch vom Lösungsmittel, der Eigenkonzentration, dem $p_H$ und der Temperatur ab, wie es für die entsprechende Fluoreszenz zutrifft, hinsichtlich derer B. van Duuren [19] eine umfassende Übersicht über die Milieueffekte auf die Fluoreszenz aromatischer Verbindungen gegeben hat.

Zum Studium des Einflusses von Reaktionsbedingungen, z. B. Alkalikonzentration oder Oxydationsmittel-Konzentration auf die Lichtemission genügen oft Relativmessungen, besonders dann, wenn die spektrale Verteilung des emittierten Lichtes sich nicht ändert.

Das für Chemilumineszenzuntersuchungen benötigte Instrumentarium entspricht weitgehend dem Zubehör zur Fluoreszenzanalyse: Da es sich bei einer chemilumineszenten Reaktion um eine „selbstleuchtende" Probe handelt, fehlt die für Fluoreszenzuntersuchungen notwendige Erregungslichtquelle mit nachgeschaltetem Filtersatz bzw. Monochromator.

Die denkbar einfachste Anordnung zur Untersuchung der Chemilumineszenz besteht damit der Reihenfolge nach aus
1. Küvette mit selbstleuchtender Probe
2. Monochromator
3. Detektor
4. registrierendes Instrument (Galvanometer, Schreiber, Oszillograph).

Zur Aufnahme von Intensitäts-Zeit-Kurven entfällt der Monochromator [2, 3].

Beim Monochromator handelt es sich um ein Gerät mit Prismensatz oder Gitter, das in erster Linie eine hohe Lichtstärke besitzen sollte, da die Intensität zahlreicher chemilumineszenter Reaktionen gering ist. Als Detektor wird heute fast ausschließlich der Photomultiplier mit seiner auf einen recht engen Wellenlängenbereich begrenzten Empfindlichkeit und starken Frequenzabhängigkeit des „Output" verwendet. Daneben werden bei intensiveren Chemilumineszenzen mit Vorteil Photowiderstände (CdS) benutzt vor allem wegen ihres erheblich größeren ausnutzbaren Frequenzbereiches und angenähert frequenzunabhängigen „Outputs" über größere Wellenlängeintervalle. Für genaue Messungen muß allerdings die im allgemeinen fehlende Proportionalität zwischen Strom und einfallendem Strahlungsfluß berücksichtigt werden. Soll das vollständige Spektrum einer schnell abklingenden chemilumineszenten Reaktion registriert werden, so kann man die Prismen des Monochromators auf einer Excenterscheibe montieren, die sie periodisch hin und herschwenkt [4, 5].

Falls sehr geringe Intensitäten untersucht werden sollen, beispielsweise bei der Autoxydation von Kohlenwasserstoffen, so müssen die Photomultiplier unter Umständen gekühlt werden, um das statistische Rauschen der Multiplier zu verringern. Bei einigen Typen kann das Signal-Rauschverhältnis auf diese Weise um einen Faktor 50 bis 100 erhöht werden. Die Signalaufzeichnung erfolgt mit Hilfe eines Schreibers oder, falls dessen Anzeige zu träge ist, mit einem Oszillographen und anschließender photographischer Registrierung.

Sollen quantitative Untersuchungen durchgeführt werden, etwa für die Bestimmung absoluter Intensitäten oder Quantenausbeuten, so ist eine Eichung des Detektors unerläßlich. Daneben muß selbstverständlich die Dispersion des Monochromators, Streulicht, Fluoreszenz der Küvette und des reinen Lösungsmittels berücksichtigt werden. LEE und SELIGER [6] haben dem Problem der Kalibrierung von Photomultipliern und der Bestimmung absoluter Quantenausbeuten bei der Chemi- bzw. Biolumineszenz eine sehr umfangreiche Arbeit gewidmet. Die Eichung wird mit Thermosäulen vorgenommen, die durch geeignete Oberflächenbehandlung möglichst weitgehend den Eigenschaften eines schwarzen Körpers angenähert werden. Die Thermosäule selbst wird mit einem Hohlraumstrahler (= Standard-Schwarzer Körper) verglichen, an dessen Stelle eine mit einem Schwarzen Körper verglichene Wolfram-Band-Lampe benutzt werden kann. Allerdings ist diese Methode auf relativ intensive Lichtquellen mit Energieströmen von etwa 0,1 $\mu$Watt sec cm$^{-2}$ beschränkt. Außerdem ist die Empfindlichkeit von Thermosäulen mit hohem „Output" nicht über ihrer ganzen Oberfläche konstant.

Bei der Kalibrierung spielt natürlich auch ein geometrischer Faktor eine wichtige Rolle, da der Photomultiplier im allgemeinen nur einen Teil der Gesamtstrahlung empfängt.

Die großen Schwierigkeiten, eine exakte Eichung allein mit physikalischen Methoden durchzuführen — hier ist vor allem die oft nur approximativ zugängliche Berechnung der Geometrie des strahlenden Systems zu erwähnen — führte auf eine Reihe von Methoden, die zum Teil eine brauchbare Kalibrierung erlauben.

Eine sehr einfache Methode, die Wellenlängenabhängigkeit des Photostromes der Multiplier zu eliminieren, besteht darin, die Quantenausbeute des Detektors nicht mehr von der Wellenlänge des einfallenden Lichtes abhängen zu lassen. Hierzu schaltet man zwischen die chemilumineszierende Lösung und die Photokathode eine Fluoreszenzfolie (Lösung eines Fluoreszenzfarbstoffes in einem Kunststoff). Dann ist die austretende Strahlung innerhalb gewisser Wellenlängenbereiche unabhängig von der Wellenlänge des Erregerlichtes [7].

Einige Beispiele sind in der nachstehenden Tabelle aufgeführt:

| Fluoreszenzfarbstoff | Wellenlänge (nm) | Literatur |
|---|---|---|
| Rhodamin B in H$_2$O oder Äthylenglykol | 300—600 | W. H. Melhuish, N. Z. J. of Sci. Techn. **37**, 142 (1955); G. Weber u. F. W. J. Teale, Trans. Farad. Soc. **53**, 646 (1957); O. Neunhoeffer u. B. Krieg, Z. Naturf. **21 b**, 536 (1966). |
| 1-Dimethylamino-naphthalin-7-sulfonsaures Natrium | 200—400 | J. B. Birks u. K. N. Kuchela, Pr. phys. Soc. London **77**, 1083 (1961); E. J. Bowen, Pr. roy. Soc. A **154**, 349 (1936). |

Die Absorption des Fluoreszenzfarbstoffes muß etwa im Bereich des Bandenmaximums der Chemilumineszenz liegen. Die Anwendung dieser Methode macht eine absolute Eichung natürlich nicht überflüssig.

Für bestimmte Spektralbereiche ist die chemische Aktinometrie sehr vorteilhaft, da sie einfach auszuführen und unempfindlich gegen die Konzentration der Lösung, Lichtintensität und Bestrahlungsfläche ist. Photochemische Oxydations- bzw. Reduktionsreaktionen erlauben Aussagen über die einfallende Strahlung. Voraussetzung ist, daß man die Quantenausbeute dieser Reaktionen kennt. Das empfindlichste System ist Uranyloxalat, das von LEIGHTON und FORBES [8] aufgefunden und von PORTER und VOLMAN [9] sowie VOLMAN und SEED [10] erneut untersucht wurde. Heute wird allgemein das Eisen(III)oxalat-System bevorzugt, das von ALLMAND und WEBB [11] zuerst beschrieben, von PARKER u. Mitarb. [12, 13] sowie von LEE und SELIGER [14] eingehend diskutiert wurde: eine angesäuerte Kalium-Eisen-(III)oxalat-Lösung wird durch Bestrahlung zu einem Eisen(II)oxalat-Komplex reduziert. Mit Phenanthrolin kann man die Menge des gebildeten Fe(II)ions kolorimetrisch bei einer Wellenlänge von 510 nm bestimmen. Das System kann im Wellenlängenbereich von etwa 254—436 nm mit einer Reproduzierbarkeit von etwa $\pm 5\%$ angewandt werden. Die Empfindlichkeitsgrenze liegt bei ca. $5 \cdot 10^{-10}$ EINSTEIN sec$^{-1}$ cm$^{-2}$. Diese Grenze ist durch die Nachweisempfindlichkeit des Fe(II)-phenanthrolin-Komplexes gegeben.

JOHNSON, SHIMOMURA, SAIGA, GERSHMAN, REYNOLDS und WATERS [15] benutzten eine sogenannte Luminescenz-Standard-Lampe, geeicht in Lumen, zur Kalibrierung eines Photomultipliers. LEE und SELIGER [6] haben gewisse Vorbehalte gegen die Anwendung dieser Methode.

Diese Autoren schlagen vor, die Luminolreaktion in wäßriger, phosphatgepufferter Lösung ($p_H$: 11,6) mit $H_2O_2$/Hämin als Oxydationsmittel wegen ihrer ausgezeichneten Reproduzierbarkeit als Lichtstandard niedriger Intensität zu verwenden.

Die Abweichungen bei der Bestimmung der Lichtausbeute war geringer als $\pm 2\%$ vom Mittelwert.

SELIGER und McELROY [16] befassen sich mit prinzipiellen Fragen der Chemilumineszenzmessungen, vor allem im Hinblick auf die geringen Lichtausbeuten, die die weitaus größte Zahl der Chemi- bzw. Biolumineszenzreaktionen liefern. Diese Lichtausbeuten liegen um Größenordnungen unter der Ansprechbarkeitsgrenze der empfindlichsten Thermosäulen, so daß eine unmittelbare Eichung der Photomultiplier mit Hilfe von Thermosäulen nicht möglich ist. Das größte Problem bei der Kalibrierung von Multipliern mittels ausgeblendeter schmaler Lichtbündel liegt in der unzulässigen Extrapolation von dem kleinen ausgeleuchteten Teil der lichtempfindlichen Schicht des Photomultipliers auf die gesamte Fläche der Photokathode (vgl. LEE und SELIGER [6]). Zur Überwindung dieser Schwierigkeit schlagen die Autoren eine sog. Durchschnitts-Eichung vor, die sie als „Bandenemissions-Mittelwert-Methode" bezeichnen. Hierzu wird eine Wolframbandlampe als punktförmige Lichtquelle auf den Eingangsspalt des Spektrophotometers abgebildet. Die Wahl geeigneter Filter liefert eine spektrale Lichtverteilung, die der Chemi- bzw. Biolumineszenz am besten entspricht. Abschließend kann der Lichtstrom der Lichtquelle/ Filter-Kombination mit einer kalibrierten Thermosäule geeicht werden. Die größte Fehlerquelle dieser Methode liegt in der Abschwächung der Lichtquelle beim Ersatz der Thermosäule durch den Photomultiplier, da es sich um einen Schwächungsfaktor in der Größenordnung von $10^3$—$10^4$ handelt.

In jüngster Zeit ist von HASTINGS und WEBER [17,18] eine Lichtquelle als Standard diskutiert worden, die gegenüber anderen einige entscheidende Vorteile aufweist: Wie ausführlich erwähnt, muß in der Methode von LEE und SELIGER zur Eichung von Photomultipliern eine aufwendige Berechnung der Geometrie des Systems, die im allgemeinen nur approximativ durchgeführt werden kann, vorgenommen werden, um den Photonenfluß über einen gegebenen festen räumlichen Strahlungswinkel zum Gesamtfluß in Beziehung zu setzen. HASTINGS und WEBER schlagen daher vor, die zu untersuchende Strahlungsquelle mit einer Lichtquelle homogener, isotroper Strahlung zu vergleichen. Eine Strahlungsquelle soll als „homogen" bezeichnet werden, wenn der Photonenfluß pro Volumeneinheit über jeden beliebigen Raumwinkel als konstant angesehen werden kann. Als Strahlungsquellen-Standard dient eine radioaktive Verbindung, Hexadecan-1($^{14}$C) zusammen mit einem geeigneten Szintillator. Diese Strahlungsquelle hat den großen Vorteil, ein einwandfrei reproduzierbarer und nahezu permanenter Standard zu sein. Das radioaktiv indizierte Hexadecan ist in dem nichtflüchtigen Lösungsmittel Monoisopropyl-biphenyl gelöst. Als Szintillator wird eine Mischung aus 2,5-Diphenyloxazol (PPO) und 2,2'-p-Phenyl-bis(5-phenyloxazol) (POPOP) (3,0 bzw. 0,05 g/l Lösungsmittel) benutzt. Die Kalibrierung erfolgt durch Vergleich mit dem Streulicht einer Glykogen-Lösung, die mit einem monochromatischen, homogenen Lichtstrahl von bekanntem Photonenfluß bestrahlt wurde. Da der Lichtstandard in flüssiger Phase vorliegt, nimmt er im Reaktionsgefäß das gleiche Volumen ein wie die zu untersuchende chemilumineszierende Lösung. Damit entfällt aber eine getrennte Bestimmung der Geometrie der Anordnung. Die mit dieser Methode gemessenen Photonenausbeuten beziehen sich auf die Gesamtphotonenzahlen, die insgesamt in alle Raumwinkel ausgestrahlt werden. Das Maximum des Emissionsspektrums liegt bei 416 nm. Für die Eichung eines Photomultipliers muß noch die spektrale Selektivität des Multipliers berücksichtigt werden. Die Reproduzierbarkeit dieser Eichung beträgt ± 10%.

Abschließend sollen tabellarisch eine Reihe von Methoden angegeben werden, die auf spezielle Probleme angewandt wurden.

| Methode | System | Autoren |
|---|---|---|
| Bestimmung der Quantenausbeute: Eichung mit Hexadecan-1($^{14}$C) | Lucigenin-Reaktion | J. R. TOTTER, Photochem. Photobiol. **3**, 231 (1964). |
| Kombination Spektroradiometer-Fluorimeter | Luminol-Chemilumineszenz | M. M. RAUHUT, A. M. SEMSEL u. B. G. ROBERTS, J. org. Chem. **31**, 2431 (1966); B. G. ROBERTS u. R. C. HIRT, Appl. Spectroscop. **21**, 250 (1967). |
| | Chemilumineszenz der Dicumylperoxyd-Zers. bei 120 °C | R. J. DE KOCK u. P. A. H. M. HOL, R. **85**, 102 (1966). — P. SCHARD und C. A. RUSSELL, J. appl. Polymer Sci. **8**, 985 (1964) |
| Strömungssystem kombiniert mit Chemilumineszenz-Spektrometer | Chemilumineszenz bei Ein-Elektronenübergängen bei aromatischen Radikalionen | E. A. CHANDROSS u. F. SONNTAG, Am. Soc. **88**, 1089 (1966). |
| Vergleichsmessungen mit Luminol als Standard | Substituierte Naphthalindicarbonsäure-1,2-hydrazide | K. D. GUNDERMANN, W. HORSTMANN u. G. BERGMANN, A. **684**, 127 (1965). |

Literatur: *Meßmethoden*

1. Übersicht: ELLIS, D. W.: In D. M. HERCULES, Fluorescence and Phosphorescence Analysis. Interscience Publishers New York: 1966.
2. WEBER, K., A. REZEK u. V. VOUK, B. **75**, 1141 (1942).
3. GUNDERMANN, K.-D., u. M. DRAWERT, B. **95**, 2018 (1962).
4. BÜNAU, V., P. MATTHIES u. L. DE MAEYER: Ber. Bunsenges. physik. Chem. **64**, 14 (1960).
5. GUNDERMANN, K.-D., W. HORSTMANN u. G. BERGMANN, A. **684**, 127 (1965).
6. LEE, J., u. H. H. SELIGER: Photochem. Photobiol. **4**, 1015 (1965).
7. BOWEN, E. J.: Pr. roy. Soc. A **154**, 349 (1936).
8. LEIGHTON, W. G. u. G. S. FORBES: Am. Soc. **52**, 3139 (1930).
9. PORTER, K., u. D. H. VOLMAN: Am. Soc. **84**, 2011 (1962).
10. VOLMAN, D. H., u. J. R. SEED: Am. Soc. **86**, 5095 (1964).
11. ALLMAND, A. J., u. W. W. WEBB, Soc. **1929**, 1518.
12. PARKER, C. A.: Proc. Roy. Soc. (London) A **220**, 104 (1953).
13. HATCHARD, C. G., u. C. A. PARKER: Pr. roy. Soc. A **235**, 518 (1956).
14. LEE, J. u. H. H. SELIGER: J. chem. Physics **40**, 519 (1964).
15. JOHNSON, F. H., O. SHIMOMURA, Y. SAIGA, L. C. GERSHMAN, G. T. REYNOLDS u. J. R. WATERS: J. cellular compar. Physiol. **60**, 85 (1962).
16. SELIGER., H. H., u. W. D. MCELROY: In F. H. JOHNSON u. Y. HANEDA, Bioluminescence in Progress, S. 405. Princeton University Press 1966.
17. HASTINGS, J. W., u. G. WEBER: J. opt. Soc. Am. **53**, 1410 (1963).
18. —, u. G. WEBER: Photochem. Photobiol. **4**, 1049 (1965).
19. VAN DUUREN, B.: Chem. Reviews **63**, 325 (1963).

# V. Analytische Anwendungen der Chemilumineszenz

Auch wenn die Reaktionsmechanismen der meisten Chemilumineszenz- und Biolumineszenzreaktionen noch nicht endgültig aufgeklärt sind, so sind doch, wie gezeigt wurde, sehr weitgehend die Faktoren bekannt, die die Lichtausbeute auch in quantitativer Hinsicht bestimmen. Somit können Chemilumineszenz- und Biolumineszenzreaktionen für die analytische Bestimmung dieser Milieufaktoren herangezogen werden. Es genügen dabei Messungen der relativen Lichtintensitäten, so daß die weiter vorn erörterten Probleme der absoluten Quantenausbeute-Bestimmungen entfallen. Nur wenige Beispiele seien genannt. Besonders zahlreiche Untersuchungen liegen für die analytische Anwendung von Luminol vor. Da dessen Chemilumineszenz an alkalische $p_H$-Bereiche gebunden ist, kann man die Luminolreaktion als Säure-Basen-Titrationsindikator verwenden [1]. Dies ist besonders vorteilhaft bei gefärbten oder undurchsichtigen Lösungen. L. ERDEY, W. F. PICKERING und C. L. WILSON [2] verbesserten diese Titrationsmethode dadurch, daß sie Luminol-Fluoreszein-Mischungen anwandten. Hämin wird dabei nicht benötigt. Die Luminol-Fluoreszein-Mischung stellt einen reversiblen Katalysator dar, während Luminol in Gegenwart von Hämin irreversibel zerstört wird.

Auch $H_2O_2$ kann mittels der Luminol-Chemilumineszenz quantitativ bestimmt werden [3]. Da bei energiereicher Bestrahlung von Wasser (z. B. mit Röntgen- oder $\gamma$-Strahlen) kleine Mengen $H_2O_2$ gebildet werden, kann die Luminolreaktion als „Strahlendetektor" benutzt werden [4].

Eisen-III-Komplexe, wie sie im Hämin vorliegen, sind besonders starke Katalysatoren für die Luminol-Chemilumineszenz, und daher kann man Blutspuren damit sehr bequem nachweisen [5, 6].

Besonders umfangreiche Untersuchungen haben K. WEBER u. Mitarb. hinsichtlich der analytischen Anwendung sowohl der Lucigenin- [7–9] als auch der Luminolreaktion [10] durchgeführt. U. a. wurde eine quantitative Bestimmungsmethode für Organophosphorverbindungen vom Typ des Tabuns und Sarins ausgearbeitet. BABKO u. Mitarb. haben, teilweise unter Verwendung von Photoplatten als Detektor [11], besonders für die Bestimmung der Übergangsmetalle sehr empfindliche Methoden entwickelt, die z. B. für Kobalt oder Kupfer eine Nachweisgrenze von $10^{-9}\,g\,l^{-1}$ ermöglichen. Eventuell muß der Chemilumineszenzbestimmung eine übliche analytische Anreicherung vorausgehen [12].

Einige Metallionen sind Luminol-Chemilumineszenz-Inhibitoren, z. B. Vanadin und Zirkon, da sie das Hydrogenperoxyd nicht in die „aktive Form" des $HO_2^-$-Ions, sondern in das stabilere $O_2^{2-}$-Ion überführen. Diese Inhibitorwirkung kann ebenfalls für die quantitative Bestimmung dieser Metalle angewandt werden. Komplexbildner wie 8-Oxychinolin lassen sich mittels der Luminol- oder Lucigenin-Chemilumineszenz bestimmen, weil sie die katalytisch wirksamen Metallspuren binden und dadurch unwirksam machen.

Technisch von Interesse sind Methoden, die auf der durch Aktivatoren verstärkten Chemilumineszenz bei der Autoxydation von Kohlenwasserstoffen (vgl. S. 21) beruhen [13]. Sowohl die Aktivität von Radikalbildnern als auch von Inhibitoren läßt sich bestimmen, was für die Untersuchung von Antioxydantien z. B. für Kunststoffe von Bedeutung ist [14, 18].

Über eine Anwendung von Chemilumineszenzmethoden für die quantitative Untersuchung der Mechanismen und der Kinetik von Radikalkettenreaktionen in flüssiger Phase vgl. V. YA. SHLYAPINTOKH [19]. B. L. STREHLER und J. R. TOTTER [20] arbeiteten eine Bestimmungsmethode für Adenosintriphosphorsäure aus, die auf der notwendigen Anwesenheit von ATP für die Biolumineszenz der Feuerfliege beruht.

Diese ATP-Bestimmungsmethode wurde z. B. zur Messung der oxydativen Phosphorylierung in Mitochondrien-Suspensionen angewandt. Mit einer entsprechenden Modifizierung kann man die ATP-Bildung in Chlorella-Algen bei Belichtung quantitativ bestimmen und zugleich die Einflüsse von Kofaktoren studieren (Folsäure, Cytochrom c, Flavinmononucleotid, Ferricyanid) [21]. Jedoch sind hier die analytischen Befunde infolge der vorliegenden sehr komplexen Systeme nicht so eindeutig wie bei einfachen nichtbiologischen Systemen. Im folgenden ist eine Auswahl weiterer chemilumineszenz-analytischer Verfahren zusammengestellt:

*Anorganische Substanzen*

*Cadmium*: F. KENNY u. Mitarb., Anal. Chem. **36**, 529 (1964): Titration von Cadmium mit $K_3(Fe(CN)_6)$ mit Chemilumineszenz-Indicator (Luminol).

*Cyanide*: S. MUSHA u. Mitarb., J. chem. Soc. Japan **80**, 1285 (1959): Wirkung von Cyanid auf die Chemilumineszenz des Luminols und quantitative Bestimmung von Cyanid-Spuren in Wasser durch Messung der Induktionsperiode.

*Eisen*: A. K. BABKO u. I. E. KALINICHENKO, Ukr. chim. Ž. **31**, 1316 (1965): Chemilumineszenzmethoden zur Bestimmung von Mikromengen Eisen.

A. K. BABKO u. I. E. KALINICHENKO, Ukr. chim. Ž. **31**, 1092 (1965):

Komplexe von Eisen mit Sulfosalicylaldehyd-Äthylendiamin bei der Chemilumineszenz des Luminols.

*Kobalt:* A. K. BABKO u. N. M. LUKOVSKAYA, Ukr. chim. Ž. **30**, 508 (1964):
Untersuchungen der katalytischen Aktivität von Kobalt bei der Chemilumineszenz (Luminol).

A. K. BABKO u. N. M. LUKOVSKAYA, Zavod. Labor. **29**, 404 (1963):
Bestimmung von Kobaltspuren mittels Chemilumineszenz.

H. OJIMA, J. chem. Soc. Japan **82**, 973 (1961):
Mechanismus der katalysierten Chemilumineszenz von Luminol in Gegenwart von Di-aquo-tetrammin-Cobalt-(III)-chlorid in alkalischem Milieu.

*Kupfer:* A. K. BABKO u. L. I. DUBOVENKO, Z. anal. Chem. **200**, 428 (1964):
Verbesserung der Empfindlichkeit der katalysierten Chemilumineszenzreaktion von Kupfer (Luminol).

H. OJIMA, J. chem. Soc. Japan **80**, 1371 (1959); **84**, 909 (1963):
Mechanismus der katalytischen Wirkung von Amin-Kupfer(II)-Komplexen (Luminol).

*Ozon:* D. BERSIS u. E. VASSILIOU, Analyst **91**, 499 (1966):
Chemilumineszenzmethode zur Ozonbestimmung.

*Vanadin:* A. K. BABKO u. N. M. LUKOVSKAYA, Z. anal. Chim. **20**, 1100 (1965):
Chemilumineszenzbestimmung von Mikromengen Vanadin.

*Organische Substanzen*

*α-Aminosäuren:* A. A. PONOMARENKO u L. M. AMELINA, Ž. obšč. Chim. **35**, 750, 2252 (1965):
Katalytische Wirkung von Kupferkomplexen von α-Aminosäuren auf die Chemilumineszenz des Luminols und eine Chemilumineszenz-Methode für die Mikrobestimmung von α-Aminosäuren.

*ATP:* L. M. ALEDORT, R. I. WEED u. S. B. TROUP, Anal. Biochem. **17**, 268 (1966):
Ionen-Effekte auf die Feuerfliegen-Biolumineszenz-Bestimmung der ATP in roten Blutkörperchen.

*Oxime:* K. WEBER, J. MATKOVIC u. D. FLES, Nature **191**, 177 (1961):
Inhibierung der Luminol-Chemilumineszenz durch Oxime.

*Phenole*: A. A. PONOMARENKO u. L. M. AMELINA, zit. nach C. **1964**, Nr. 35, 1707:
Bestimmung geringer Mengen von Phenolen mit einer Chemilumineszenz-Methode (Luminol).

Literatur: *Analytische Anwendungen der Chemilumineszenz*

1. KENNY, F., u. R. B. KURTZ: Anal. Chem. **23**, 339 (1951).
2. ERDEY, L., W. F. PICKERING u. C. L. WILSON: Talanta **9**, 371 (1962).
3. LANGENBECK, W., u. U. RUGE: B. **70**, 367 (1937).
4. ARMSTRONG, W. A., u. W. G. HUMPHREYS: Canad. J. Chem. **43**, 2576 (1965).
5. SPECHT, W.: Ang. Ch. **50**, 155 (1937).
6. STEIGMANN, A.: Chem. Ind. **60**, 889 (1941).
7. WEBER, K.: Z. physik. Chem. (B) **50**, 100 (1941).
8. —, u. W. OCHSENFELD: Z. physik. Chem. **51**, 63 (1942).
9. —, u. J. MATKOVIC: Arch. Toxikologie **21**, 38 (1965).
10. — — u. D. FLES: Nature **191**, 177 (1961).
11. BABKO, A. K., u. N. M. LUKOVSKAYA: Ukr. chim. Ž. **29**, 519 (1964); **27**, 861 (1962).
12. —, u. L. I. DUBOVENKO: Z. anal. Chem. **200**, 428 (1964).
13. PAPISOVA, V. I., V. YA. SHLYAPINTOKH u. R. F. VASIL'EV: Uspechi Chim. **34**, 599 (1965).
14. ASHBY, G. E.: J. Polymer Sci. **50**, 99 (1961).
15. SHLYAPINTOKH, V. YA., O. N. KHARPUKHIN u. I. F. RUSINA, Ž. obšč. Chim. **33**, (95), 3110 (1963).
16. VICHUTINSKII, A. A.: Ž. fiz. Chim. **38**, 1668 (1964).
17. SCHARD, M. P., u. C. A. RUSSELL: J. appl. Polymer Sci. **8**, 985 (1965).
18. IVANCEV, S. S., A. F. GUK, V. YA. SHLYAPINTOKH: Ž. prikl. Spektroskopii **4**, 541 (1966).
19. SHLYAPINTOKH, V. YA.: Uspechi Chim. **35**, 684 (1966).
20. STREHLER, B. L., u. J. R. TOTTER: Arch. Biochem. **40**, 28 (1952).
21. —, B. L., u. D. D. HENDLEY: In: W. D. MCELROY und B. GLASS, A Symposium on Light and Life, S. 601, The Johns-Hopkins-Press Baltimore: 1961.
22. SHLYAPINTOKH, V. YA. u. Mitarb.: Chemiluminescence Techniques in Chemical Reactions. New York: Plenum Press 1968.

# Namenverzeichnis

Die Zahlen in eckigen Klammern geben die laufende Zitat-Nummer in dem zu den betreffenden Kapiteln gehörenden Literaturverzeichnis an, z. B.: 154 [5]: Zitat Nr. 5 auf S. 154 erscheint im Literaturverzeichnis auf S. 158.

Aalbersberg, W. 128 [20]
Airth, R. L. 143 [19]
Akiyama, H. 78 [59], 93, 94 [24], 97
Akutagawa, M. 113 [14b], 114 [14, 32]
Albrecht, H. O. 63, 78, 84, 85, 86
Aledort, L. M. 161
Alexander, N. 19 [57]
Allmand, A. J. 156
Amelina, L. M. 161, 162
Anderson, R. S. 144
de Angelis, W. J. 94 [28]
Aoyama, Z. 144 [30]
Armstrong, W. A. 64 [9], 159 [4]
Arnold, S. J. 9 [34], 10, 18 [35]
Ashby, G. E. 32, 160 [14]
Audubert, R. 1, 9 [25]
Ayers, J. B. 112 [5], 113 [5]

Babko, A. K. 77 [52], 159, 160, 161
Bäckström, H. 20, 21 [75], 27
Bahner, C. T. 52 [1]
Baird, J. E. 124 [11]
Barash, L. 57 [18]
Bard, A. J. 127 [17], 129 [25], 131 [17]
Barke, F. 109 [19]
Barr, J. T. 51 [1]
Bartlett, P. D. 43 [6], 47 [10], 49, 50
Batten, J. J. 43 [4]
Baumgärtel, H. 109
Beer, J. S. 114, 115 [16]
Behrmann, E. J. 80 [64]
Belyakov, V. A. 2 [19]
Benson, R. E. 62 [20, 22]
Benzing, E. P. 43 [6], 50 [6]
Berger, A. W. 112 [7], 116, 117 [22]
Berger, J. A. 116 [22], 117 [22]
Bergmann, G. 72, 76 [31], 154 [5], 158
Berguer, Y. 112 [12]
Bernanose, A. 66, 82

Berry, M. G. 120 [7]
Bersis, D. S. 19, 161
Bielski, B. H. T. 15
Bigeleisen, J. 120 [5]
Birks, J. B. 155
Bitler, B. 138
de Boer, E. 128 [20]
Bollyky, I. J. 1 [88], 48 [24, 25], 62 [19]
Bowden, E. E. 112 [11]
Bowen, E. J. 2, 3 [17], 5, 6, 87 [78], 115 [25, 26], 116, 132 [32], 155 [7]
Bowman, R. L. 19 [57]
Branch, G. E. K. 77 [46], 78 [46], 81 [46]
Braun, A. 92, 98 [17]
Bremer, T. 78 [63], 82 [68], 83 [63], 84, 86 [63], 118, 119 [7]
Brown, H. C. 106
Brown, I. H. 118
Brown, M. 52 [4]
Browne, R. J. 10, 18 [35]
Buchler, J. W. 52 [2], 53
Buck, J. B. 144 [26]
Buckler, S. A. 119 [9]
Bünau, V. 154 [4]
Bursey, M. M. 6, 63, 64, 67 [7, 19], 68 [19], 69 [19], 71, 75, 77 [7], 78 [7], 79 [7], 85 [7]
Buzas, I. 93 [22]

Calvert, J. C. 2 [12]
Calvert, S. 118 [2]
Cambpell, T. W. 43 [5]
Carnahan, J. E. 52 [4]
Carpenter, W. 61 [15]
Cass, M. W. 139 [55]
Castro de Dugros, E. 94 [27]
Chairge, P. 127 [14]

Chandross, E. A. 4, 14, 34, 38, 40, 48, 120, 121, 122, 123, 124, 125, 126, 127 [15, 16], 128, 129 [15], 158
Chang, Y. C. 16 [90], 93 [19], 99 [19], 110 [21], 112 [4], 114 [4,15], 115 [4], 148
Chase, A. M. 144 [27, 33], 148
Chrzaszczewska, A. 92 [16]
Clarke, R. A. 1 [88], 4 [23], 42 [3], 48 [24], 49 [3], 51 [3], 62 [19], 93 [20], 98 [20], 99 [20], 111 [23]
Clement, R. A. 86
Clyne, M. A. A. 19 [55, 56], 47 [14]
Coffman, D. D. 52 [3, 4], 58 [3]
Cohen, L. A. 112 [9]
Colter, A. K. 47 [12]
Coppinger, G. M. 43 [5]
Corey, E. J. 18 [51], 133 [35]
Cormier, M. J. 1 [7], 112 [3], 149, 150, 151 [54]
Cottman, E. W. 102 [4]
Coulombre, J. 143 [21, 22]
Cross, B. E. 72

Davies, A. G. 45 [8]
Decker, H. 90 [2]
De Jongh, R. O. 67 [21]
De Kock, R. J. 32 [85], 33, 158
De Luca, M. 143 [24]
Denizow, E. 23
Diepenhorst, E. M. 118 [4]
Dietrich, P. 62 [21], 99 [38]
Dixon, W. T. 15
Dorabialska, A. 77 [50], 87, 92 [17], 98 [17]
Dorst, W. 67 [21]
Dougherty, G. 78 [57]
Downing, J. R. 52 [3], 58 [3]
Drawert, M. 70 [28], 71 [28], 154 [3]
Drew, H. D. K. 66, 70, 71, 72, 78, 84
Driscoll, J. N. 112 [7], 116 [22], 117 [22]
Dubois, J. 21, 26
Dubois, R. 137
Dubovenko, L. I. 77 [52], 159 [12], 161
Dufford, R. T. 118, 119 [8]
Duffraisse, C. 107
van Duuren, B. 153

Eckroade, C. B. 112 [3], 150 [50]
Eguchi, S. 144 [30]

Ellis, D. W. 153 [1]
Ellis, J. W. 11
El-Sayed, M. A. 2 [14], 132 [27]
Emanuel, N. 23
Enteliss, Ss. G. 116
Epstein, B. 67 [22], 82, 83 [22]
Erdey, L. 76, 77 [43], 81, 93 [22], 98, 159
Ermolaev. V. I.. 92 [4]
Ernst, F. 118
Etienne, A. 107 [16]
Evans, W. V. 118 [4]
Eyring, H. 83 [71], 84, 87

Fastie, W. G. 144 [26]
Feldberg, S. W. 132
Fettback, H. 20 [59]
Fiege, H. 86
Field, G. F. 138
Fles, D. 159 [10], 161
Fletcher, A. N. 52, 53, 55, 57 [6], 58, 60, 61, 62
Foerster, T. 87 [77]
Foote, C. S. 18 [50], 133 [34]
Forbes, G. S. 156
Fridovich, I. 94 [29]
Friedland, J. 149 [47]
Friedmann, H. 118, 119 [7]
Furman, N. H. 128 [22]

Gaddum, L. W. 119 [8]
Garst, J. F. 112 [5], 113 [5]
Garwood, R. F. 66, 72, 78 [58], 84
Gasha, T. 113 [14], 114 [14b]
Gattow, G. 9
Gershman, L. 144 [35], 156
Geske, D. H. 57, 61
Gibson, J. D. 52 [1]
Gibson, Q. H. 134 [41, 42], 149 [46]
Given, P. H. 128 [19]
Gladding, J. V. K. 66 [13]
Gleu, K. 90, 92 [13, 14, 15], 93 [1], 94 [1], 97, 99
Goldfinger, P. 82 [68]
Goldstein, M. J. 50 [20]
Gontarev, B. A. 50 [16]
Goto, T. 136, 144, 146
Goudot, A. 77 [54]
Green, A. A. 149 [45]
Greenlee, L. 94
Greenwood, C. 134 [41, 42]
Gregory, J. D. 150

Groh, P. 9
Guk, A. F. 160 [18]
Gundermann, K.-D. 63 [3], 70 [28], 71 [28], 72, 73, 76 [31, 32], 86, 154 [3, 5], 158
Gurwitsch, A. C. 9 [26]

Haas, J. W. jun. 124 [11]
Halder, N. J. 87 [78]
Handler, P. 94 [29]
Haneda, Y. 2 [9], 136, 144 [34], 148, 149
Hansmeier, H. 20, 37
Harding, M. J. C. 6, 56 [10], 102 [11], 103, 104, 106, 108, 110, 111, 112 [6], 114 [2], 115 [6]
Harris, L. 75 [37], 78 [37]
Harrison, A. W. 11 [37]
Hartmann, G. 8, 15 [45], 16 [45], 17 [45], 83 [72], 84
Harvey, E. N. 82, 136, 137, 144
Hastings, J. W. 28, 134, 143 [21, 22], 149 [42, 43, 46, 47], 157
Hatchard, C. G. 156 [13]
Havinga, E. 67 [21]
Hayashi, T. 90, 97, 102, 108, 109, 110 [17], 112 [1]
Heilbronner, E. 2 [10]
Helberger, J. H. 20, 33 [58]
Heller, C. A. 52, 53, 55, 57 [6], 58, 60, 61, 62
Hendley, D. D. 160 [21]
Hercules, D. M. 2 [2], 120, 126, 127, 128 [23], 129 [3, 23], 130, 131
Hever, D. B. 20, 33 [58]
Hieber, P. 77 [53]
Hildebrand, 95 [33]
Hill, J. H. M. 67 [19], 68 [19], 69 [19], 75 [35], 78 [35], 87 [35]
Hirata, Y. 144
Hirt, R. C. 158
Hochstrasser, R. M. 132 [33]
Hock, H. 118
Hodson, W. D. 82
Hoefert, M. 20, 35
Hoffmann, D. M. 50 [21]
Hoffmann, K. 107 [15]
Hojtink, G. J. 120, 127 [1], 128 [20], 132
Hol, P. A. H. M. 32 [85], 33, 158
Hopkins, T. A. 139 [55], 142 [55]
Hori, K. 1 [7], 150, 151 [54]

Horstmann, W. 72, 76 [31], 155 [5], 158
Humphreys, W. G. 64 [9], 159 [4]
Humphries, F. S. 133
Hünig, S. 86 [74]
Huntress, E. H. 66 [13]
Huster, H. J. 15 [45, 91], 16 [45]

Ianotta, A. V. 1 [88], 48 [24]
Inczedey, I. 98 [36]
Inoue, S. 144 [31], 146
Insolera, 93 [23], 94 [23]
Ivancev, S. S. 160 [18]

Jagur-Grodzinski, J. 61 [16]
Johnson, F. H. 2 [9], 113 [13], 136, 137, 144 [29, 34, 35], 145, 148, 149, 156
Jones, A. Vallance 11 [37]

Kägi, H. M. 75 [35], 78 [35], 87 [35]
Kaiser, K. H. 84, 86, 87, 92, 101, 108
Kalinichenko, I. E. 160
Kalinowska, A. 77 [50], 87
Karpukhin, O. N. 20 [61, 67], 24 [81], 116 [29, 30]
Karyakin, A. V. 92 [5, 6]
Kasha, M. 2 [16], 6, 9, 12, 13, 88, 120 [6]
Kautsky, H. 84, 86, 87, 92, 101, 108, 133
Kawano, K. I., 61 [14]
Kealy, T. J. 86
Kennedy, G. W. 120 [9], 121 [9], 127 [9], 128 [9]
Kenny, F. 159 [1], 160
Khan, A. 6, 9, 12, 13, 88
Kibalko, L. A. 20 [61], 116 [29]
Kirrmann, A. 9
Kishi, Y. 144 [29, 30, 31], 146
Kishimoto, H. 144 [31], 146
Kneser, H. O. 11
Komlev, A. I. 70 [27]
Koski, W. S. 129 [24]
Krajcinovic, M. 75 [40], 77 [40]
Kresge, A. J. 43 [7]
Kreiss, P. 151 [54]
Krieg, B. 102 [9], 104 [12], 107 [9], 155
Kroh, J. 69 [24], 92 [7]
Kronick, P. L. 127 [14]
Kropf, H. 118
Kuchela, K. N. 155

Kurtz, R. B. 159 [1]
Kuwana, T. 67 [22], 82, 83 [22]
Kuwata, K. 57, 61

Labes, M. M. 127 [14]
Lafferty, R. H. 52 [1]
Lahm, W. 77 [53]
Langenbeck, W. 159 [3]
Lansbury, R. C. 128 [23], 129 [23], 130 [23], 131
Latimer, W. 95 [33]
Laursen, B. A. 143 [23]
Lee, J. 64, 68, 154, 156
Leighton, W. G. 156
Lemal, D. M. 61 [14]
Leonard, N. J. 143 [23]
Lewis, G. N. 120
Linn, W. J. 62 [20, 22]
Linschitz, H. 20, 33, 34, 77, 120
Lipmann, F. 150
Lippert, E. 2 [13]
Livingston, R. 20, 27, 28, 29, 30
Lloyd, R. A. 115 [25]
Lohmann, F. 11, 14 [40], 15 [45], 16 [45], 17 [45], 116 [27]
Longworth, J. W. 127 [16], 128
Lorenz, P. B. 144 [33]
Lower, S. K. 2 [14], 132 [27]
Loy, M. 1 [88], 48 [24]
de Luca, M. 143 [24]
Lukovskaya, N. M. 159 [11], 161
Lumry, R. 83 [71], 84, 87 [71]
Lund, H. 128 [21]
Lundeen, G. 2 [20], 20, 27, 28, 29, 30
Lundsford, C. D. 112 [11]
Luszczewski, J. 69 [24]
Lutz, R. E. 112 [11]
Lyttle, F. E. 126, 127

Maeda, K. 90, 97, 102, 108 [17], 109 [3,17], 110 [17], 112 [1]
de Maeyer, L. 154 [4]
Maizus, Z. 23
Mallet, L. 9, 13
Malnic, G. 149 [42]
Marcus, R. A. 132
Maricle, D. L. 82, 120 [9], 121 [9], 127 [9], 128 [9], 131, 132
Markaryan, N. A. 70 [27]
Martell, J. 107 [16]
Massa, J. 149 [43]
Matkovic, J. 161

Matsuo, K. 71, 75 [80]
Matthies, P. 154 [4]
Maurer, A. 128 [18], 129 [44], 131, 132
Maxwell, M. A. 102 [5], 104 [5,13], 107 [5]
McCapra, F. 3 [21], 6, 14, 16 [90], 63 [2], 93, 98, 99 [18, 19], 110 [21], 111, 112 [4], 114 [4, 15, 18], 115 [4], 138 [7], 148
McElroy, W. D. 1 [3], 2 [1], 136, 138 139, 140, 141, 142, 143, 144, 148 [41], 149, 156
McGrath, L. 114, 115 [17]
McKeown, E. 14 [43], 17, 18, 51
Medina, V. J. 94 [26]
Megerle, G. H. 47 [12]
Melhuish, W. H. 121 [8], 155
Mentzer, C. 112 [12]
Mesrobian, R. B. 23, 31
Metcalf, W. S. 66 [15], 86
Metzler, G. 128 [18]
Mikluchin, G. P. 66, 67, 68
Miyake, T. 65, 86
Moeller, T. 96 [34]
Moffet, R. B. 102 [4]
Moffet, S. M. 102 [4]
Mohns, J. P. 120 [9], 121 [9], 127 [9], 128 [9]
Müller, G. O. 133
Müller, H. R. 86 [74]
Murray, R. W. 57 [17]
Musha, S. 160

Nakada, K. 109 [18]
Nandi, P. K. 47 [11]
Nandi, V. S. 47 [11]
Nessterov, O. V. 116 [30]
Neunhoeffer, O. 102 [9], 104 [12], 107 [9], 155
Nicholson, I. 102 [8]
Nightingale, D. 118 [2], 119 [8]
Nishiyama, Y. 138 [9]
Nitzsche, S. 92 [13]
Norman, R. O. C. 15
Norrish, R. G. W. 18
Nowaczyk, M. 92 [16]

Ochsenfeld, W. 94 [25], 159 [8]
Ogryzlo, E. A. 9, 10, 14, 18 [35]
Ogura, K. 138 [9]
Ohmori, S. 65, 74

Ojima, H. 67, 68 [18], 77 [51], 102 [7], 161
Okamoto, Y. 106
Oleniacz, W. S. 93 [23], 94 [23]
Omote, Y. 65, 74, 86
Ossip, P. S. 47 [12]

Papisowa, V. I. 20 [71], 160 [13]
Paris, J. P. 53, 55, 57
Parker, A. J. 75 [37], 78 [37]
Parker, C. A. 47 [13], 126, 156
Patrick, J. B. 56 [11], 112 [8]
Pearman, F. H. 66 [12], 70, 71, 78
Petsch, W. 90, 93 [1], 94 [1], 97, 99
Phelps, J. 129
Philbrook, G. E. 77, 78 [56], 79 [56], 80 [56], 81, 82, 83 [44], 85, 95, 97, 99, 102 [5], 104, 105, 107, 112 [5], 113 [5]
Pickering, W. F. 76 [43], 77 [43], 159
Pincock, R. E. 43 [6], 49, 50 [6, 15]
Pirog, J. A. 112 [7]
Pisano, M. A. 93 [23], 94 [23]
Pitts, J. N. 2 [12]
Polanyi, J. C. 1
Ponomarenko, A. A. 70 [27], 161, 162
Poretz, R. 102 [8]
Porter, G. B. 132 [33]
Porter, K. 156
Postnikov, L. M. 20 [61, 69], 116 [29]
Prochazka, Z. 77 [49]
Pruett, R. L. 52 [1]

Quickenden, T. I. 63 [4], 66 [15], 86

Radziszewski, B. 1, 101, 115
Rapp, K. E. 52 [1]
Rauhut, M. M. 1, 4, 38, 40, 41, 42 [3], 43, 48, 49 [3], 50, 51 [3], 62 [19], 69, 76, 77, 78, 79, 80, 81, 83 [26], 84, 93, 98, 99 [20], 111, 120, 121 [9], 127 [9], 128 [9], 158
v. Rebay, A. 20 [59]
Reid, C. 67 [20]
Reimschüssel, W. 92 [17], 98 [17]
Reynolds, G. T. 144 [35], 156
Rezek, A. 75 [39], 77 [39], 78 [39], 154 [2]
Rhodes, W. C. 141, 143 [19]
Richardson, D. G. 16 [90], 93 [18], 98, 99 [18], 110 [21], 112 [4], 114 [4, 18], 115 [4]

Rieche, A. 62 [21], 99 [38]
Riley, W. H. 149 [43]
Riveiro, C. 94 [27]
Roberts, B. G. 1 [88], 38 [2], 40 [2], 41 [2], 42 [2], 43 [2], 48 [24, 25], 69 [26], 76 [26], 77 [26], 78 [26], 79 [26], 80 [26], 83 [26], 84 [26], 93 [20], 99 [20], 128 [18], 129 [44], 158
Robertson, A. 31, 114, 115 [16]
Robinson, G. Wilse 2 [15]
Roe, D. K. 128 [23], 129 [23], 130 [23], 131
Rosenberg, J. L. 133
Roswell, D. F. 67 [19], 68 [19], 69 [19], 74
Rüchardt, C. 50 [18]
Ruge, U. 159 [3]
Rümmler, G. 116 [20]
Rusina, I. F. 20, 22 [77], 24, 25, 26, 35
Russell, C. A. 32, 158
Ryzhikov, B. D. 92 [8]

Saiga, Y. 113 [14], 114 [14b], 144 [35], 148, 156
Saito, E. 15
Sakurai, H. 50 [16]
Sandros, K. 20, 21 [75], 27
Santhanam, K. S. V. 27 [17], 129 [25], 131 [17]
Schaad, L. J. 43 [7]
Schaarschmidt, R. 92 [15]
Schales, O. 75 [38], 78 [38], 94 [30]
Schard, M. P. 32, 158
Schedlitzki, D. 73, 76 [32]
Scheffer, J. R. 133 [37]
Schmidkunz, H. 11 [38], 12, 15 [45], 16 [45], 17 [38, 45], 35
Schmitz, E. 99 [38]
Schneider, A. 9
van Schooten, J. 128 [20]
Schubert, A. 92 [14]
Schultz, K. F. 77 [48]
Schuwalow, W. F. 20 [69]
Schwitzer, D. 120 [7]
Scoseria, J. L. 94 [26]
Scott, H. 127 [14]
Seed, J. R. 156
Seliger, H. H. 1 [3], 2 [1], 9, 64, 68, 75, 76, 136, 139, 140, 141, 142, 143, 144 [13], 148 [41], 149, 154, 156

Semsel, A. M. 1 [88], 4 [23], 38 [2], 40 [2], 41 [2], 42 [2, 3], 43 [2], 48 [24], 49 [3], 51 [3], 69 [26], 76 [26], 77 [26], 78 [26], 79 [26], 80 [26], 83 [26], 84 [26], 93 [20], 98 [20], 99 [20], 111 [23], 158
Seto, S. 138
Sheehan, D. 4 [23], 42 [3], 49 [3], 51 [3], 93 [20], 98 [20], 111 [23]
Sheeto, J. 53, 55, 56, 60, 61 [7]
Shida, S. 109 [18]
Shimomura, O. 113 [13], 144, 145, 148, 156
Shine, J. H. 50 [21]
Shlyapintokh, V. Y. 22 [61, 67, 69, 71, 72], 24 [81], 116, 160
Shombert, D. J. 133
Sie, E. H. C. 144 [34], 149
Simons, D. M. 50 [19]
Sioda, R. E. 129 [24]
Slawinska, D. 116 [28]
Slawinski, J. 116 [28]
Sonnenberg, J. 102, 108, 109, 110, 114 [17]
Sonnenfeld, V. 143 [22]
Sonntag, F. I. 4, 14, 34, 120, 121, 122, 123, 124, 125, 126, 158
Sosnovsky, G. 118
Sowinski R. 148
Specht, W. 77 [45], 159 [5]
Spoljaric, J. 77 [49]
Spruit, C. J. 92 [9]
Spruit van der Burg, A. 69, 70 [25], 92 [9, 10], 94 [31]
Spudich, J. 149 [42, 47]
Stachel, H.-D. 113 [13], 145
Stauff, J. 8, 11, 12, 14, 15, 16, 17, 35, 83 [72], 84, 116
Steigmann, A. 159 [6]
Stevenson, W. 77 [56], 78 [56], 79 [56], 80 [56]
Stork, H. 63 [6]
Strehler, B. L. 160
Stross, F. H. 77 [46], 78 [46], 81 [46]
Sugiura, S. 144 [31], 146
Sugiyama, N. 65, 74, 86, 113 [14], 114 [14b, 32]
Sveshnikov, B. Ya. 75 [41], 78, 92 [11]
Swain, C. G. 43 [7]
Swarc, M. 50 [17], 61 [16]

Tackacs, J. 93 [22]
Tamamushi, B. 78 [59], 80 [65], 93, 94 [24], 97
Taylor, E. C. 113 [13], 145
Taylor, R. E. 102 [5], 104 [5], 105 [5], 107 [5]
Taylor, W. C. 18 [51], 133 [35]
Tcherkassov, A. S. 20 [65]
Teale, F. W. J. 155
Thier, W. 86 [74]
Thomas, C. D. 118
Thrush, B. A. 19 [55, 56], 47 [14]
Totter, J. R. 77, 78, 79, 80, 81, 82, 83 [44], 85, 91, 92 [3], 94, 95, 97, 99, 100, 102 [5], 104 [5], 105 [5], 107 [5], 112 [5], 113 [5], 158, 160
Trautz, M. 9 [24], 115
Troup, S. B. 161
Trozzolo, A. M. 57 [17]
Tsuji, F. I. 144 [27], 148
Turro, N. J. 2 [11]

Uri, N. 15
Urry, W. H. 53, 55, 56, 60, 61 [7]

Vasil'ev, R. F. 2 [19], 15 [44], 20, 22, 24, 25, 26, 27, 28, 35, 116 [29], 126, 160 [13]
Vassermann, V. S. 78 [60]
Vassiliou, E. 161
Vichutinskii, A. A. 20 [62, 65, 68]
Visco, R. E. 127 [15, 16], 128, 129 [15]
Vojir, V. 82
Volman, D. H. 156
Voorhies, J. D. 128 [22]
Vouk, V. 75 [39], 77 [39], 78 [39], 154 [2]

Walling, C. 23, 119 [9]
Wang, S. S. 47 [12]
Wassermann, E. 57
Wassermann, H. H. 133 [37]
Wassermann, J. S. 66, 67, 68
Watanabe, E. 144 [30]
Waters, I. R. 144 [35], 156
Waters, J. A. 50 [21]
Waters, W. A. 14, 17, 18, 31, 51
Wayne, R. P. 18, 19 [54, 55, 56]
Webb, W. W. 156
Weber, G. 155
Weber, G. J. 28

Weber, K. 75 [36, 39, 40], 77, 78 [39], 93, 94 [21, 25], 98 [25], 154 [2], 159, 161
Webster, O. W. 62 [20, 22]
Wedekind, E. 118, 119 [1]
Weed, R. I. 161
Weiss, J. 9 [27], 78 [62]
Weller, A. 132
Wellhausen, G. 73, 76 [32]
Wexler, S. 18 [50], 133 [34]
White, D. M. 102, 108, 109, 110, 114 [17]
White, E. H. 1 [8], 6, 56 [10], 63, 64, 67, 68, 69, 71, 74, 75, 77, 78, 79, 84, 85, 87, 102 [6], 103, 104, 106, 108, 110, 111, 112 [6], 114[2], 115 [6], 138, 139 [8, 55], 140, 142 [55], 144 [13]
Whitman, R. H. 1 [88], 48 [24, 25], 62 [19]
Wiberg, K. B. 18
Wiberg, N. 52 [2], 53
Wilhelmsen, P. S. 83 [71], 84, 87

Wilkinson, F. 21, 26
Wilson, C. L. 76 [43], 77 [43], 159
Wilson, T. 18, 133 [36]
Winberg, H. E. 52, 53 [4], 58 [3]
Wirtz, G. 143 [24]
Witkop, B. 56 [11], 112, 115 [19]
Witte, A. A. M. 67
Witzke, H. 9 [34]
Wizinger, R. 73 [33]
Woodger, G. B. 87 [78]
Woodward, A. E. 23, 31
Wörther, H. 138, 140 [13], 144 [13]

Yager, W. A. 57 [18]
Yale, H. L. 73
Yamamoto, H. 113 [14], 114 [14b]
Yoshino, T. 68 [23], 73

Zachariase, K. 132
Zafiriou, O. 75 [35], 78 [35], 87 [35]
Zellner, C. N. 78 [57]
Zimmermann, H. 109
Zweig, A. 128, 129 [44]

# Sachverzeichnis

Acridiniumsalze, Chemilumineszenz 92
—, disubstituierte 90
Acylhydrazide, Chemilumineszenz und Konstitution 65 ff.
Acylperoxyde, Chemilumineszenz 48 ff.
—, —, Spaltungsmechanismus 50 ff.
Aesculin, Ozonisierung 19
Aktinometrie 156
Aktivatoren für Chemilumineszenzen 21
Albrecht-Kautsky-Kaiser-Mechanismus der Luminol-Chemilumineszenz 85 ff.
3-Aminophthalsäurehydrazid, vgl. Luminol 1, 63 ff.
Analytische Anwendung der Chemilumineszenz 159 ff.
Anregungsausbeute 23, 27
Anregungsspektrum von N-Methylacridon 91
Anthracen, Ozonisierung 19
Arylamine, Chemilumineszenz 127
Äthylbenzol, Autoxydation 20, 23 ff.
ATP-Bestimmungsmethode 160
Autoxydation von Äthylbenzol 20, 23 ff.
— — p-Bromphenylmagnesiumbromid 118
— — p-Chlorphenylmagnesiumbromid 118
— — Cyclohexan 20, 23
— — n-Dekan 20
— — Grignard-Verbindungen 118
— — Isoamylbenzol 28
— — Kohlenwasserstoffen 19 ff.
— — Methyl-äthyl-Keton 21, 26
— — Phenylmagnesiumbromid 118, 119
— — Polypropylen 32 ff.
— — Tetralin 27 ff.
— — Tetrakis(dimethylamino-)-äthylen (TDE) 52 ff.

Azo-bisisobutyronitril, Initiator 23

Bandenemissions-Mittelwert-Methode 156
Bakterien-Biolumineszenz 148 ff.
Benzoin, Ozonisierung 19
Biacetyl-Phosphoreszenz 2, 20 ff.
Biolumineszenz 2, 136 ff.
p-Bromphenylmagnesiumbromid, Autoxydation 118
t-Butyl-peroxy-oxalylchlorid, Autoxydation 49

Carbonsäurehydrazide, Chemilumineszenz, Alkalikonzentrationseinfluß 75 ff.
—, —, Inhibitoreinfluß 77
—, —, Katalysatoreinfluß 77
—, —, Lösungsmitteleinfluß 75
—, —, Milieueinflüsse 74 ff.
—, —, Temperatureinfluß 78
Chemilumineszenz, Analytische Anwendung 159 ff.
—, Intensität 31
—, sensibilisierte 6, 13, 19, 21
—, Spektralbereich 1
—, strahleninduzierte 133
— von Acridiniumsalzen 92 ff.
— — Acylhydraziden 65 ff.
— — Acylperoxyden 48 ff.
— — 3-Aminophthalsäurehydrazid 63 ff.
— — aromatischen Monoacylhydraziden 67 ff.
— — Carbazolderivaten 114
— — Carbonsäurenitrilen 18, 51
— — $Ce^{4+}/H_2O_2$ 15
— — Chinolincarbonsäurehydraziden 73
— — $Cl_2/H_2O_2$, $CHCl_3$, Pyridin 10
— — N,N'-Diacylhydraziden, offenkettig 68
— — trans-4'-Dialkylaminostilben-2,3-dicarbonsäurehydraziden 73

Chemilumineszenz von 9,10-Diphenyl-anthraceniden 121 ff.
— — Grignard-Verbindungen 118
— — hochmolekularen Luminol-Derivaten 73
— — Indolderivaten 112
— — Kohlenwasserstoffen 19 ff.
— — Lophin 101 ff.
— — Lucigenin 90 ff.
— — Luminol und verwandten Verbindungen 63 ff.
— — N-Methylacridon-Natrium 124
— — Naphthalin-Natrium 124
— — Naphthalindicarbonsäure-hydraziden, substituiert 72
— — $NaOCl/H_2O_2$ 9
— — OH-Radikalen 17
— — $O_2H$-Radikalen 16
— — Ölsäurebutylester 36
— — organischen Metallkomplex-salzen 126
— — Oxalsäure-estern und gemischten -anhydriden 48 ff.
— — $Oxalylchlorid/H_2O_2$ 6, 38 ff.
— — Oxydationsreaktionen 9 ff.
— — N-Phenylcarbazol-Natrium 124
— — Phenylmagnesiumbromid 118, 119
— — Phthalocyaninen in Tetralin 20
— — Phthalsäurehydraziden, substituiert 69, 71
— — Porphyrin-Derivaten in Tetralin 20
— — Pyrrol-Derivaten 112
— — Radikal-Ionen-Reaktionen 120 ff.
— — Tetracyanoäthylen 62
— — Tetrakis(dimethylamino-)-äthylen(TDE) 52 ff.
— — Tetralin-hydroperoxyd/Zn-tetraphenylporphin 33 ff.
— — $Ti^{3+}/H_2O_2$ 15
— -beitrag angeregter Sauerstoff-moleküle 35 ff.
— -fähigkeit des Sauerstoffs 9 ff.
— -reaktionen, Allgemeines zum Mechanismus 4 ff.
— -spektren von Äthylbenzol 20
— — — $Cl_2/H_2O_2/NH_3/H_2O$ 10
— — — $Cl_2/H_2O_2/CHCl_3/Pyridin$ 10
— — — Cyclohexan 20

— — — n-Dekan 20
— — — Dimethylbiacriden 91
— — — Dimethylbiacridenoxyd 91
— — — Diphenylanthracenradikal-anion mit Benzoylperoxyd 122
— — — Lophinen 103
— — — Lucigenin 91
— — — Luminol 64
— — — N-Methylacridon 91
— — — Methyl-äthyl-Keton 20
— — — Na—N-Phenylcarbazol und Dibenzoylperoxyd 125
— — — $Ru(Dipyridyl)_3^{3+}/N_2H_4$ 127
— — — Tetrakis(dimethylamino-)-äthylen (TDE) 53
— — — Tetralinhydroperoxyd/ ZnTPP 34
Chinolincarbonsäurehydrazide, Chemilumineszenz 73
Chrysen, Ozonisierung 19
Cyclohexan, Autoxydation 20
Cypridina-Biolumineszenz, zum Mechanismus 148
— hilgendorfii 112, 138, 144 ff.
— — Luciferin, Chemilumineszenz 145
— —, Emissionsspektrum 145
— —, Struktur 145 ff.
— —, Totalsynthese 147

n-Dekan, Autoxydation 20
N,N'-Diacylhydrazide, Chemilumineszenz 68
trans-4'-Dialkylaminostilben-2,3-dicarbonsäurehydrazide, Chemilumineszenz 73
Dibenzoylperoxyd, Initiator 29
9,10-Dibromanthracen, Aktivator 21
Dicumylperoxyd, thermische Zersetzung 32
Dicyclohexyl-peroxydicarbonat, Initiator 23
2,3-Dimethylindol, Chemilumineszenz 113
Dioxetan-dion 48
9,10-Diphenyl-anthracenide, Chemilumineszenz 121 ff.
9,10-Diphenyl-9,10-dihydro-anthracen-9,10-dicarbonsäure, Chemilumineszenz 49 ff.
2,6-Di-t.butyl-4-methylphenol, Radikalfänger 43, 51

## Sachverzeichnis

DMSO als Elektronendonator 116, 117

Elektro-Chemilumineszenz 82, 127 ff.
— -spektren von Anthracen 128
— — — 9,10-Dimethylanthracen 128
— — — Perylen 128
Elektronen-Abspaltungsreaktionen aus Radikalanionen 121 ff.
— -Rekombinationsreaktionen 5
ESR-Absorption von $O_2H$-Radikalen 15
— — — OH-Radikalen 16

Fluoreszenzspektrum des 3-Aminophthalsäuredianions 64
— — Anthracens 128
— — 9,10-Dimethylanthracens 128
— — 9,10-Diphenylanthracens 122
— — N-Methylacridons 91
— — Perylens 128
— — Ru(Dipyridyl)$_3^{2+}$/wäßrige Lösung 127
— — Zn-Tetraphenylporphins 34

Grignard-Verbindungen, Chemilumineszenz 118 ff.

Hämin, Katalysator 77
Hammet-Beziehung bei Chemilumineszenz von Lophinen 105, 106
Hochmolekulare Luminol-Derivate, Chemilumineszenz 73
Huminsäuren, Chemilumineszenz 116
11-Hydroperoxy-tetrahydrocarbazolenin, Thermo-Chemilumineszenz 114

Indolderivate, Chemilumineszenz 112 ff.
Indolenin-Hydroperoxyd, Zersetzung 56
Inhibitoren bei Chemilumineszenzen 77
Ionen-Rekombinationsreaktionen 5
Isoamylbenzol, Autoxydation 28

Kaltes Licht 1, 136
Katalysatoreneinflüsse bei Chemilumineszenzen 77

Kinetik von Chemilumineszenzreaktionen 7 ff.
— der Oxalylchlorid-Oxydation 41, 42
Ko-faktoren bei Biolumineszenzen 137 ff.
Kohlenwasserstoffe, Autoxydation 19 ff.

Lauroylperoxy-oxalylchlorid, Chemilumineszenz 49
Leuchtkäfer, amerikanische (Photinus- u. a. Arten) 138 ff.
— — Biolumineszenzmechanismus 141 ff.
— — Luciferin 138
— — —, Aminoanaloga 140
Lophin(2,3,5-Triphenyl-imidazol) 101 ff.
— substituierte 102
— -Chemilumineszenz, Kinetik und Mechanismus 110 ff.
— —, Milieueinflüsse 107
— —, Zwischenprodukte 107
— -hydroperoxyd, Zersetzung 56
Lophyl-Radikal 108 ff.
Luciferase (bei Photinus pyralis) 141 ff.
Luciferine, Chemilumineszenz 137
Luciferinderivate 138
Lucigenin, Chemilumineszenz 6, 90 ff.
—, —, Alkalikonzentrationseinfluß 94
—, —, Hypothesen zum Mechanismus 97
—, —, Inhibitoreinfluß 94
—, —, Katalysatoreinfluß 93
—, —, Lösungsmitteleinfluß 93
Luminol und verwandte Verbindungen, Chemilumineszenz 1, 63 ff.
— — —, —, Hypothesen zum Mechanismus 83 ff.
— — — —, —, $H_2O_2$-Konzentrationseinfluß 80, 81
— — — —, —, Mechanismus 78 ff.
— -Elektro-Chemilumineszenz 82

Meßmethoden für Chemilumineszenzen 153 ff.
Metallkomplexe, Chemilumineszenz 126, 127
N-Methylacridiniumsalze, Chemilumineszenz 92 ff.

## Sachverzeichnis

N-Methylacridon-Natrium, Chemilumineszenz 124
Methyl-äthyl-Keton, Autoxydation 21
O-Methyl-dehydroluciferylhydrazid, Chemilumineszenz 68
2-Methylindol, Chemilumineszenz 113
3-Methylindol, Chemilumineszenz 113

Naphthalindicarbonsäure-hydrazide, Chemilumineszenz 72
Naphthalin-Natrium, Chemilumineszenz 124

Ölsäure-butylester, Chemilumineszenz 36
Organische Metallkomplexe, Chemilumineszenz 126, 127
$(O_2)_2$-Stoßkomplex 10 ff.
Oxalsäure-ester und gemischte -anhydride, Chemilumineszenz 48
Oxalylchlorid, Chemilumineszenz 6, 38 ff.
Oxazolderivate, Aktivatoren 21
Oxydationsreaktionen, Chemilumineszenz 9 ff.
Ozoninduzierte Chemilumineszenz 18 ff.
Ozonisierung von Aesculin 19
— — Anthracen 19
— — Benzoin 19
— — Chrysen 19
— — Polyphenolen 19

N-Phenylcarbazol-Natrium, Chemilumineszenz 124
Phenylmagnesiumbromid, Autoxydation 118, 119
Pholas, Bohrmuschel 137
Photinus pyralis, Biolumineszenz 137, 138 ff., 144
— —, — Emissionsspektren 139
— —, — Luciferin-Luciferase-System 137
Photobacterium fischeri 133
Photolumineszenzspektrum des Biacetyls 20
— — N-Phenylcarbazols 125
— — Tetrakis(dimethylamino-)-äthylens (TDE) 53
Photoperoxyde, Chemilumineszenz 132 ff.
Photuris pennsylvanica 144

Phthalocyanine, Aktivatoren 20, 33
Phthalsäurehydrazide, Chemilumineszenz 69 ff., 71
Polyphenole, Ozonisierung 19
Polypropylen, Autoxydation 32 ff.
Porphyrine, Aktivatoren 33
,,Pre-annihilation''-Chemilumineszenz 132
Pyrogallol, Chemilumineszenz 115
Pyrophorus plagiophthalamus 144
Pyrrol-Derivate, Chemilumineszenz 112

Quantenausbeute, absolute 3
— bei Luminol-Chemilumineszenz 1
— — Oxalsäureestern 2
— — Tetrakis(dimethylamino-)-äthylen (TDE)-Chemilumineszenz 52 ff.
,,Quencher'' 24

Radikalionen-Reaktionen, Chemilumineszenz 120 ff.
Radikal-Ketten-Reaktion bei Oxydation von Kohlenwasserstoffen 23, 30
Radikal-Radikal-Rekombinationen 5
Radikalrekombinationsgeschwindigkeit 23
Renilla reformis, Biolumineszenz 1, 112, 149 ff.
Rubren, Elektro-Chemilumineszenz 130 ff.

Sauerstoff, Chemilumineszenzfähigkeit 9 ff.
—, elektronische Energieniveaus von angeregtem Singulett-Sauerstoff 12
—, — — von molekularem Sauerstoff 12
—, Excimeres 9 ff.
—, — Strahlungshalbwertszeit 11
Serratia marescens, Bakterien 94
Singulett-Sauerstoff 12 ff.
— —, Oxydation 18
— — — Triplett-Sauerstoff-Umwandlung 18
Sterische Resonanzhinderung bei Luminol und verwandten Verbindungen 70
Stern-Volmer-Gleichung 25, 26

Strahleninduzierte Chemilumineszenz 133 ff.

Tetracyanoäthylen, Chemilumineszenz 62
Tetrakis(dimethylamino-)äthylen (TDE), Chemilumineszenz 52 ff.
—, —, Intensitäts-Zeit-Kurven 59
—, —, Mechanismus und Kinetik 58 ff.
—, —, Quantenausbeute 52
—, —, Reaktionsprodukte 53
—, —, Zwischenprodukte 55
Tetralin, Autoxydation 27 ff.
— -hydroperoxyd, Chemilumineszenz 33 ff.

2,3,4,5-Tetraphenyl-pyrrol, Chemilumineszenz 112
Thermo-Chemilumineszenz 114
Trautz-Schorigin-Reaktion 19, 115
2,4,5-Triphenyl-imidazol, vgl. Lophin 101 ff.
Triplett-Acetophenon-Phosphoreszenz 2, 20 ff.
— -Sauerstoff 18
— -Triplett-Triplett-Annihilierung 132
Tryptophan, Chemilumineszenz 113

Zink-tetraphenylporphin, Chemilumineszenz 33 ff.

MIX
Papier aus verantwortungsvollen Quellen
Paper from responsible sources
FSC® C105338

If you have any concerns about our products,
you can contact us on
ProductSafety@springernature.com

In case Publisher is established outside the EU,
the EU authorized representative is:
**Springer Nature Customer Service Center GmbH**
**Europaplatz 3, 69115 Heidelberg, Germany**

Printed by Libri Plureos GmbH
in Hamburg, Germany